pagine di scienza

*i*blu

T0222804

C. Bartocci, R. Betti,
A. Guerraggio, R. Lucchetti
(a cura di)

Vite matematiche

Protagonisti del '900
da Hilbert a Wiles

 Springer

C. BARTOCCI
Università di Genova

R. BETTI
Politecnico di Milano

A. GUERRAGGIO
Università L. Bocconi, Milano; Università dell'Insubria, Varese

R. LUCCHETTI
Politecnico di Milano

ISBN 978-88-470-0639-3

Springer-Verlag fa parte di Springer Science+Business Media
springer.com
© Springer-Verlag Italia, Milano 2007

Collana a cura di: Marina Forlizzi

Redazione: Barbara Amorese
Progetto grafico e impaginazione: Valentina Greco, Milano
Progetto grafico della copertina: Simona Colombo, Milano
Stampa: Grafiche Porpora, Segrate, Milano

Stampato in Italia
Springer-Verlag Italia S.r.l., via Decembrio 28, I-20137 Milano

Prefazione

Lo scibile matematico si espande a un ritmo vertiginoso. Nel corso degli ultimi cinquant'anni sono stati dimostrati più teoremi che nei precedenti millenni della storia umana: per fissare un ordine di grandezza, ogni anno sulle sole riviste specializzate sono pubblicati decine di migliaia di articoli di ricerca, e altrettanti trovano diffusione sul *web*. Se è pur vero che la maggior parte di questi risultati sono comprensibili e di interesse soltanto per specialisti, altri rappresentano invece fondamentali conquiste intellettuali, risolvendo ostici problemi o congetture celebri, stabilendo nessi inaspettati tra teorie diverse o dischiudendo nuovi orizzonti di ricerca. In non pochi casi, inoltre, i progressi della matematica, anche quelli che sembrano avere una portata limitata, si riverberano sulle altre discipline scientifiche, innescando innovativi sviluppi concettuali o trovando sorprendenti applicazioni tecnologiche.

Soltanto flebili echi di questa fervida attività di pensiero giungono al largo pubblico. I quotidiani possono riportare la notizia della dimostrazione dell'ultimo teorema di Fermat ottenuta da Andrew Wiles oppure la contorta vicenda della risoluzione della congettura di Poincaré da parte di Grisha Perelman, ma a parte questi casi sporadici la matematica rimane per lo più ignorata. Così, per ironia della sorte, proprio nel periodo del suo più fiorente rigoglio, essa appare al tempo stesso estremamente fragile, quasi vittima del suo proprio eccesso di specialismo, relegata a un ruolo di secondo piano sulla scienza della cultura, addirittura – a giudizio dei più pessimisti – a rischio di estinzione come scienza autonoma. Pochi anni or sono, Gian Carlo Rota ebbe modo di osservare: "Allo scadere del secondo millennio, la matematica corre seri pericoli di vita. Fra le molte minacce alla sua sopravvivenza, le più incombenti mi sembrano la crassa ignoranza dei suoi risultati, e la diffusa ostilità verso i suoi esponenti. Entrambe sono agevolate dalla riluttanza dei matematici a spingersi fuori dagli angusti confini della propria disciplina, e dalla loro inettitudine a tradurne il contenuto esoterico in slogan essoterici, com'è invece imperativo nell'era dei mezzi di informazione di massa e delle pubbliche relazioni".

Indipendentemente dal condividere o meno queste fosche profezie, rimane il fatto che non è per nulla facile coniare "slogan essoterici" per rendere appetibili al maggior numero possibile di palati le indigeste astrazioni della matematica. La fisica, la biologia, perfino la chimica possono far leva su richiami di sicuro effetto – i "segreti dell'universo", le "meraviglie della vita", i "misteri delle molecole" –, che, per quanto triti e ritriti, fanno presa sull'immaginario collettivo (se ci è permessa l'espressione) e possono servire da punto di partenza anche per opere di seria e rigorosa divulgazione. Ma quali sono i segreti, le meraviglie, i misteri svelati dalla matematica se non quelli che tali appaiono, in tutto il loro fascino, soltanto agli occhi degli adepti di questa disciplina?

Per tentare di illustrare la ricchezza della matematica del Novecento senza ricorrere a slogan o a formule di propaganda, nel presente volume si è provato a imboccare una strada diversa: portare alla ribalta alcuni dei protagonisti di questa straordinaria avventura intellettuale, che ha messo a nostra disposizione nuovi e potenti strumenti per indagare la realtà che ci circonda. All'origine di questa scelta vi sono almeno due motivi distinti. Innanzitutto, il desiderio di rendere giustizia al merito. Poco è stato scritto sulle persone – uomini e donne – che con le loro idee hanno reso possibili così profondi mutamenti scientifici, e le loro figure rischiano di rimanere nell'ombra insieme ai loro risultati. Se molti hanno sentito parlare di Russell, Gödel, von Neumann o Nash, quanti conoscono Emmy Nöther, Schwartz, Grothendieck o Atiyah? In secondo luogo, la volontà di dimostrare la falsità di una credenza diffusa e radicata. Si ritiene spesso che i matematici siano in tutto e per tutto simili agli stravaganti personaggi che popolano l'isola volante di Laputa, descritta nei *Viaggi di Gulliver* di Swift. Gli abitanti di questa terra – lo ricordiamo – sono a tal punto assorti in pensieri ed elucubrazioni sulla matematica e sulla musica che non riescono né a parlare né a seguire i discorsi altrui, e rischiano ad ogni momento di cadere in qualche precipizio o di sbattere la testa contro qualche palo. Per questa ragione si fanno sempre accompagnare da soccorrevoli servitori, che richiamano, quando necessario, l'attenzione del padrone toccandogli le labbra, le orecchie o gli occhi con una specie di sonaglio legato in cima a un bastoncino. Nulla di più lontano dalla verità: i matematici, pur talvolta nella bizzarria dei loro comportamenti, non hanno affatto bisogno di solleciti famuli che li riportino alla realtà, perché la loro curiosità è, in genere, vigile e aperta alla molteplicità del mondo. Molti dei ritratti contenuti in questo volume ci presentano personaggi dal forte carisma personale, dai vasti interessi culturali, appassionati nel difendere l'importanza delle proprie ricerche, sensibili alla bellezza, attenti ai problemi sociali e politici del loro tempo.

Nonostante le inevitabili omissioni (lo riconosciamo apertamente, ma "l'arte del biografo consiste proprio nella scelta", osservava Marcel Schwob nella Prefazione alle sue *Vite immaginarie*), quel che si è cercato di documentare è la centralità della matematica nella cultura, non solo scientifica, del nostro tempo, in un continuo gioco di scambi e di rimandi, di corrispondenze e di suggestioni. Per tale ragione, nelle pagine che seguono trovano posto non soltanto ritratti biografici di grandi matematici, ma testi letterari nei quali traspare questa sotterranea contiguità e, addirittura, due intrusi (almeno in apparenza), Robert Musil e Raymond Queneau: autori per i quali i concetti matematici hanno rappresentato un ausilio prezioso per indagare le modalità di un "nuovo rapporto tra la fantomatica leggerezza delle idee e la pesantezza del mondo" (sono parole di Calvino), per ricomporre il dissidio tra "anima e esattezza".

Claudio Bartocci
Renato Betti
Angelo Guerraggio
Roberto Lucchetti

Nota editoriale

Il presente volume riprende, con modifiche, ampliamenti e significative aggiunte, il numero 50-51 (dicembre 2003 - marzo 2004) della rivista *lettera matematica pristem*.

Indice

I problemi di Hilbert
Un programma di ricerca
per le "generazioni future"

di **Umberto Bottazzini**

In un triangolo isoscele, se il rapporto fra l'angolo alla base e l'angolo al vertice è algebrico ma non razionale, il rapporto tra la base e il lato è sempre trascendente?

La semplicità di questo enunciato non deve trarre in inganno. Non si tratta di esercizio di Geometria euclidea alla portata di un bravo studente. È la traduzione in termini geometrici del fatto che la funzione esponenziale $\exp(i\pi z)$ debba assumere sempre valori trascendenti per valori algebrici irrazionali dell'argomento z. David Hilbert pensava che fosse un fatto "altamente probabile", anche se darne una dimostrazione gli sembrava impresa "estremamente difficile". Così lo annoverò nella lista di problemi per le "generazioni future" che presentò l'8 agosto 1900 a Parigi, intervenendo al secondo *Congresso Internazionale dei Matematici*.

"Chi di noi non solleverebbe volentieri il velo dietro cui si nasconde il futuro per gettare uno sguardo sui principali progressi della nostra scienza e i segreti del suo sviluppo nei secoli a venire!" esclamava Hilbert, iniziando la sua conferenza. Quali saranno gli obiettivi che si porranno i matematici del nuovo secolo, quali "le nuove verità e i nuovi metodi scoperti"?

La circostanza era unica. Il Congresso, a cavallo di due secoli, offriva al matematico di Gottinga l'occasione per "passare in rassegna le questioni aperte e i problemi che ci pone la scienza al giorno d'oggi", e invitare i matematici delle "generazioni future" a

David Hilbert

cimentarsi con essi. Il suo intervento era destinato a far epoca. Tuttavia, per chi immagina Hilbert leggere la sua conferenza diventata celebre in una sala affollata dai più autorevoli matematici del tempo, la cronaca del Congresso riserva delle sorprese. Il pubblico dei partecipanti non era molto numeroso, racconta un testimone come Gino Fano. Molti degli iscritti non si fecero vedere. Gli italiani erano in tutto una decina: Peano, e la sua scuola (Amodeo, Padoa, Vailati), un paio di insegnanti di Liceo e poi Levi-Civita e Volterra, che tenne la relazione di apertura. Tra i tedeschi mancavano Klein, Noether e tutti i berlinesi. Perfino tra i francesi, matematici di primo piano come Hermite, Picard, Jordan, Goursat,

Humbert e Appell disertarono le sessioni del Congresso. L'intervento di Hilbert figurava tra le comunicazioni delle sezioni *Bibliographie et Histoire. Enseignement et methodes* riunite sotto la presidenza dello storico Moritz Cantor. Hilbert si limitò a presentare una decina dei 23 problemi che figurano nel testo preparato per la stampa. Così che, nel volume che raccoglie gli Atti, una nota informa che "lo sviluppo della comunicazione del sig. Hilbert, per via della sua grande importanza, è stato posto tra le conferenze".

Le osservazioni di carattere metodologico, premesse da Hilbert al suo elenco di problemi, sono illuminanti sulla sua concezione della Matematica e del suo sviluppo. "È innegabile il grande significato di determinati problemi per il progresso della scienza matematica in generale e il ruolo importante che essi giocano nel lavoro del singolo ricercatore", affermava Hilbert. Un matematico francese ha detto una volta che una teoria matematica non si può considerare completa finché non sia stata resa chiara al punto da poter essere spiegata al primo che passa per la strada. Lo stesso si può dire di un buon problema matematico: semplice da enunciarsi, e tuttavia intrigante, difficile ma non del tutto inabbordabile. L'insuccesso nell'affrontare un problema dipende spesso "dalla nostra incapacità di riconoscere il punto di vista più generale dal quale il problema che abbiamo di fronte ci appare come un singolo anello in una catena di problemi collegati fra loro". Trovato il giusto livello di generalità, non solo il problema si rivela più accessibile ma spesso troviamo anche i metodi adatti a risolvere problemi ad esso collegati. L'illimitata fiducia nelle capacità della ragione umana portava Hilbert a enunciare una sorta di "legge generale" del nostro pensiero, a stabilire come un assioma che qualunque problema matematico doveva essere suscettibile di soluzione. "In Matematica non c'è alcun *Ignorabimus!*" affermava (troppo) ottimisticamente Hilbert, rovesciando il celebre detto di Emil Du Bois-Reymond.

Tra i problemi classici, Hilbert ricordava quello della brachistocrona di Johann Bernoulli, che aveva dato origine al Calcolo delle variazioni, e l'ultimo teorema di Fermat, all'origine della teoria dei numeri ideali di Kummer e delle loro generalizzazioni a campi algebrici qualunque per mano di Dedekind e Kronecker. Di tutt'altra natura era il problema dei tre corpi che, in tempi recenti aveva portato Poincaré alla scoperta di "metodi fecondi e principi di grande portata". Il teorema di Fermat e il problema dei tre corpi si situavano per Hilbert ai "poli opposti" nell'insieme dei problemi matematici: "Il primo, libera creazione della pura ragione; il secondo, proposto dagli astronomi e indispensabile per la conoscenza dei più semplici fenomeni fondamentali della natura". Come quello dei tre corpi, anche i primi e più antichi problemi matematici – osservava Hilbert – "traggono certamente la loro origine dall'esperienza e sono ispirati dal mondo dei fenomeni esterni". Così era stato per le operazioni del contare o i problemi classici della geometria, la duplicazione del cubo o la quadratura del cerchio. Tuttavia, "nel progressivo sviluppo di una disciplina matematica lo spirito umano, incoraggiato dal successo delle soluzioni, prende coscienza della sua autonomia e crea lui stesso nuovi e fecondi problemi, nella maniera più felice, spesso senza apparenti stimoli esterni, unicamente per combinazione logica, per generalizzazione e specializzazione, per separazione e riunione dei concetti". Così erano sorti il problema della distribuzione dei numeri primi, la teoria di Galois delle equazioni algebriche, la teoria degli invarianti algebrici, la teoria delle funzioni abeliane e automorfe. Insomma, "quasi tutte le più sottili questioni delle moderne teorie dei numeri e delle funzioni".

Al tempo stesso, "sul potere creativo della pura ragione il mondo esterno esercita di nuovo la sua influenza". I fenomeni reali ci pongono nuove domande, schiudono nuove regioni della matematica e, "mentre cerchiamo di conquistare questi nuovi territori della scienza al dominio della pura ragione, troviamo spesso le risposte a vecchi problemi irrisolti e al tempo stesso sviluppiamo al meglio le vecchie teorie. Su questi sempre reiterati scambi tra ragione e esperienza riposano, mi sembra, le numerose e sorprendenti analogie e quell'armonia apparentemente prestabilita che il matematico tante volte percepisce nelle questioni, i metodi e i concetti dei diversi campi della scienza".

Nella continua interazione tra libere creazioni della ragione e conoscenza dei fenomeni del mondo esterno risiedeva, dunque, per Hilbert la dinamica fondamentale dello sviluppo della matematica e, insieme, la spinta al processo di matematizzazione delle altre scienze. Il rigore delle dimostrazioni, caratteristica peculiare della matematica – per Hilbert "un bisogno filosofico generale della nostra ragione" – era altrettanto necessario nel trattare le più delicate questioni di analisi e le questioni che hanno origine nel mondo esterno, nel mondo dell'esperienza empirica.

Il testo della conferenza di Parigi fa giustizia dell'immagine caricaturale che spesso si dà della concezione hilbertiana della matematica, ridotta ad un puro gioco formale con simboli senza significato. Certo, "a nuovi concetti corrispondono necessariamente nuovi segni", osservava Hilbert. Ma questi segni sono scelti in modo da ricordarci i fenomeni che li hanno generati. Così, per esempio "i segni aritmetici sono figure scritte e le figure geometriche sono formule disegnate. E nessun matematico potrebbe rinunciare a queste formule disegnate". D'altra parte – continuava Hilbert – "nelle ricerche aritmetiche, così come nelle ricerche geometriche, noi non seguiamo in ogni momento la catena delle operazioni mentali fino agli assiomi". Nell'affrontare un nuovo problema, "ricorriamo a certe combinazioni rapide, inconsapevoli, non definitivamente sicure, fidandoci di una certa sensibilità aritmetica verso il modo di agire dei segni aritmetici, senza la quale progrediremo nell'aritmetica altrettanto poco quanto senza l'immaginazione geometrica faremmo nella geometria". Egli ne aveva dato un saggio nelle proprie ricerche sui fondamenti dalla geometria, argomento di suoi corsi e del volume *Grundlagen der Geometrie* (GG), apparso nel 1899 come *Festschrift* in occasione dell'inaugurazione del monumento a Gauss e Weber a Gottinga.

Nella *Spiegazione introduttiva* ai GG Hilbert dichiarava di considerare "tre diversi sistemi di oggetti", chiamati rispettivamente punti, rette e piani e aggiungeva che "la descrizione esatta e completa" delle relazioni che intercorrono tra essi era affidata agli assiomi. "Con ciò si ascrive agli assiomi qualcosa che è compito delle definizioni", aveva obiettato il logico Gottlob Frege, convinto che gli assiomi della geometria sono enunciati veri la cui conoscenza "scaturisce da una fonte conoscitiva di natura extralogica, che potremmo chiamare intuizione spaziale".

Per Hilbert, al contrario, gli assiomi non erano enunciati di per sé veri. Il criterio di verità e di esistenza degli oggetti matematici era affidato alla dimostrazione della non contraddittorietà degli assiomi (e delle loro conseguenze). "Ogni teoria è solo un telaio, uno schema di concetti unitamente alle loro mutue relazioni necessarie", che può essere applicato a "infiniti sistemi di enti fondamentali", ribatteva a Frege. Questi ultimi potevano venir pensati in modo arbitrario. Era sufficiente che le relazioni fra essi fossero stabilite dagli assiomi per ottenere tutte le proposizioni della teoria. Il metodo assiomatico metteva in luce la trama deduttiva, il legame di dipendenza che intercorre tra gli assiomi e i teoremi. Questo, agli occhi di Hilbert, era il suo pregio essenziale. Certo, se si voleva applicare una teoria al mondo dei fenomeni, era necessaria "una certa dose di buona volontà e un certo senso della misura". Occorreva, invece, una "enorme dose di cattiva volontà" per applicare una teoria assiomatica a fenomeni diversi da quelli per i quali la teoria era stata pensata.

I problemi proposti da Hilbert toccavano una varietà di questioni: in primo luogo, i fondamenti dell'Analisi (problemi 1, 2) e della Geometria (3, 4, 5) e l'assiomatizzazione delle teorie fisiche (6). Il primo problema aveva a che fare con la natura del continuo: "ogni sistema infinito di numeri reali, cioè ogni insieme infinito di numeri (o di punti) è equivalente all'insieme di tutti i numeri naturali 1, 2, 3, ... oppure è equivalente all'insieme di tutti i numeri reali, e di conseguenza al continuo". Dalla dimostrazione sarebbe conseguita la dimostrazione dell'*ipotesi del continuo* di Cantor, per cui la potenza del continuo è quella immediatamente superiore a quella del numerabile. Secondo Hilbert la "chiave della dimostrazione" poteva forse venire dall'affermazione di Cantor che ogni insieme infinito poteva essere ben ordinato. L'insieme dei numeri reali, nell'ordinamento naturale, non era certo un insieme ben ordinato. Si poteva tuttavia – chiedeva Hilbert – trovare per quell'insieme un altro ordinamento, di modo che ogni suo sottoinsieme avesse un primo elemento? In altre parole, si poteva trovare un buon ordinamento per il continuo?

Prima che qualche matematico rispondesse alla domanda, Bertrand Russell rese nota un'antinomia che minacciava seriamente le fondamenta dell'intero edificio della teoria degli insiemi di Cantor. La questione posta da Hilbert si intrecciò allora con la più generale questione dei fondamenti della teoria cantoriana degli insiemi e diede vita a un enorme complesso di ricerche di carattere logico e fondazionale, in cui si impegnarono molti dei suoi allievi e collaboratori a cominciare da Ernst Zermelo che, nel 1904, fornì una prima assiomatizzazione della teoria degli insiemi e mise in luce il ruolo del cosiddetto *assioma di scelta*. Per quanto riguarda in particolare l'ipotesi del continuo di Cantor, un primo risultato significativo fu ottenuto da Kurt Gödel che, nel 1938, dimostrò che l'ipotesi (generalizzata) del continuo era compatibile con l'assioma di scelta e gli altri assiomi della teoria degli insiemi. Che l'ipotesi del continuo sia anche indipendente da essi fu tuttavia dimostrato solo nel 1963 da Paul Cohen.

Intimamente legato al primo era il secondo problema proposto da Hilbert. Nei GG, aveva mostrato che la non-contraddittorietà degli assiomi della Geometria euclidea era riconducibile a quella degli assiomi dell'aritmetica dei numeri reali nel senso che, come spiegava ora, "ogni contraddizione nelle deduzioni dagli assiomi geometrici deve essere riconoscibile nell'aritmetica" dei numeri reali. Dunque – continuava Hilbert – "si rende necessario un metodo diretto per la dimostrazione della non-contraddittorietà degli assiomi dell'aritmetica", essenzialmente gli assiomi per le usuali regole di calcolo con l'aggiunta di un assioma di continuità (ossia l'*assioma di Archimede* e un nuovo *assioma di completezza* enunciato da Hilbert in un recente lavoro, che stabiliva l'impossibilità di un'ampliamento archimedeo della retta reale e modificava in punto essenziale il sistema di assiomi stabilito nella prima edizione dei GG).

Hilbert attribuiva un ruolo decisivo alle dimostrazioni di non contraddittorietà, come criterio di esistenza degli oggetti matematici. "Se assiomi arbitrariamente stabiliti non sono in contraddizione, con tutte le loro conseguenze, allora essi sono veri, allora esistono gli enti definiti per mezzo di quegli assiomi. Questo è per me il criterio della verità e dell'esistenza", aveva scritto pochi mesi prima a Frege, rispondendo alle sue critiche sull'impianto assiomatico dei GG. "Se a un concetto sono assegnati attributi contraddittori, dico che quel concetto matematicamente non esiste", dichiarava ora pubblicamente Hilbert. Con dimostrazioni di carattere esistenziale (il *teorema della base* del 1888 e il *teorema degli zeri* del 1890), una decina d'anni prima, aveva stupito il mondo matematico. L'auspicata dimostrazione della non contraddittorietà degli assiomi dell'aritmetica sarebbe stata al tempo stesso la dimostrazione dell'esistenza dei numeri reali ossia del continuo. Poiché la coerenza della geometria e dell'analisi era riconducibile a quella dell'aritmetica, la dimostrazione diretta di quest'ultima avrebbe garantito la non contraddittorietà dell'intera matematica. Il secondo problema annunciava di fatto l'ambizioso programma che Hilbert e i suoi allievi avrebbero perseguito negli anni Venti, prima che il teorema di incompletezza di Gödel (1931) dimostrasse l'impossibilità dell'impresa nei termini in cui Hilbert l'aveva formulata e portasse alla sua drastica revisione.

I successivi tre problemi erano ispirati alle proprie ricerche sui fondamenti della geometria. Nei GG, Hilbert aveva mostrato che nella geometria piana gli assiomi di congruenza (senza ricorso all'assioma di continuità) sono sufficienti per provare la congruenza di figure rettilinee. Già Gauss aveva osservato, invece, che la dimostrazione di teoremi di geometria solida come quello di Euclide – piramidi di ugual altezza e base triangolare stanno tra loro come le rispettive basi – dipende dal metodo di esaustione ossia, in ultima analisi, da un assioma di continuità. Nel problema 3, Hilbert invitava a esibire "due tetraedri di ugual base e ugual altezza che non possono essere in alcun modo suddivisi in tetraedri congruenti". La prova venne due anni più tardi dal suo allievo Max Dehn (1878-1952).

Un altro allievo di Hilbert, Georg Hamel (1877-1954), aveva affrontato con successo il quarto problema enunciato nella conferenza di Parigi. Hilbert aveva attirato l'attenzione sulla geometria sviluppata da Minkowski nella *Geometrie der Zahlen* (1896), in cui valgono tutti gli assiomi della geometria ordinaria (compreso quello delle parallele) eccetto l'assioma di congruenza dei triangoli, rimpiazzato dalla disuguaglianza triangolare. Da parte sua, nel 1895 Hilbert aveva studiato una geometria in cui valgono tutti gli assiomi della geometria di Minkowski, tranne quello delle parallele. Convinto della loro importanza in teoria dei numeri, nella teoria delle superficie e nel Calcolo delle variazioni, Hilbert invitava ora allo studio sistematico delle geometrie in cui valgono tutti gli assiomi di Euclide eccetto quello di congruenza dei triangoli (l'assioma III.5 dei GG) sostituito dalla disuguaglianza triangolare, assunta come un particolare assioma. Hamel dimostrò che le uniche geometrie possibili erano ellittiche (nel caso del piano intero) oppure iperboliche del tipo studiato da Minkowski e Hilbert. Il problema era comunque formulato da Hilbert in termini abbastanza vaghi e, nei decenni successivi, ha dato origine a un gran numero di ricerche su particolari classi di geometrie.

Nei suoi lavori sui gruppi continui di trasformazioni, Lie aveva stabilito un sistema di assiomi per la geometria e risolto il problema di determinare tutte le varietà n-dimensionali che ammettono (localmente) un gruppo di movimenti rigidi, ossia il problema posto da Riemann e Helmholtz della caratterizzazione del movimento rigido dei corpi. Lie aveva assunto che le trasformazioni dei suoi gruppi fossero funzioni differenziabili. Nel 1898, Klein aveva avanzato dubbi sulla necessità di questa ipotesi, e ora, nel problema 5, Hilbert riprendeva la questione chiedendosi se, per quanto riguarda gli assiomi della geometria, l'ipotesi della differenziabilità fosse inevitabile o questa non fosse invece una conseguenza di altri assiomi geometrici.

Più che un problema vero e proprio, il problema 6 era l'indicazione di un programma di ricerca. Sul modello delle ricerche sui principi dell'aritmetica e della geometria, Hilbert esortava a "trattare assiomaticamente le branche della fisica dove la matematica gioca al giorno d'oggi un ruolo preponderante". Egli aveva in mente i ragionamenti di natura probabilistica introdotti da Clausius e Boltzmann nella teoria cinetica dei gas, e le ricerche sui principi della meccanica di Mach e dello stesso Boltzmann. Dall'inizio del secolo, prima con Minkowski e poi, dopo la morte prematura dell'amico (1909), con i suoi assistenti, per un paio di decenni Hilbert dedicò una crescente attenzione ai problemi della fisica teorica. Tenne corsi e seminari su particolari argomenti; pubblicò importanti lavori come l'articolo del 1915, apparso a poche settimane da quello di Einstein, nel quale otteneva le equazioni della relatività generale e esortò allievi e assistenti ad impegnarsi in questo tipo di ricerche. Nello stesso campo di ricerche, si colloca anche il teorema di Emmy Nöther (1918) – un teorema di Calcolo delle variazioni – fondamentale nella moderna fisica matematica, che mette in relazione il numero dei parametri di un sottogruppo di invarianti per i sistemi lagrangiani con il numero di leggi di conservazione derivabili per tali sistemi. Con Richard Courant scrisse il trattato *Matematische Methoden der Physik* (Metodi matematici della fisica, 1924) divenuto classico.

Volumi di suoi allievi, come *Gruppentheorie und Quantenmechanik* (Teoria dei gruppi e meccanica quantistica, 1928) di Hermann Weyl e *Mathematische Grundlagen der Quantenmechanik* (Fondamenti matematici della quantistica, 1932) di John von Neumann si possono annoverare tra i frutti più significativi ottenuti nello spirito del sesto problema di Hilbert. Tuttavia, come riconosceva lo stesso Weyl, nonostante i grandi risultati ottenuti, "il vasto progetto di Hilbert per la fisica non venne mai a maturazione".

Per quanto riguarda invece la teoria della probabilità, l'assiomatizzazione auspicata da Hilbert prese forma nella scuola russa di Bernstein e Kolmogorov, nel contesto della moderna teoria della misura.

Dopo i problemi relativi ai fondamenti, Hilbert passava a considerare problemi specifici, a cominciare dalla Teoria dei numeri, la disciplina cui aveva dedicato le sue ricerche degli ultimi anni, culminate nella pubblicazione dello *Zahlbericht*. Anzitutto il problema 7, che abbiamo visto in apertura, e altri problemi correlati ad esso (che hanno trovato soluzione negli anni Trenta da parte di Gelfond) e poi (problema 8) la distribuzione dei numeri primi e la *congettura di Riemann*, forse la più importante congettura a tutt'oggi aperta in Matematica.

Questi ultimi due problemi rientrano tra quelli che Hilbert presentò effettivamente nella sua conferenza a Parigi. Gli altri di cui parlò furono il primo, il secondo, il sesto, il tredicesimo, il sedicesimo, il diciannovesimo e ventiduesimo. Con i problemi compresi fra il nono e il diciottesimo, dalla Teoria dei numeri passava a problemi di algebra o di geometria algebrica. Il decimo problema, ad esempio, richiedeva una procedura per determinare con un numero finito di operazioni se una data equazione diofantea in n incognite avesse soluzioni intere. Il tredicesimo richiedeva, invece, di dimostrare che l'equazione generale di settimo grado non è risolubile con funzioni di due soli argomenti. Stabilire fondamenti rigorosi per il calcolo di Schubert nella geometria enumerativa era l'argomento del quindicesimo problema, mentre il problema 16 riguardava la topologia delle curve e delle superfici algebriche. Di natura geometrica erano anche i due successivi problemi. Estendendo un teorema stabilito nel capitolo conclusivo dei GG, dedicato alla possibilità delle costruzioni con riga e compasso, il problema 17 poneva la questione se una qualunque forma definita (ossia una funzione razionale intera di n variabili a coefficienti reali che non assume valori negativi per nessun valore reale delle variabili) potesse essere espressa come quoziente di somme di quadrati, mentre il problema 18 richiedeva l'estensione allo spazio euclideo n-dimensionale dei risultati di Poincaré (e Klein) sui gruppi di movimenti nel piano (e nello spazio) di Lobačevskij, per cui esiste una regione fondamentale, e sul conseguente ricoprimento del piano (e dello spazio) in regioni congruenti. Ad essa correlata era la questione "importante per la teoria dei numeri e forse talvolta utile in fisica e in chimica: come si possono collocare nello spazio nella maniera più densa possibile un numero infinito di solidi congruenti di data forma, per es. sfere di raggio dato o tetraedri regolari di dato spigolo?"

Nel gruppo finale di problemi, Hilbert prendeva in considerazione argomenti di analisi. Nel diciannovesimo problema, si chiedeva se "le soluzioni dei problemi regolari del Calcolo delle variazioni sono necessariamente analitiche" mentre il ventesimo problema riguardava l'esistenza di soluzioni di equazioni differenziali alle derivate parziali con date condizioni al contorno.

Nel ventunesimo problema, ispirato a risultati di Riemann e Fuchs, Hilbert chiedeva di mostrare che esiste sempre un'opportuna equazione differenziale lineare con assegnati punti singolari e gruppo di monodromia. Il penultimo problema riguardava l'approfondimento dei risultati di uniformizzazione di Poincaré nella teoria delle funzioni automorfe. Infine, nell'ultimo problema Hilbert esortava a "ulteriori sviluppi dei metodi del Calcolo delle variazioni".

Guardando al complesso dei 23 problemi, ci si rende conto che le ricerche originate disegnano la trama dello sviluppo di alcune tra le più importanti branche della matematica del Novecento. Mentre alcuni problemi erano formulati in maniera chiara e precisa, in altri casi Hilbert proponeva invece la creazione di una nuova teoria o di un nuovo programma di ricerca al quale esortare i giovani matematici. Da questo punto di vista, le oltre sessanta tesi di dottorato scritte sotto la sua direzione tra il 1898 e il 1915 sono rivelatrici. Undici dei suoi studenti scrissero la tesi su questioni di Teoria dei numeri, e tre di loro su argomenti correlati con il dodicesimo problema – ispirato a Hilbert dal "sogno di gioventù" di Kronecker – che riguardava lo sviluppo del parallelismo tra i campi di numeri algebrici e i campi di funzioni algebriche. Una decina di tesi riguardava i fondamenti della geometria e problemi di geometria algebrica strettamente legati al sedicesimo problema. Quasi la metà dei suoi studenti di dottorato si occupò tuttavia degli argomenti di analisi che dominarono gli interessi di Hilbert fino alla prima guerra mondiale – soprattutto il Calcolo delle variazioni (in particolare i metodi diretti connessi con il *principio di Dirichlet*) e la teoria delle equazioni integrali. Negli anni Venti, cinque delle nove tesi seguite da Hilbert furono dedicate ai Fondamenti della matematica e alla teoria della dimostrazione. Si trattava dello sviluppo delle idee delineate nel secondo problema, al quale Hilbert consacrò l'ultima fase della sua attività, legando il suo nome al cosiddetto programma formalista di fondazione della matematica.

I 23 problemi di Hilbert

Al II Congresso Internazionale dei Matematici che ha luogo a Parigi nel 1900, David Hilbert presenta 23 problemi fino ad allora non risolti in diversi settori della matematica. Sono problemi che, nella sua opinione, avrebbero attirato l'attenzione dei ricercatori del nuovo secolo.

1. Il problema di Cantor del numero cardinale del continuo (ipotesi del continuo): *esiste un numero cardinale intermedio fra la potenza numerabile e quella del continuo? Nel 1938 Gödel dimostra che l'ipotesi del continuo è consistente con la teoria degli insiemi di Zermelo-Fraenkel; nel 1963 Cohen dimostra che anche la sua negazione lo è.*

2. Compatibilità degli assiomi dell'aritmetica. *Gödel dimostra nel 1931 che nessuna teoria abbastanza ricca come l'aritmetica è in grado di dimostrare la propria consistenza.*

3. Uguaglianza dei volumi di due tetraedri di uguale base ed uguale altezza. *Nel 1902 Max Dehn trova un controesempio.*

4. Il problema della retta come minima distanza fra due punti: *costruire tutte le geometrie metriche in cui le rette sono geodetiche. Risolto nel 1901 da Georg Hamel.*

5. Il concetto di gruppo continuo di trasformazioni di Lie senza assumere la differenziabilità delle funzioni che definiscono il gruppo: *è possibile evitare l'ipotesi che le trasformazioni siano differenziabili per introdurre il concetto di gruppo continuo di trasformazioni secondo Lie? Risolto per particolari gruppi di trasformazioni da John von Neumann del 1933 e, nel caso generale, da Andrew Gleason e (indipendente) da Deane Montgomery e Leo Zippin nel 1952.*

6. Trattamento matematico degli assiomi della fisica: *in particolare, assiomatizzazione di quelle parti, come la meccanica e la teoria delle probabilità, in cui la matematica risulta essenziale. Risultati di Caratheodory (1909) sulla termodinamica, von Mises (1919) e Kolmogorov (1933) sulla teoria della probabilità, John von Neumann (1930) sulla teoria dei quanti, di Georg Hamel (1927) sulla meccanica.*

7. Irrazionalità e trascendenza di certi numeri: in particolare, sapere se a^b è trascendente quando la base a è algebrica e l'esponente b è irrazionale. Risposta affermativa da parte di Gelfond nel 1934 e (indipendente) di Schneider nel 1935.

8. Problemi dei numeri primi: in particolare l'ipotesi di Riemann, sugli zeri della "funzione zeta" di Riemann, relativa alla distribuzione dei numeri primi.

9. Generalizzare la legge di reciprocità ad ogni campo numerico. Risolto in un caso particolare da Teiji Takagi nel 1920 e più in generale da Emil Artin nel 1927.

10. Risolubilità delle equazioni diofantee: esiste un algoritmo universale per risolverle? Risposta negativa da parte di Juryj Matijasevič nel 1970.

11. Forme quadratiche a coefficienti algebrici. Risolto da Helmut Hasse nel 1923.

12. Estensione del teorema di Kronecker sui campi abeliani ad un arbitrario campo algebrico. Risolto da Shimura e Taniyama nel 1959.

13. Impossibilità di soluzione dell'equazione generale di 7° grado per mezzo di funzioni di due soli argomenti. Generalizza l'impossibilità di risolvere per radicali l'equazione generale di quinto grado. Risolto, in negativo, da Kolmogorov e Arnol'd nel 1961: la soluzione è possibile.

14. Finitezza di certi sistemi completi di funzioni. Un primo controesempio viene dato da Nagata nel 1958.

15. Fondamento rigoroso del calcolo enumerativo di Schubert: stabilire con precisione i limiti di validità dei numeri che Hermann Schubert ha determinato sulla base del principio di posizione speciale, per mezzo del suo calcolo enumerativo. Risolto.

16. Topologia delle curve e delle superfici algebriche: in particolare sviluppando i metodi di Harnack e la teoria dei cicli limite di Poincaré.

17. Espressione di forme definite per mezzo di quadrati. Nel 1927 Emil Artin dimostra che una funzione razionale definita positiva è somma di quadrati.

18. Riempimento dello spazio per mezzo di poliedri congruenti. Risolto: ma Penrose ha trovato delle soluzioni non periodiche.

19. Sono necessariamente analitiche le soluzioni dei problemi regolari di calcolo delle variazioni? *Risolto parzialmente nel 1902 da G. Lötkemeyer e più in generale nel 1904 da S. Bernstein. Risoluzione generale di De Giorgi nel 1955.*

20. Il problema generale dei valori al contorno: *soluzione di un problema variazionale regolare, sotto particolari ipotesi sulle condizioni al contorno. Risolto.*

21. Esistenza di equazioni differenziali lineari con assegnato gruppo di monodromia. *Risolto in parte da Hilbert nel 1905. In altri casi particolari da Deligne nel 1970. Una soluzione negativa è stata trovata da Andrej Bolibruch nel 1989.*

22. Uniformizzazione di relazioni analitiche per mezzo di funzioni automorfe. *Risolto nel 1907 da Paul Koebe.*

23. Ulteriori sviluppi dei metodi del calcolo delle variazioni.

Come eravamo

I protagonisti della "primavera italiana" nei primi decenni del Novecento

di **Giorgio Bolondi**
Angelo Guerraggio
Pietro Nastasi

Dopo la prova generale di Zurigo (1897), i *Congressi Internazionali* dei Matematici partono effettivamente con Parigi (1900) e Heidelberg (1904). Poi, ecco, Roma (1908). La successione non è casuale e neanche dettata solo da scelte contingenti. Il fatto è che, all'inizio del Novecento, la matematica italiana è considerata la terza "potenza" mondiale, subito dopo le grandi e tradizionali scuole francese e tedesca. Ritroviamo la stessa classifica, pressoché immutata, all'inizio degli anni Venti. Un matematico americano – G.D. Birkhoff – particolarmente attento alle situazioni dei centri di ricerca europei (e interessato a stringere con loro rapporti di collaborazione per il definitivo decollo della matematica statunitense) non esita a collocare Roma subito dopo Parigi, ancor prima di Göttingen.

Ma chi c'era a Roma in quegli anni? Quali erano i matematici che permettevano a quella italiana di competere con le più famose scuole europee (e quindi, per il momento, del mondo)?

Dopo l'Unità e il successivo trasferimento della capitale a Roma, tutti i governi avevano perseguito la politica di convogliare nella città le presenze più vivaci della nostra cultura. Anche quella scientifica. Il primo ad arrivare – dei matematici cui si riferisce Birkhoff – è Guido Castelnuovo, che si trasferisce a Roma nel 1891. Dovranno, in realtà, passare poco più di trent'anni perché la scuola italiana di

Federigo Enriques con Albert Einsten e altri (Bologna, 1921)

Geometria algebrica si ricompatti nella capitale, ma alla fine – sia pure con qualche fatica e qualche "ruggine" in più del previsto – ce la fa. Nel 1923, anche Federigo Enriques e Francesco Severi saranno a Roma. Vito Volterra arriva nella capitale, da Torino, nel 1900 e subito viene incaricato di tenere la prolusione per l'inizio dell'anno accademico. La scelta dell'argomento non è "scontata": Volterra sceglie di parlare *Sui tentativi di applicazione delle matematiche alle scienze biologiche e sociali*. Tullio Levi-Civita potrebbe arrivare a Roma poco dopo, nel 1909, ma non se la sente per il momento di lasciare il tranquillo ambiente di Padova. Si trasferirà solo dopo la guerra (1918), quando si è sposato e ha già passato a Roma un primo periodo, dopo la sconfitta di Caporetto.

Sono tutti – Castelnuovo, Enriques, Severi, Volterra, Levi-Civita – "grandi" matematici ma, come vedremo, anche qualcosa di più.

La fase più spettacolare nello sviluppo della scuola italiana di Geometria algebrica si identifica con Castelnuovo, Enriques e Severi nell'ultimo decennio dell'Ottocento e nei primi due del Novecento. Sono loro che assicurano alla matematica italiana quel primato che A. Brill riconosce pubblicamente nella prefazione delle *Vorlesungen über algebraische Geometrie* di Severi (1921), invitando i giovani studiosi tedeschi a prenderne atto per rilanciare la sfida e tornare al *top* della ricerca. Né erano mancati altri riconoscimenti internazionali. Il premio Bordin dell'*Académie des Sciences* di Parigi era stato assegnato nel 1907 a Enriques e a Severi (e nel 1909 a G. Bagnera e a M. de Franchis), proprio per le loro ricerche in quella che era diventata l'*italienische Geometrie*. Nel 1908, una commissione costituita da M. Nöther, E. Picard e C. Segre aveva concesso a Severi la *Medaglia Guccia*. La pubblicazione di un lungo articolo di Castelnuovo e Enriques nella *Encyklopädie der Mathematischen Wissenschaften*, nel 1914, rappresenta il coronamento di tutta la ricerca svolta dalla scuola fino a quel momento e il riconoscimento ufficiale della sua significatività da parte della comunità matematica internazionale.

Si deve alla scuola italiana la definitiva rielaborazione di quella teoria delle curve che era stata sviluppata soprattutto da matematici tedeschi, la creazione della teoria delle superfici con la loro completa classificazione e l'avvio di un'analoga costruzione per le varietà algebriche.

La teoria delle superfici, in particolare, può essere considerata il principale vanto della scuola italiana. I primi risultati sono di Castelnuovo, a partire dal 1891, con l'esempio di una superficie algebrica non rigata irregolare, l'estensione alle superfici del teorema di Riemann – Roch relativo alle curve e la determinazione del criterio di razionalità. Qui si inserisce la collaborazione con Enriques. Le due personalità appaiono complementari: ad un Enriques vulcanico, che procede con una straordinaria potenza intuitiva, già quasi sicuro dell'esito cui perverrà per approssimazioni successive, meno interessato alle dimostrazioni e al loro rigore, impaziente e spesso distratto lettore degli articoli dei colleghi, si affianca un Castelnuovo forse meno brillante ma che si incarica di precisare e incanalare lungo binari più corretti e produttivi le geniali intuizioni del cognato. Dalla loro collaborazione, in vent'anni, nasce un nuovo modo di inquadrare la teoria delle superfici algebriche che porta ad una classificazione sufficientemente semplice, con l'eliminazione di tutti i casi particolari. Lo studio di una superficie algebrica si riduce a quello delle famiglie di curve giacenti sulla superficie. Tra queste, particolare attenzione viene dedicata ai sistemi lineari e ai sistemi continui non lineari (che esistono solo sulle superfici irregolari). Nel 1914, Enriques espone i risultati pressoché definitivi, in tema di classificazione. Le superfici vengono suddivise in classi di equivalenze birazionali, in funzione dei valori assunti dai *plurigeneri* e dal *genere numerico*; in realtà, il solo valore di P_{12} è sufficiente a dividere tutte le superfici in quattro classi: "il problema capitale della teoria delle superficie algebriche è la classificazione di queste, cioè la determinazione effettiva delle famiglie di superficie distinte per trasformazioni birazionali, ciascuna famiglia venendo caratterizzata da un gruppo di caratteri interi invarianti e contenendo, entro di sé, un'infinità continua di classi dipendenti da un certo numero di parametri (moduli)".

Dopo la guerra, Castelnuovo si dedica pressoché esclusivamente alle probabilità. Nel frattempo, la "stella" di Enriques è uguagliata – e superata, almeno a livello politico – da quella di Severi, che recupera anche i metodi trascendenti, con una più marcata attenzione verso gli aspetti topologici e funzionali. Ecco come, da "grande vecchio", Castelnuovo nel 1928 ricostruisce le procedure della scuola italiana (che, da lì a non molto, verranno accusate di scarso rigore e di eccessiva accondiscendenza verso una comprensione semplicemente intuitiva): "val forse la pena di accennare qual era il metodo di lavoro che seguivamo allora per rintracciare la via nell'oscurità in cui ci trovavamo. Avevamo costruito, in senso astratto s'intende, un gran numero di modelli di superficie del nostro spazio o di spazi superiori; e questi modelli avevamo distribuito, per dir così, in due vetrine. Una conteneva le superficie regolari per le quali tutto procedeva come nel migliore dei mondi possibili; l'analogia permetteva di trasportare ad esse le proprietà più salienti delle curve piane. Ma quando cercavamo di verificare queste proprietà sulle superficie dell'altra vetrina, le irregolari, cominciavano i guai, e si presentavano eccezioni di ogni specie. Alla fine lo studio assiduo dei nostri modelli ci aveva condotto a divinare alcune proprietà che dovevano sussistere, con modificazioni opportune, per le superficie di ambedue le vetrine; mettevamo poi a cimento queste proprietà colla costruzione di nuovi modelli. Se resistevano alla prova, ne cercavamo, ultima fase, la giustificazione logica. Col detto procedimento, che assomiglia a quello tenuto nelle scienze sperimentali, siamo riusciti a stabilire alcuni caratteri distintivi tra le due famiglie di superficie".

La scuola italiana di Analisi, nello stesso periodo, è meno monolitica. Dini, Ascoli, Arzelà, Peano e – con l'inizio del nuovo secolo – Tonelli, Fubini, Vitali, E.E. Levi... tutti "grandi" matematici, grandi nomi ancora oggi noti ai ricercatori di tutto il mondo (e anche agli studenti, per qualche particolare risultato).

Vito Volterra (1860 – 1940) si laurea nel 1882 e subito è autore di un articolo con il famoso esempio, all'interno della problematica dei cosiddetti "teoremi fondamentali del calcolo", di una funzione derivabile in un intervallo, con derivata limitata ma non integrabile (secondo Riemann). Poi, può essere considerato uno dei "padri fondatori" dell'Analisi funzionale, con il concetto di funzione di linea – per indicare un funzionale ovvero un numero reale che dipende da tutti i valori assunti da una funzione y(x) definita su un certo intervallo ovvero dalla configurazione di una curva – e l'istituzione del relativo calcolo, fino allo sviluppo con un polinomio di Taylor. E a chi – Hadamard e soprattutto Fréchet – gli rimprovererà una definizione troppo particolare di derivata di un funzionale (rispetto al successivo concetto di "differenziale secondo Fréchet") ricorderà che non è la massima generalità il valore cui ispirarsi, quanto la generalità più adeguata al problema che si sta trattando, principio che Enriques ribadirà con forza doversi applicare a tutti i livelli dell'insegnamento.

Le equazioni integrali sono l'altro significativo contributo di inizio secolo ma Volterra è anche un fisico-matematico, tanto che verrà eletto presidente della Società Italiana di Fisica. È in realtà problematico inquadrarlo rigidamente in una disciplina, piuttosto che in un'altra. Come fisico-matematico, le sue ricerche principali riguardano la propagazione della luce nei mezzi birifrangenti, gli spostamenti dei poli terrestri, quella che nel linguaggio moderno viene chiamata "teoria delle dislocazioni" – Volterra usa invece il termine di *distorsioni* – e i sistemi con memoria, che conservano un ricordo della loro storia e il cui stato futuro dipenderà da quello presente ma anche dai precedenti.

E come dimenticare – siamo intanto passati agli anni Venti – gli studi pionieristici sulla dinamica delle popolazioni? Uno dei generi – Umberto D'Ancona, zoologo – chiede al suocero una spiegazione teorica di un dato ben evidente nelle statistiche sulla pesca dei porti italiani del Nord-Adriatico negli anni 1905-1923, con una percentuale dei grandi pesci (predatori) aumentata considerevolmente nel totale del pescato negli anni '15-'18 e in quelli immediatamente successivi. Le spiegazioni esogene – sostanzialmente basate sulla minore attività di pesca negli anni della guerra – non riuscivano a spiegare in termini convincenti il diverso comportamento di prede e predatori. Ignaro dei contributi di Alfred Lotka, Volterra inizia i suoi studi sul problema postogli dal genero alla fine del '25. Così apre le *Leçons sur la lutte pour la vie*: "Ho cominciato le mie ricerche su questo argomento alla fine del 1925, dopo aver parlato con il sig. D'Ancona che mi chiedeva se era possibile trovare qualche modo matematico per studiare le variazioni nella composizione delle associazioni biologiche". Il modello analizzato lo porta a scrivere il sistema di equazioni differenziali ordinarie del primo ordine:

$$\begin{cases} x' = ax - bxy \\ y' = -cy + dxy \end{cases}$$

dove $x = x(t)$ e $y = y(t)$ rappresentano, rispettivamente, l'evoluzione nel tempo delle popolazioni delle prede e dei predatori e a, b, c, d sono costanti positive. Il modello è costruito nell'ipotesi, dapprima, di un'evoluzione isolata delle due specie (in termini di tassi percentuali costanti delle loro crescite x'/x e y'/y) cui si aggiunge poi l'ipotesi comportamentale basata sul principio degli incontri, per cui gli effetti della predazione dipendono dai possibili incontri xy nell'unità di tempo. La soluzione del sistema (con le opportune condizioni iniziali) è posta in forma esplicita, tramite un ingegnoso metodo che utilizza un sistema di riferimento a quattro assi:

$$y^a \cdot e^{-by} = k x^{-c} \cdot e^{dx}$$

ed è da questa soluzione che Volterra ricava le tre leggi che regolano le fluttuazioni biologiche del modello: la *legge del ciclo periodico* (che prova il carattere endogeno delle fluttuazioni), la *legge di conservazione delle medie* e, infine, quella della loro *perturbazione*, che risponde al problema iniziale. Una perturbazione dovuta a cause esterne – per esempio, all'azione della pesca o ad un cambiamento nella sua intensità – porta a nuovi valori medi e il confronto con i precedenti giustifica l'osservazione sperimentale per cui la diminuzione dell'attività pescatoria favorisce, in un certo senso, le specie minori.

Rispetto a Volterra, Tullio Levi-Civita (1873-1941) è più giovane. Si tratta, in realtà, di soli tredici anni. Sono comunque sufficienti per proiettarlo "tutto" nel Novecento. Con lui si identifica la Fisica matematica italiana, soprattutto nel periodo tra le due guerre mondiali. Levi-Civita diventerà uno dei matematici italiani più noti internazionalmente, per il valore dei suoi contributi scientifici e le sue straordinarie qualità umane e professionali.

Figlio di un avvocato civilista che era stato garibaldino in gioventù e poi uomo politico e senatore, a 23 anni è già professore incaricato di Meccanica razionale e a 25 anni ne ottiene la cattedra. Insegna prima a Padova (dove sposa una sua allieva, Libera

Un anziano Vito Volterra e un più giovane Tullio Levi-Civita

Trevisani) e poi – dal 1918 – a Roma. Diventerà socio di tutte le Accademie italiane e delle principali straniere. Tra i numerosi riconoscimenti, ricordiamo la *Medaglia d'oro* dell'*Accademia dei XL* e il *Premio Reale dell'Accademia dei Lincei*, ottenuto nel 1907 (assieme a Federigo Enriques) per il complesso dei suoi scritti. Otterrà anche la *Medaglia Sylvester* della *Royal Society* e la *Medaglia d'oro dell'Università* di Lima, nonché le lauree *honoris causa* delle Università di Amsterdam, Cambridge (USA), La Plata, Lima, Parigi, Tolosa e Aquisgrana. Negli anni '20 e '30, svolge la funzione di vero ambasciatore all'estero della scienza italiana. Personalità dominante – assieme a Vito Volterra – di tutta un'epoca, Levi-Civita sarà ispiratore di ricerche in ogni settore della Meccanica razionale e della Fisica matematica e maestro, nel senso vero della parola, di moltissimi allievi.

I suoi lavori iniziali lo segnalano all'attenzione del mondo scientifico per la risoluzione del problema della trasformazione delle equazioni della dinamica, che riconduce alla rappresentazione geodetica di varietà riemanniane. In meccanica celeste, gli si deve la regolarizzazione canonica delle equazioni differenziali del problema dei tre corpi, in prossimità di uno *choc* binario. In idrodinamica – un settore di ricerca che attraversa tutta la sua vita scientifica – basterà citare due gruppi di lavori particolarmente importanti. Il primo riguarda la teoria della scia, inaugurata da Helmholtz per spiegare le gravi aporie sollevate dalla teoria classica del moto di un liquido perfetto in cui è immerso un solido. Il secondo gruppo è relativo alla ricerca delle onde irrotazionali periodiche di ampiezza finita, che si propagano senza alterazione di forma. Stokes e Lord Rayleigh si erano già occupati senza successo del problema (Lord Rayleigh era addirittura arrivato a dubitare dell'esistenza di tale tipo di onde); Levi-Civita riesce invece a risolverlo completamente e, ancora una volta, i suoi lavori sull'argomento daranno origine a numerose ulteriori ricerche (di Struik, Jacotin-Dubreil, Weinstein e altri). In fisica matematica basterà limitarsi a citare una memoria del 1897, in cui Levi-Civita deduce le equazioni di Maxwell dalle leggi di Coulomb, Biot-Savart e F. Neumann, semplicemente sostituendo i potenziali ordinari con potenziali ritardati.

Questi lavori sarebbero già sufficienti ad assicurare a Levi-Civita una posizione di rilievo tra i matematici italiani. Ma ciò che gli ha permesso di superare il ristretto cerchio degli specialisti è il ruolo giocato nello sviluppo del *calcolo differenziale assoluto*, cui ha fornito numerose applicazioni e di vario tipo. Elaborato a partire dal 1884 da Gregorio Ricci-Curbastro, il maestro padovano di Levi-Civita, il calcolo tensoriale è essenzialmente una teoria analitica delle forme differenziali quadratiche e dei loro invarianti. Levi-Civita è uno dei primi a capire e mostrare che il nuovo calcolo rappresenta un potente strumento di scoperta. È su richiesta di Felix Klein che redige la celebre Memoria dei *Mathematische Annalen – Méthodes de calcul différentiel absolu et leurs applications* – che ne rende evidente l'importanza. Pochi anni dopo, Albert Einstein adotterà il calcolo tensoriale come lo strumento più appropriato per i problemi matematici posti dalla teoria della relatività generale.

Subito dopo è ancora Levi-Civita che apporta al calcolo tensoriale un ulteriore perfezionamento, con la scoperta (nel 1917) della nozione di trasporto parallelo: "rendendo più intuitive le nozioni fondamentali del Calcolo differenziale assoluto ha permesso a una teoria – fino ad allora puramente analitica – di entrare nel dominio della geometria. Si sono avute delle ripercussioni profonde nello sviluppo della stessa geometria, cui la scoperta di Levi-Civita ha dato un nuovo impulso (paragonabile a quello ricevuto mezzo secolo fa con il «Programma di Erlangen» di Klein)". La memoria di Levi-Civita segna l'inizio di una nuova teoria generale delle connessioni (elaborata da H. Weyl, J.A. Schouten, O. Veblen, L. Eisenhart, É. Cartan), capace di fornire ai fisici nuovi schemi geometrici.

Insomma, un altro grande matematico – a livello internazionale – come Castelnuovo, Enriques, Severi, Volterra. Ma la primavera della matematica italiana è qualcosa di più. Un qualcosa che forse dovrebbe essere contenuto – per definizione – nella parola *matematica* ma che di fatto individua una presenza minoritaria, almeno guardando la tradizione culturale (recente e meno recente) del nostro paese.

Torniamo ad Enriques. La svolta decisiva nel suo percorso intellettuale ed umano si ha nel 1906 quando pubblica *Problemi della Scienza*, un'opera fondamentale e ancora oggi leggibilissima. Un libro forse un po' "ingenuo" dal punto di vista filosofico ma palpitante, che viene subito tradotto in inglese, francese e tedesco. Enriques (che aveva allora 35 anni) ha un progetto estremamente ambizioso: cerca di costruire una teoria generale della conoscenza. Conoscenza della verità, della realtà oggettiva, che si può raggiungere grazie soprattutto alla ricerca scientifica. Si tratta essenzialmente di una logica della conoscenza scientifica. Il libro diventa subito un caso culturale e ha una diffusione molto ampia grazie al rigore delle argomentazioni, la chiarezza della scrittura e la varietà e vastità dei temi trattati. Negli stessi anni, Benedetto Croce scrive la sua *Logica*: un'opera rigorosissima sul piano teorico, che nega esplicitamente il valore della scienza sul piano della verità. La scienza ha un valore esclusivamente strumentale. Enriques e Severi non possono essere d'accordo. Scrivono qual-

Picone (a sinistra) e Severi (al centro).
Foto tratta da *Storia dell'IAC attraverso i documenti*

che articolo polemico nei confronti del libro di Croce e vengono allora castigati con una sarcastica *Nota* dal titolo *Se parlassero di matematica*...

Al di là della polemica, è evidente un fatto: Enriques ha un progetto scientifico e culturale che va al di là della matematica. Nell'impegno per realizzarlo, si muove a tutto campo: si impegna nella *Mathesis*, diventa presidente della *Società Filosofica Italiana*, fonda la rivista *Scientia* (cui chiamerà a collaborare personaggi come Ostwald, Mach, Bergson, Poincaré, Tannery, Pareto), si occupa della *Federazione Nazionale Italiana degli Insegnanti*, interviene nel dibattito sulla riforma della scuola media, pubblica manuali per le scuole che presenta come strumenti per una nuova didattica, parla de "Il Rinascimento filosofico nella scienza contemporanea" o de "La metafisica di Hegel" considerata da un punto di vista scientifico, ecc. Anche l'organizzazione a Bologna del *Congresso Internazionale di Filosofia* nel 1911, per Enriques, è un fatto molto naturale: la filosofia è una cima alla quale si può (e si deve) arrivare per molti cammini e *in primis* per quello della conoscenza scientifica. La filosofia senza la scienza è vuota, dirà più o meno dopo qualche anno Einstein. Si può allora pensare ad una Facoltà di filosofia che sia il coronamento di tutti gli studi universitari, tranne quelli decisamente professionalizzanti (le cliniche mediche o le scuole di ingegneria).

Anche per i neo-idealisti italiani, la filosofia è al vertice delle attività umane ma è una disciplina per professionisti, non per dilettanti come gli scienziati. La polemica di Enriques e Severi con Croce e Gentile non è quindi una *querelle* accademica. Si tratta di uno scontro tra differenti progetti culturali, che fanno riferimento a progetti civili (quale scuola, quale università, quale formazione dei giovani) decisamente divergenti. Enriques occupa spazi accademici, culturali e istituzionali. Cerca dei canali di comunicazione tra il mondo della ricerca scientifica e quello dell'"altra" cultura, la *società civile* e questo suo sforzo entra inevitabilmente in rotta di collisione con il progetto del neo-idealismo italiano. Della sua sconfitta, la storia culturale del Paese e l'esperienza scolastica (di tutti noi) risentono ancora.

La personalità e la progettualità di Volterra sono diverse, ma le analogie non mancano. Volterra non civetterà mai con la filosofia. Sarà anzitutto un uomo di potere, che avvia la sua carriera pubblica con la nomina a senatore nel 1905. Anche il suo progetto – di un matematico di primo piano – va però al di là della matematica. Avverte come vitale, per il mondo matematico e scientifico, l'esigenza di proiettarsi al di fuori dei propri confini, per "esportare" le proprie razionalità. L'interesse è reciproco: la Matematica ha bisogno di simili proiezioni, per il suo sviluppo; le altre culture e, financo, la società civile e il governo del Paese hanno bisogno dell'originalità e del rigore dei matematici. La costituzione nel 1907 della SIPS ("*Società Italiana per il Progresso delle Scienze*"), di cui Volterra è anche il primo presidente, persegue un simile duplice obiettivo. Quello interno riguarda la comunità scientifica, che deve prendere coscienza del proprio ruolo intellettuale. La specializzazione degli studi è una necessità, che non deve però comportare fratture totali e l'isolamento in mondi angusti animati solo da una dimensione tecnica. Tale consapevolezza è la necessaria premessa per una forte pressione sui poteri politici contro il loro immobilismo, perché riconoscano l'utilità sociale della scienza e sappiano trovare una giusta collocazione al mondo scientifico. Questo è il secondo obiettivo della SIPS: concorrere allo sviluppo di un paese moderno, che riconosca la funzione sociale della scienza nella direzione già assunta dai più evoluti paesi europei.

L'esperienza della prima guerra mondiale rafforza il progetto di Volterra. È dall'esperienza della guerra e dei suoi esiti che nasce l'idea del CNR e dell'UMI ("*Unione Matematica Italiana*"), per coordinare e orientare la ricerca e rendere più fluido il suo impiego per il progresso anche economico del paese. Del CNR, Volterra è anche il primo Presidente (negli stessi anni in cui presiede pure l'*Accademia dei Lincei*). Poi arriva il fascismo e Volterra paga l'opposizione da "vecchio" liberale e l'adesione al *manifesto Croce* con il mancato rinnovo della presidenza del CNR. Sarà Guglielmo Marconi a succedergli.

Il fascismo spazza via l'Italia liberale e giolittiana. Termina anche la primavera della matematica italiana: è come se, con la fine della guerra, si risvegliasse da un lungo e appassionante sogno e tornasse, da adulta (?), a dedicarsi esclusivamente ai suoi teoremi.

Dei nostri protagonisti, c'è chi – come Enriques – continua il suo impegno di matematico, filosofo e storico della scienza, accettando anche l'invito di Gentile a collaborare all'*Enciclopedia Treccani* che rappresenta la grande iniziativa culturale del regime.

C'è chi, come Severi, al fascismo aderisce ufficialmente e con grande enfasi. Inizialmente socialista a Padova, ancora anti-fascista a Roma in occasione del delitto Matteotti e del *manifesto Croce*, Severi compie il "grande salto" in occasione dell'istituzione dell'*Accademia d'Italia*. È lui – e non Enriques, favorito nei pronostici della vigilia – l'unico matematico ad avere l'onore di fregiarsi del titolo di "accademico d'Italia" (con il conseguente stipendio…). È lui uno dei grandi "suggeritori" del giuramento di fedeltà al fascismo, nel 1931, con il duplice obiettivo di chiudere la polemica tra intellettuali fascisti e antifascisti, mettendo tutti nelle stesse condizioni, e di individuare gli irriducibili oppositori del regime. Quella di Severi è una grande personalità. Certo, non simpatica. Basti pensare alle sue responsabilità nell'orientare la scuola italiana di Geometria algebrica verso posizioni di isolamento, quasi ignara di quanto stava succedendo altrove. Basti pensare al suo percorso politico: socialista, poi fascista e poi ancora, dopo la Liberazione, non estraneo a "salotti" e incontri con esponenti del mondo comunista. Non gli si può però misconoscere il tentativo – spesso coronato da successo, si pensi all'istituzione dell'INDAM (*Istituto Nazionale di Alta Matematica*) – di vivere e far vivere la matematica ancora da protagonista, non immiserendola in una dimensione puramente strumentale, al di fuori di ogni circuito culturale dove si progetta il futuro del Paese.

C'è chi invece al fascismo – e alla sua politica nel campo della scuola e della cultura – si oppone. È il caso di Castelnuovo, che presiede una commissione dell'*Accademia dei Lincei* sulla riforma Gentile della scuola e lancia un preciso allarme sui pericoli che verrebbe a correre l'educazione scientifica in Italia, impegnandosi in tutti i modi per modificare la riforma, sia sugli aspetti culturali che in quelli gestionali (come l'annosa questione dell'accorpamento delle cattedre di Matematica e Fisica). Durante la seconda guerra mondiale, preoccupato per i giovani ebrei che a causa delle leggi razziali non potevano frequentare l'università e avrebbero quindi perso anni cruciali per la loro formazione, organizzerà nei locali della scuola ebraica – quasi ottantenne – dei corsi universitari (tenuti da docenti di grande prestigio, tra cui Enriques), ottenendo dall'Università di Friburgo, in Svizzera, il loro riconoscimento. Appena Roma verrà liberata, si preoccuperà immediatamente di ottenere dal ministro – il filosofo Guido De Ruggero – il riconoscimento anche italiano per gli esami sostenuti dagli studenti dell'università clandestina.

Di Volterra e della sua opposizione al fascismo abbiamo detto. Nel 1931, sarà uno dei rari docenti universitari – poco più di dieci! – che si rifiuteranno di giurare fedeltà al nuovo regime. La sua è una lezione – l'ultimo frutto della primavera di inizio secolo! – che, a distanza di più di settanta anni, ancora colpisce e commuove per la dignità, la coerenza e la sobrietà con cui è stata tenuta.

Levi-Civita vive grandi difficoltà prima di decidersi a sottoscrivere il giuramento. Alla fine, prevalgono le questioni familiari e la tutela della "scuola", anche se l'amaro boccone rimarrà sempre indigesto. In effetti, Levi-Civita ha una personalità differente. Socialista, coerentemente e intransigentemente pacifista in occasione della guerra del '15-'18, anti-fascista e "comunista" agli occhi e ai verbali della polizia del regime, non vorrà mai mischiare la sfera politica con quella della ricerca scientifica e dei rapporti di lavoro. Il suo impegno si svolge tutto all'interno dell'università e della ricerca. Per più di quarant'anni, è stato uno dei docenti più insigni d'Italia, attirando da tutte le parti del mondo studenti che ha poi aiutato e incoraggiato con inesauribile pazienza e generosità. La cortesia e la grande umiltà sono state manifestazioni tipiche del suo spirito generoso. Molti hanno ricevuto qualche prova particolare della sua gentilezza. Molti hanno goduto della sua ospitalità e portato in sé il ricordo indelebile della sua straordinaria personalità. *Nature*, nel commemorare Levi-Civita nel numero del 7 marzo 1942, ha scritto: "con la sua morte è scomparso uno scienziato e un italiano che è doloroso perdere e che non è facile rimpiazzare".

Guido Castelnuovo

Guido Castelnuovo

Guido Castelnuovo nacque a Venezia il 14 agosto 1865. Studiò con Aureliano Faifofer, che lo orientò verso gli studi matematici. Si laureò a Padova nel 1886 con Veronese e, dopo aver passato un anno a Roma con Cremona, si trasferì a Torino dove – sotto l'influenza di Corrado Segre – pubblicò alcuni lavori fondamentali sulla teoria delle curve algebriche. Nel 1891 si trasferì a Roma, dove nel 1903 subentrò a Cremona nell'insegnamento di Geometria superiore. Dopo aver contribuito con Enriques (di cui aveva sposato la sorella, fatto che procurò loro l'appellativo, da parte di Severi de i due cognati), a fondare la teoria delle superfici algebriche e a completarne la classificazione, i suoi interessi scientifici si spostarono sul Calcolo delle probabilità, sul quale pubblicò nel 1918 un testo molto importante per lo sviluppo del settore in Italia. Ritiratosi dall'insegnamento nel 1935, emarginato in seguito alle leggi razziali, a partire dal 1941 organizzò l'Università ebraica clandestina di Roma (in cui insegnò anche Enriques) grazie alla quale i giovani ebrei, esclusi dalle università italiane, potevano ottenere crediti presso l'Università svizzera di Friburgo. Dopo la Liberazione, ebbe l'incarico di riorganizzare le istituzioni scientifiche italiane, a partire dal CNR e dall'Accademia dei Lincei, di cui fu presidente fino alla morte, il 27 aprile 1952. Fu nominato senatore a vita nel 1949.

Federigo Enriques

Federigo Enriques nacque a Livorno il 5 gennaio 1871. Compì gli studi universitari a Pisa, laureandosi in "Normale" nel 1891. Nel 1892 entrò in contatto con Guido Castelnuovo, iniziando a lavorare sulle superfici algebriche. Dopo un periodo passato a Torino con Corrado Segre, iniziò a insegnare a Bologna, dove rimase fino al 1922, quando si trasferì a Roma. Fu presidente della "Società Filosofica Italiana" e della "Mathesis", fondatore della rivista "Scientia" e direttore per lungo tempo del "Periodico di Matematiche". Pubblicò testi per la formazione degli insegnanti e manuali scolastici che hanno attraversato il secolo (il celeberrimo Enriques-Amaldi). Fu direttore di sezione dell'Enciclopedia Italiana. Allontanato dall'insegnamento e da tutti gli incarichi a causa delle leggi razziali, continuò a pubblicare all'estero e sotto lo pseudonimo di Adriano Giovannini. Morì a Roma il 14 giugno del 1946.

Federigo Enriques

Francesco Severi

Francesco Severi nacque ad Arezzo il 13 aprile 1879. Grazie ad una borsa di studio concessa da una istituzione aretina, poté studiare matematica a Torino con Corrado Segre. Fu assistente prima di Enriques e poi di Bertini a Pisa. Nel 1922 si trasferì all'Università di Roma, di cui fu anche Rettore. Scrisse oltre 400 articoli e libri, principalmente in Geometria algebrica. In questo settore, introdusse nuovi concetti e nuove tecniche: tra tutti, basti citare la nozione di equivalenza algebrica e la teoria delle serie di equivalenza lineari.

Era considerato un brillantissimo espositore ed un insegnante straordinario.

Francesco Severi

Dopo un periodo in cui prese posizioni contrarie al regime, si avvicinò progressivamente al fascismo, fino a diventarne un personaggio di spicco. Creò l'Istituto Nazionale di Alta Matematica e ne fu il primo presidente. Dopo la Liberazione, venne progressivamente emarginato dalla comunità matematica internazionale e alcuni suoi risultati vennero aspramente criticati per la mancanza di rigore. Morì a Roma l'8 dicembre 1961.

Verlaine e Poincaré

Qualcosa d'invincibile mi ha sempre trattenuto dal fare la conoscenza di Verlaine.

Abitavo vicino al Luxembourg; mi sarebbero bastati pochi passi per raggiungere, al caffè, il tavolino di marmo che era solito occupare dalle undici a mezzoggiorno, in una saletta di fondo che terminava, chissà perché, in una grotta artificiale.

Verlaine, mai da solo, si intravedeva attraverso i vetri. Sul marmo, i bicchieri erano colmi di un'onda verde, che si sarebbe detto attinta dal panno color smeraldo del biliardo – la vasca di quel ninfeo.

Né il fascino di una gloria che era allora al suo apice, né la curiosità che mi ispirava un poeta del quale le mille invenzioni musicali, le delicatezze e le profondità mi erano state così preziose, e nemmeno le attrattive di una vita spaventosamente accidentata e di un'anima così potente e miserabile riuscirono mai ad avere ragione della mia oscura resistenza a me stesso e di una sorta di sacro orrore.

Ma quasi tutti i giorni lo vedevo passare, quando, uscendo dal suo antro grottesco, si avviava gesticolando verso qualche bettola dalle parti dell'*École Polytechnique*. Quel maledetto, quel benedetto, zoppicando, batteva il suolo con il pesante bastone dei vagabondi e degli infermi. Male in arnese, con gli occhi fiammeggianti sotto i cespugli delle sopracciglia, riempiva di stupore la via con la sua brutale maestà e lo strepito delle sue parole. Circondato dai suoi amici, sostenendosi al braccio di una donna, parlava, percuotendo la strada, alla sua piccola scorta devota. All'improvviso si fermava, per una sosta furiosamente consacrata alla pienezza dell'invettiva. Poi il vociare si rimetteva in movimento. Insieme ai suoi, Verlaine si allontanava, in uno sbattere di zoccoli e di randello, sprigionando una collera magnifica, che talvolta si mutava, per miracolo, in una risata fresca quasi come la risata di un bambino.

Pochi minuti prima di lui, di rado mi capitava di non scorgere un passante di tutt'altro genere. Questo aveva le spalle curve, la barba corta, l'abito serio e perbene, la coccarda. Il suo sguardo era vuoto e fisso attraverso il tremolio di cristallo degli occhiali. Camminava, confusamente guidato dal peso della fronte china in avanti. La cura dei suoi passi incerti sembrava abbandonata alle potenze più recondite del suo essere. Il dito distratto di questo illustre passante, lungo i muri che si allontanavano in senso opposto al suo procedere, descriveva archi incoscienti che tradivano la presenza profonda di un cervello di geometra; e il corpo della sua mente si spostava come poteva nel nostro mondo, che non è che un mondo tra i tanti mondi possibili. L'incessante lavorio interiore, che conduce i pensatori alla luce, alla gloria, e talvolta, indifferentemente, alla morte sotto le ruote di un carro, possedeva Henri Poincaré.

Mosso a orari regolari, come Verlaine, dalla legge del desinare, Poincaré, ritornando a casa, precedeva Verlaine sullo stesso marciapiede. Mi sembrava preannunziare l'apparizione del poeta – con una precisione di dieci minuti.

Mi divertiva il passaggio al meridiano di astri così dissimili… Pensavo all'immensità della loro distanza spirituale. Che immagini differenti ospitavano quelle due teste! Che effetti incomparabilmente diversi poteva suscitare la vista di una stessa via in quei due sistemi nervosi che si susseguivano a così breve intervallo! Per farmene un'idea dovevo scegliere tra due ordini di cose ammirevoli che si escludevano mutuamente nella loro apparenza, che si rassomigliavano per la purezza e la profondità del loro oggetto...

Ma quel che accomunava quei due passanti – concludevo – non era altro che la medesima obbedienza alle segrete ingiunzioni del mezzogiorno.

Il brano è tratto da *Études Littéraires* di Paul Valéry e tradotto da Claudio Bartocci.

Bertrand Russell
Paradossi e altri enigmi

di **Gianni Rigamonti**

Bertrand Russell visse quasi cento anni (1872-1970) e, per più di settanta, scrisse moltissimo, spaziando dai fondamenti della matematica alla logica, dalla teoria della conoscenza alla storia della filosofia, dalla filosofia morale alla polemica politica. Ma forse è ancora più noto per il suo pacifismo e laicismo militante, che per la sua produzione teorica. Nel 1916, in piena guerra mondiale, perse il posto all'Università e per breve tempo fu anche incarcerato, proprio per la sua ostilità al conflitto; negli ultimi vent'anni, sostenne attivamente il movimento antinucleare.

Fu proprio durante una manifestazione contro il riarmo atomico che ebbi modo di ascoltare la sua voce. Per la Pasqua del 1961 (avevo ventun anni) ci fu in Inghilterra una marcia antinucleare bellissima, colorata, allegra, che si concluse a *Marble Arch*, a Londra, dopo settanta chilometri percorsi non ricordo più se in due o tre giorni. Venivamo da tutta Europa. Nell'ultimo breve tratto, anche l'ottantanovenne Russell si aggregò a noi e fu poi uno degli oratori del comizio finale. Devo aggiungere, per onestà, che capii gli altri ma non lui, nonostante il mio buon inglese. Non avevo mai sentito, e mai più ho udito in seguito, una voce così cavernosa. Se fosse tale da breve tempo, per l'età, o da molto per costituzione, non lo so, ma ricordo come scendeva – insieme a una copiosa e tiepida pioggia primaverile – su migliaia di ragazzi bagnati, reverenti e felici che (almeno i non inglesi) non capivano una parola.

Bertrand Russel

Ma in questa sede, naturalmente, ci interessa il Russell filosofo della matematica, non il Russell pacifista militante.

Si occupò di *Grundlagenforschung* (ricerca sui fondamenti) per poco più di dieci anni e, dopo la pubblicazione del terzo volume dei *Principia Mathematica* (1913) spostò la sua attenzione su altri campi d'indagine, meno tecnici e astratti. In quel breve periodo ottenne però risultati importanti, che cercherò di riassumere.

Quando si ricostruisce l'opera di un pensatore, bisogna partire dallo stato dell'arte che trova davanti a sé, quando sta per iniziare la sua attività. Nel caso di Russell, questo stato dell'arte era rappresentato dal *logicismo* di Frege.

Gottlob Frege (1848-1925), padre della logica moderna, era convinto che tutta l'Aritmetica[1] potesse essere costruita con strumenti puramente logici e non avesse principi *sui generis*, irriducibili alla Logica pura. Più esattamente, per Frege era possibile definire sia lo 0 sia, a partire da qualsiasi numero naturale n, n + 1 – e quindi tutti i numeri naturali – usando solo l'identità =[2], la negazione (non), l'implicazione (se), il quantificatore universale (nel linguaggio comune, "ogni" o "tutti") e il cosiddetto "assioma di comprensione", in base al quale per ogni predicato P chiaramente definito esiste l'insieme di tutte e sole le cose che sono P; dove chiaramente definito vuol dire che, per ogni oggetto x, x è P o x non è P, senza ambiguità. Tanto per fare un paio di esempi: se prendiamo come dominio di discorso gli esseri umani, vediamo subito che il predicato "figlio unico" è chiaramente definito (per ognuno di noi, l'avere o non avere fratelli o sorelle è cosa assolutamente non ambigua)[3] mentre il predicato "simpatico" non lo è (di fronte alla domanda: *Il tale è simpatico?*, non sempre sappiamo dare una risposta sicura e non diamo tutti la stessa risposta). Di conseguenza, l'assioma di comprensione garantisce l'esistenza dell'insieme dei figli unici, ma non quella dell'insieme delle persone simpatiche.

Ciò posto, i numeri naturali si possono definire (semplificando per brevità il minuzioso e rigoroso procedimento di Frege) così:

1. 0 è l'insieme vuoto[4].

---

[1] Non la geometria, e di conseguenza non tutta la matematica.
[2] Intesa non come uguaglianza numerica ma come coincidenza ontologica, come *unum et idem esse*.
[3] Il sapere di averne o di non averne può essere più problematico, ma qui non parlo di quelli che sanno di non avere fratelli o sorelle; parlo semplicemente di quelli che non ne hanno, punto e basta.
[4] Esisterà, per l'assioma di comprensione, anche l'insieme corrispondente ai predicati che non convengono a nessun oggetto, per esempio "nonno che non ha mai avuto figli", e naturalmente sarà vuoto.

2. Consideriamo l'insieme 0 ∪ {0} ottenuto aggiungendo a 0 l'insieme {0} il cui unico elemento è 0. Tale insieme ha come elemento l'insieme vuoto 0, e nient'altro. Definiamo 1 come l'insieme degli insiemi che stanno in corrispondenza biunivoca con 0 ∪ {0}.

3. Sia x un elemento di 1, e consideriamo l'insieme x ∪ {x} ottenuto aggiungendo a x l'insieme {x} il cui unico elemento è x: ogni elemento di x ∪ {x} è uguale all'unico elemento di x o a x stesso, e a nient'altro. Definiamo 2 come l'insieme degli insiemi che stanno in corrispondenza biunivoca con x ∪ {x}.

4. Supponiamo di avere già costruito il numero naturale n, sia x un elemento di n e consideriamo l'insieme x ∪ {x}. Ogni elemento di x ∪ {x} è uguale o a un elemento di x o a x stesso. Definiamo n + 1 come l'insieme degli insiemi che stanno in corrispondenza biunivoca con x ∪ {x}.

L'idea intuitiva che sta dietro questa costruzione è che un numero naturale è un insieme di insiemi equipotenti. Più esattamente, n è l'insieme degli insiemi di n elementi: 2 è l'insieme delle coppie, 3 l'insieme delle triple, ecc. Solo che, esposta in questa forma, l'idea è circolare. Se invece passiamo attraverso le definizioni 1-4, la circolarità scompare[5].

Che cosa ha a che fare con tutto questo l'assioma di comprensione? Ogni numero naturale n è l'insieme di tutti (e soli) gli insiemi equipotenti a un certo insieme di cui abbiamo dato la procedura di costruzione. Dunque, perché sia dato n, deve essere data la totalità degli insiemi e perché questa sia data è indispensabile avere un principio che stabilisca le condizioni necessarie e sufficienti per l'esistenza di un insieme. Questo principio è appunto l'assioma di comprensione, che perciò è parte essenziale del logicismo di Frege.

---

[5] Nelle definizioni 1-4 abbiamo usato anche l'operazione insiemistica di riunione (∪) e la nozione di corrispondenza biunivoca. Ma si dimostra facilmente che tutte e due sono riducibili agli operatori logici di base ricordati all'inizio del paragrafo.

Ma l'assioma di comprensione è insostenibile e proprio di questo si accorse Russell nel 1902. È la più nota, e forse la più importante, delle sue scoperte.

Dall'assioma deriva infatti una contraddizione. Per vedere come, definiamo innanzitutto le nozioni di "insieme straordinario" e "insieme ordinario":

> x è un *insieme straordinario* se e solo se è un insieme e appartiene a se stesso.
> x è un *insieme ordinario* se e solo se è un insieme e non appartiene a se stesso.

Per esempio l'insieme delle poesie non è a sua volta una poesia, quindi è ordinario; l'insieme dei numeri naturali non è un numero naturale, quindi è ordinario; l'insieme degli uomini non è un uomo, quindi è ordinario. L'insieme degli insiemi infiniti invece è infinito, e perciò è straordinario.

Le nozioni di insieme straordinario e insieme ordinario sono ben definite. Infatti, dati un insieme M e un oggetto x, è in sé determinato se x appartiene a M o no; quindi è in sé determinato se M appartiene a se stesso o no; ma questo è come dire che è in sé determinato se un insieme è straordinario o ordinario.

Perciò, essere un insieme straordinario (o ordinario) non è come essere simpatico ma, caso mai, come essere un figlio unico e i due insiemi – degli insiemi straordinari e di quelli ordinari – esistono. Chiamiamo y l'insieme degli insiemi ordinari. Ora, y è ordinario o no? Proviamo, per cominciare, a ragionare sull'ipotesi:

> A) y è straordinario.

Ma "è straordinario" equivale a "appartiene a se stesso"; cioè a appartiene a y (visto che è y) cioè appartiene all'insieme degli insiemi ordinari o anche, indifferentemente, appartiene all'insieme degli insiemi che non appartengono a se stessi. Ne segue che non appartiene a se stesso ovvero è ordinario. L'ipotesi A) distrugge se stessa. Proviamo allora con l'ipotesi:

> B) y è ordinario.

Ora, se è ordinario, non appartiene a se stesso cioè non appartiene a y, l'insieme degli insiemi che non appartengono a se stessi. Quindi è un insieme, ma appartiene a se stesso – cioè è straordinario. Perciò anche l'ipotesi B) si distrugge da sé e ci ritroviamo comunque con una contraddizione, dalla quale non usciamo finché ammettiamo che y esista – ma deve per forza esistere, per l'assioma di comprensione. In altre parole, l'assioma di comprensione ci porta inevitabilmente a una contraddizione, ma ciò che genera una contraddizione è falso. Non è vero che a ogni predicato ben definito P corrisponde l'insieme delle cose che sono P. L'assioma di comprensione, però, è l'asse portante del logicismo fregeano e una volta scomparso questo asse la riduzione dell'aritmetica alla logica, almeno nella forma tentata da Frege, crolla. E infatti la scoperta di questo paradosso, che rese famoso Russell, per Frege fu una tragedia.

Tuttavia lo stesso Russell era un logicista, per certi aspetti ancora più estremo perché non faceva discendere come Frege la Geometria da un'intuizione a priori dello spazio di tipo kantiano, irriducibile alla Logica pura. Era convinto che l'intera matematica potesse essere costruita a partire dalla sola logica; che le due discipline, tradizionalmente separate, formassero in realtà un unico sistema; che, se proprio si voleva tracciare una distinzione, si potevano chiamare logica i capitoli iniziali di una trattazione, che non poteva che essere unitaria, e matematica i capitoli più avanzati. Era comunque solo una suddivisione di comodo, priva di qualsiasi significato profondo.

Questo sistema unitario era un programma da realizzare, non certo una dottrina esistente in atto. Né lo si poteva realizzare per la via più semplice, quella dell'assioma di comprensione. Bisognava passare per un'altra strada, che Russell credette di trovare nella *teoria dei tipi*. Questa gli consentiva di aggirare lo scoglio, che a suo parere ogni possibile fondazione della matematica doveva assolutamente evitare, quello delle definizioni impredicative.

La nozione di impredicatività è così importante da giustificare una digressione che va ben oltre Bertrand Russell e le sue proposte teoriche.

Si dice *impredicativa* ogni definizione che faccia riferimento a una molteplicità di cui l'oggetto definito è parte. È impredicativa, per esempio, una definizione che ci dia un oggetto y come l'insieme degli insiemi che non appartengono a se stessi ovvero come l'insieme degli insiemi ordinari, poiché in entrambe le varianti ci si riferisce alla totalità degli insiemi per individuare un particolare insieme.

Non tutte le definizioni sono impredicative. Se dico per esempio:

il corpo elettorale di un paese democratico è l'insieme dei suoi cittadini maggiorenni, incensurati e senza deficit intellettivi o disturbi psichici gravi

definisco una certa totalità, imponendo delle condizioni sui suoi elementi e non certo su una totalità di livello superiore di cui il definiendum sia elemento.

Nel linguaggio comune, facciamo continuamente uso di definizioni impredicative, che non ci danno particolari problemi né appare, in generale, ragionevole rinunciarvi. Possiamo vederlo attraverso un esempio. Prendiamo un concetto come:

il più vecchio degli italiani

È sicuramente impredicativo, perché una certa persona viene definita sulla base di una totalità, quella degli italiani cui appartiene. Ne viene fuori però una nozione che possiamo maneggiare altrettanto bene di quella (sicuramente predicativa, nel senso che a individuarla sono solo certe proprietà dei suoi elementi) di corpo elettorale. Come non abbiamo problemi ad asserire che:

il corpo elettorale è meno numeroso della popolazione complessiva

così non ne abbiamo ad asserire che:

il più vecchio degli italiani ha passato i cento anni

o che:

uno non resta mai a lungo il più vecchio degli italiani

o che:

il più vecchio degli italiani probabilmente è una donna.

Ma se, al livello del linguaggio comune, nessuno ha mai proposto di fare a meno delle definizioni impredicative, senza le quali dovremmo rinunciare a molte conoscenze chiare e sicure, in matematica diversi autori – il più illustre è forse Henri Poincaré – raccomandano di abbandonarle, per attenersi al principio che un insieme va sempre definito in base a qualche proprietà dei suoi elementi e in nessun altro modo. Posso ammettere l'insieme dei numeri pari, quello dei numeri primi, quello dei trapezi rettangoli ma non l'insieme y degli insiemi ordinari, perché la proprietà di essere un insieme ordinario è tale da porre immediatamente la questione se tale insieme y, posto che esista[6], la possieda o no, mentre per i "normali" insiemi predicativi (come quelli dei numeri primi o dei numeri pari) questo problema proprio non si pone. E secondo Poincaré – ma non solo Poincaré – ciò è inammissibile. È fabbricare illegittimamente un nuovo elemento con una certa proprietà a partire dalla totalità già data delle cose che sono P e, nello stesso tempo, oltre questa totalità, che perciò non è più definita in maniera univoca[7]. Per evitare simili pasticci – dicono quelli che la pensano come Poincaré – fra *definiendum* e *definiens* ci deve essere una totale asimmetria. Devono essere entità radicalmente separate o nasceranno confusioni che porteranno al paradosso.

Senza dubbio la situazione ci appare, a questo punto, altamente controversa. Pesano, da un lato, il continuo uso di concetti impredicativi non solo nel linguaggio comune ma anche in molte

---

[6] Sappiamo già, per altra via, che ciò è impossibile; ma qui dobbiamo dimenticarcelo, perché stiamo discutendo la nozione di impredicatività indipendentemente dal paradosso di Russell.

[7] Per chiarire ulteriormente: dal punto di vista di Poincaré definire un insieme significa introdurre un nuovo oggetto come collezione di oggetti già dati. Se appartenere a tale collezione equivale a possedere una certa proprietà, ciò riguarda appunto gli oggetti già dati, non l'oggetto nuovo, e definire impredicativamente significa violare questa distinzione.

dimostrazioni matematiche, dall'altro il fatto che l'idea di una separazione e asimmetria rigorosa fra ciò che definiamo, o *definiendum*, e ciò con cui definiamo, o *definiens*, appare intuitivamente plausibile.

Ma, se cerchiamo di approfondire il problema, vediamo che l'atteggiamento verso l'impredicativo è legato al modo di intendere l'esistenza in matematica. Perché al livello del linguaggio comune accettiamo senza problemi locuzioni sfacciatamente impredicative come "il più vecchio degli italiani?" La ragione, verosimilmente, è che noi sentiamo una simile locuzione come una semplice descrizione di un ente che esiste già, mediata da un insieme i cui elementi sono tutti già dati (*definiendum* compreso), e che dunque è totalmente dato esso stesso. Un'espressione come "il più vecchio degli italiani" non costituisce l'oggetto in questione. L'oggetto c'è comunque, per i fatti suoi, e l'espressione il più vecchio degli italiani ci serve solo a dirne *oh guarda, questa cosa qui è così e così*, dove questa cosa qui è data indipendentemente dal fatto di essere così e così e ciò allontana ogni sospetto di circolarità.

Ma che le cose stiano in questo modo nel mondo materiale è scontato per tutti, a parte una piccola frangia di filosofi folli. Non lo è per niente invece in matematica, dove esiste una divisione che ha meno di centocinquant'anni, ma possiede radici vecchie più di duemila, fra chi pensa che gli enti matematici siano indipendenti dal nostro conoscere – per cui ci limiteremmo a scoprirli – e chi ritiene invece che, definendoli, noi li costituiamo e il loro essere si riduca fondamentalmente all'essere definiti. Per chi la pensa nella prima maniera – cioè, per introdurre un termine forse abusato ma comodo, per i realisti – un ente matematico comunque definito, anche impredicativamente, potrà in ogni caso esistere ogni volta che i suoi attributi non sono contraddittori e l'impredicatività di una definizione non ne distrugge l'essere, così come il dire di un certo signor x che è il più vecchio degli italiani non distrugge il signor x. Ma, se definire vuol dire costituire, le cose cambiano: per esempio, l'*insieme degli insiemi ordinari* è solo ciò che ne dice questa espressione, che però rinvia a un'altra, l'insieme di tutti gli insiemi e d'altra parte la totalità degli insiemi rimanda, come ogni totalità, ai suoi elementi, compreso l'insieme degli insiemi ordinari. E nemmeno si può dire "va bene, l'insieme rimanda all'elemento e l'elemento all'insieme ma questo riguarda solo le definizioni, non gli oggetti stessi" perché ci sono degli oggetti al di là delle definizioni solo per un realista ma non – di nuovo un termine abusato, e però comodo – da un punto di vista idealistico.

E qui succede una cosa singolare. Russell non è affatto un idealista in matematica, non riduce gli enti matematici alla conoscenza che ne abbiamo, anzi è convinto che noi non li creiamo ma li scopriamo. Tuttavia respinge l'impredicativo.

C'è nel suo pensiero una successione di due passi. Il primo, più generale, è l'abbandono dell'assioma di comprensione, indispensabile per evitare i paradossi come quello illustrato nel § 3 e come gli altri che in quegli anni (1895-1905 circa) si andavano scoprendo. Il secondo, più specifico, è l'eliminazione delle definizioni impredicative.

Tale eliminazione viene realizzata attraverso la cosiddetta *teoria dei tipi*, che consiste – riducendo il discorso all'osso – in una stratificazione degli enti. Al livello 0 stanno quegli oggetti (possiamo anche chiamarli *individui*)[8] che non sono insiemi. Al livello 1 stanno gli insiemi di individui; al livello 2 gli insiemi di oggetti di livello 1; al livello 3 gli insiemi di oggetti di livello 2 e così via. (Per la verità Russell non considera solo il livello di complessità ontologica dei suoi oggetti ma anche quello di complessità definitoria. Prendiamo per esempio due qualsiasi oggetti di livello 1, o insiemi di individui: le definizioni di entrambi enunceranno le condizioni necessarie e sufficienti perché un individuo possa loro appartenere, ma possono avere complessità molto diversa ed essere, per esempio, una lunghissima e una brevissima).

Può essere stratificato, correlativamente, anche il linguaggio, introducendo infinite sorte di variabili: per individui, che possiamo scrivere con l'esponente 0 (x^0, y^0 ecc.), per insiemi di individui, che possiamo scrivere con l'esponente 1 (x^1, y^1 ecc.) e così via. Una formula atomica è ben formata se e solo se è della forma

---

[8] Almeno nei *Principia*, Russell non si preoccupa di stabilire quali oggetti siano individui. Gli basta – per ragioni che vedremo subito – introdurre una stratificazione.

$x^i \epsilon x^{i+1}$ (x^i appartiene a x^{i+1})[9] poiché ogni insieme contiene solo oggetti del livello ontologico immediatamente inferiore. Formule come $x^i \epsilon x^i$, o come $x^i \epsilon x^j$ con $j<i$ o $j>i+1$, sono insensate.

Ciò posto, il paradosso dell'insieme degli insiemi ordinari scompare immediatamente. Infatti ruota intorno all'espressione y appartiene a y o yϵy ma nella teoria dei tipi dobbiamo dare a y un livello ontologico e, quale che sia questo livello, ci ritroveremo comunque con un'espressione della forma $y^i \epsilon y^i$ che abbiamo appena visto essere insensata. Il paradosso di Russell non c'è più, perché la formula che lo produce non può più essere detta. Lo stesso vale, *mutatis mutandis*, per gli altri paradossi che in quegli anni si venivano scoprendo.

Ma l'idea centrale della teoria dei tipi richiedeva un lavoro enorme per essere trasformata in una fondazione della matematica dettagliata, ancora di impianto logicista ma immune dalla debolezze che erano state fatali a Frege. Russell, aiutato da Alfred North Whitehead, sviluppò questa fondazione nei tre volumi dei *Principia Mathematica*, pubblicati fra il 1910 e il 1913[10]. I *Principia* ebbero un'influenza enorme per circa trent'anni; poi, furono progressivamente dimenticati e oggi pochissimi li leggono. Tuttavia le loro idee centrali continuano a circolare.

Intuitivamente, la stratificazione ontologica della teoria dei tipi appare plausibile e abbiamo già visto che risolve i paradossi, ma comporta anche alcune difficoltà.

La prima difficoltà è una proliferazione degli enti inutilizzabile e imbarazzante. Infatti la definizione fregeana del "numero natu-

---

[9] Continua a essere vero che ogni insieme è l'estensione di una proprietà e ogni proprietà genera un insieme, anche se ora si ammettono solo insiemi di oggetti omogenei dal punto di vista della stratificazione in tipi (e questo basta, come vedremo, a evitare i paradossi). Perciò non c'è perdita di generalità nell'affermazione che ogni formula atomica è di questa forma: infatti dire "Il tale oggetto ha la tale proprietà" è, in forza della corrispondenza biunivoca proprietà-insiemi, come dire "Il tale oggetto appartiene al tale insieme".

[10] Dopo i *Principia* non si occupò più di logica e fondamenti della matematica. La sua spiegazione è che lo sforzo lo aveva stremato, tanto che la sua "capacità di affrontare complicate astrazioni" era "nettamente diminuita"; ma è lecito il sospetto che ormai lo interessassero di più altre questioni, lontane dalla matematica.

rale" n + 1 (n + 1 è l'insieme degli insiemi equipotenti a x ∪ {x}, dove x è un qualsiasi elemento di n) si frantuma in un'infinità di definizioni di "numeri" di livello ontologico diverso: ci saranno l'insieme (di livello 2) degli insiemi di livello 1 di n + 1 elementi di livello 0, l'insieme (di livello 3) degli insiemi di livello 2 di n + 1 elementi di livello 1 e così via, né può essere altrimenti perché nella teoria dei tipi non esistono insiemi non omogenei dal punto di vista del livello ontologico dei loro elementi. Così non avremo, per esempio, il 4 *sic et simpliciter,* ma il 4 di livello 2 (con elementi di livello 1), il 4 di livello 3 (con elementi di livello 2) e via dicendo. E non sappiamo proprio che farcene di questa proliferazione.

Una seconda difficoltà è che una volta messe da parte le definizioni impredicative, molti teoremi di primaria importanza non sono più dimostrabili e una fondazione della matematica che tagli fuori buona parte di ciò che vuole fondare non può essere accettata. Russell cerca di rimediare introducendo tre nuovi assiomi. I primi due sono plausibili, ma il terzo molto meno. Il primo dei tre, l'*assioma dell'infinito,* dice sostanzialmente che esistono insiemi infiniti; il secondo, l'*assioma di scelta,* dice che, per ogni famiglia F di insiemi non vuoti esiste un insieme-selezione S i cui elementi stanno in corrispondenza biunivoca con quelli di F (e inoltre ogni elemento di S appartiene a quello di F cui corrisponde).[11] Il terzo, l'*assioma di riducibilità,* afferma che, dato un qualsiasi teorema della teoria dei tipi, su enti di qualsiasi livello ontologico, ne esiste uno equivalente formulato esclusivamente in termini di individui (oggetti di livello 0) e proprietà di individui (oggetti di livello 1).

Fra i tre assiomi il più discutibile e discusso è proprio quello di riducibilità, che non solo manca di evidenza intuitiva ma è legato a un'assunzione sfacciatamente empiristico-nominalistica: che tutto ciò che diciamo, anche su astrazioni molto spinte, possa essere trasformato in un'asserzione su certi oggetti di base che consideriamo concreti o semplici o immediati, insomma rispetta-

---

[11] Detto in soldoni, e mettendo da parte le difficoltà che nascono quando abbiamo a che fare con l'infinito: possiamo costruire S prendendo esattamente un elemento da ogni membro di F, ed elementi diversi da membri di F diversi.

bili da un punto di vista empiristico-nominalistico. Ma questa è un'opzione filosoficamente partigiana e inserirla in una teoria dei fondamenti della matematica non può non dar luogo a controversie.

Tuttavia i *Principia* ebbero l'immenso merito di presentare per la prima volta una fondazione della matematica di tipo logicista sistematica, dettagliata e immune da paradossi. Dimostrarono coi fatti che una simile fondazione era possibile. Diffusero l'ottimismo fra chi faceva ricerca sui fondamenti. Stimolarono molti ad approfondire – eventualmente correggendo lo stesso Russell – questo campo di ricerca. Segnarono – come tante altre grandi sintesi, a partire dagli *Elementi* di Euclide – la fine di un'epoca (quella dei pionieri come Cantor, Frege, Dedekind o Peano, ma anche della "crisi dei paradossi") e contemporaneamente l'inizio di un'altra, già più scaltrita metodologicamente rispetto alle ricerche geniali ma "ingenue" di venti-trent'anni prima.

La sintesi fu superata nel giro di una generazione, un po' per i motivi cui ho accennato sopra e un po' per altre due ragioni: i grandi risultati degli anni Trenta sull'indecidibilità, che aprirono orizzonti completamente nuovi, e la scoperta, sempre negli anni Trenta[12], di sistemi di Logica formale molto più semplici e intuitivi di quello, aridissimo e pesantissimo, di Russell e Whitehead. Tuttavia i *Principia* diedero sicuramente un fortissimo impulso agli studi che sarebbero sfociati, di lì a vent'anni, nel "decennio mirabile" della logica moderna.

---

[12] Inizialmente in Germania, a opera di Gerhard Gentzen.

Bertrand Russel

Godfrey H. Hardy

Una mente brillante

di **Roberto Lucchetti**

Godfrey H. Hardy nasce il 7 febbraio 1877 a Cranleigh, nel Surrey, da una famiglia di insegnanti. Dimostra subito grandi capacità intellettive, in particolare legate alla matematica: già da piccolo "gioca" con i numeri. Studia nelle scuole locali, dove si distingue in tutte le materie, vincendo numerosi premi che lo mettono molto in imbarazzo, tanto da arrivare a dichiarare che a volte sbaglia le risposte per sottrarsi alla tortura delle cerimonie dei premi. Però, come dichiara nel suo libro "Apologia di un matematico", scritto nel 1940, è anche uno spirito molto competitivo, tanto che la matematica per lui diventa il modo più efficace per battere i compagni. A dodici anni ottiene una borsa di studio per il *Winchester College*, il migliore Istituto di Inghilterra, almeno per la matematica. Se esiste uno stereotipo di *College* inglese di inizio Novecento, il *Winchester* avrebbe potuto rappresentarne l'esempio perfetto. Un'educazione di prim'ordine, ma probabilmente piena di tante durezze difficili da sopportare per un carattere sensibile come il suo. Uno dei motivi di maggior rancore per il *College* frequentato, come dichiarerà in seguito, è la proibizione di dedicare un po' di tempo per fare pratica degli sport che ama e per i quali dimostra notevole propensione, in particolare il tennis e il cricket[1]. Lascia il

---

[1] A cinquant'anni, batte ancora agevolmente il secondo classificato nel tennis al *Trinity College*.

Godfrey H. Hardy

Winchester per il *Trinity College* di Cambridge. Si classifica quarto (*Wrangler*) nella prima parte dei famosi e famigerati *Tripos*, esami finali piuttosto crudeli. Hardy detesta l'idea stessa di matematica che sottintende questo tipo di esami: un rigido, estenuante allenamento a risolvere esercizi che ha come conseguenza non secondaria l'effetto di tarpare ogni forma di fantasia nell'affrontare i problemi. Ma non rinuncia a dare tale esame, non solo, gli brucia parecchio non essere risultato primo. Infatti due anni dopo, nella seconda parte, avendoli affrontati forse con maggiore grinta si classifica al primo posto, cosa che gli procura una posizione nel *College* stesso.

Nel 1900 pubblica il primo di oltre 300 articoli. Negli anni 1906-1919 sarà *lecturer* al *Trinity College*. Nel 1912 comincia la collaborazione con John Edensor Littlewood (1885-1977). Hardy e Littlewood scriveranno quasi un centinaio di lavori assieme. Probabilmente, la loro è la collaborazione più famosa e più prolifica dell'intera matematica. Nonostante questo, sembra non ci siano testimonianze di come lavoravano assieme: Hardy non ne parlerà mai (a differenza di quanto farà parlando dei suoi rapporti con Ramanujan).

Una mattina, all'inizio del 1913, trova, tra la numerosa posta che riceve ogni mattina, un plico, diverso dal solito, pieno di francobolli indiani. Aperto il quale, dà un'occhiata alla lettera di accompagnamento, scritta in un inglese sgrammaticato, ed al guazzabuglio di teoemi allegati. È la prima lettera che Srinivasa Ramanujan (1887-1920) gli scrive. Le reazioni di Hardy sono soprattutto di fastidio: un elenco di enunciati di teoremi, nessuno dei quali con dimostrazione, un paio ben noti agli specialisti ma "spacciati" come originali. Tuttavia, qualche dubbio si insinua in lui, visto che, dopo un giorno passato con i suoi immutabili riti, si reca da Littlewood per mostrargli quanto ha ricevuto. Comincia così la collaborazione tra Hardy e colui che viene ritenuto uno dei più grandi geni mai apparsi sulla scena della matematica, frenato soltanto da una totale mancanza di educazione alla disciplina, a causa delle sue origini.

Ramanujan è un semplice impiegato che vive del suo misero stipendio con la moglie nella città di Madras. È anche un bramino, che segue con molta accuratezza sia i rigidi precetti religiosi della sua casta, sia i consigli della madre. Sembra dunque un'impresa

disperata invitarlo in Inghilterra, cosa che Hardy decide immediatamente dopo aver parlato con Littlewood del manoscritto ricevuto. Ma proprio la madre di Ramanujan sblocca la situazione rac-
contando di aver visto in un sogno il figlio circondato da europei
mentre una dea le ordina di non intralciare la sua inclinazione…

Ramanujan arriva in Inghilterra nel 1914 e tra i due comincia
una collaborazione tanto fertile di risultati quanto anomala: non
bisogna dimenticare che Ramanujan non solo conosce poco o
nulla della matematica moderna, ma non ha neppure troppe esigenze di quel rigore formale che la sensibilità dei matematici
moderni ritiene indispensabile: Hardy, pur consapevole di avere
davanti un vero genio, spesso è costretto a insegnargli regole
matematiche elementari.

La loro collaborazione produce cinque lavori di altissima
qualità, ma subisce un arresto perché, a circa quattro anni dalla
sua venuta in Inghilterra, Ramanujan si ammala. Dopo essere
stato ricoverato per qualche tempo in ospedale in Inghilterra,
Ramanujan torna a Madras, dove muore poco dopo a causa della
tubercolosi, nel 1920.

Ma torniamo ora ai fatti salienti della vita di Hardy. Nel 1914
Hardy si schiera pubblicamente con altri, tra cui B. Russell, contro
la guerra. La sua posizione non è però ideologicamente pacifista,
al contrario, è convinto che non si debba combattere la Germania
perché ammira quello stato, la sua cultura, la sua organizzazione.
Questo tra l'altro gli provoca problemi di convivenza con i colleghi, fatto che lo spinge nel 1919 a lasciare Cambridge per Oxford.
Nel periodo 1926-28 è presidente della *London Mathematical
Society*. Nel 1928 e '29 si reca in America, in particolare a Princeton
e al *California Institute of Technology*. Nel 1931 torna al *Trinity
College* e nel periodo 1939-41 è di nuovo presidente della *London
Mathematical Society*. Nel 1940 pubblica la "Apologia di un mate-
matico", nel 1942 lascia l'insegnamento, che peraltro aveva più
volte dichiarato di odiare. Muore nel 1947.

Nel necrologio comparso sul *Times*, di lui si dice, tra l'altro:

appassionato di cricket, interessato agli scacchi ma scocciato
da qualcosa nella natura del gioco che sembrava essere in
conflitto con le sue idee sulla matematica. Era il prototipo del
professore distratto, ma chi aveva occasione di avere una con-

versazione con lui ben presto si rendeva conto di avere a che fare con una mente brillantissima e mostrava sorprendente vitalità praticamente su ogni soggetto *under the sun*.

Hardy è stato prima di tutto una mente molto brillante, e poi certamente un matematico di fama notevole. Ha avuto una vita tutto sommato abbastanza fortunata e felice: una certa agiatezza economica, dovuta ad uno stipendio adeguato, almeno alle esigenze di una persona sola; poche lezioni da tenere, molto tempo libero da organizzare secondo i suoi desideri, riconoscimenti immediati della sua bravura, una cerchia di amici molto ricca e stimolante. Solo verso la fine, a causa del mancare delle forze, comincia ad avere forti tristezze.

Ha avuto anche lui le sue stranezze, per esempio, pur essendo una persona attiva e sportiva, e considerato di aspetto fisico molto gradevole, non permetteva praticamente a nessuno di fargli fotografie, e arrivava a coprire gli specchi nelle camere d'albergo. Ma queste cose fanno un po' parte del carattere di tutti o quasi. L'aspetto che forse balza più agli occhi, leggendo le parole di chi lo ha ben conosciuto, o anche l'*Apologia*, è l'estrema competitività, l'estremo bisogno che aveva di classificare quel che faceva, o che facevano gli altri, i bravi e i meno bravi, i bei teoremi ed i brutti teoremi.

Ecco, per esempio, una sua frase indicativa, spesso molto citata:

Quando sono costretto ad ascoltare della gente pedante e presuntuosa, mi dico: "beh, io ho fatto qualcosa che voi non sareste mai stati capaci di fare: ho collaborato con Littlewood e Ramanujan su un piano di quasi parità".

In questo non c'è nulla di strano: gli uomini sono competitivi, amano far classifiche, amano soprattutto litigare. I matematici in questo si comportano come tutti gli altri. Tutto questo non è molto razionale, ma probabilmente inevitabile. Charles P. Snow[2], che scrive una lunga introduzione all'*Apologia*, arriva a dire che "toccherà agli storici determinare la posizione precisa di Hardy

---

[2] Fisico, scrittore, e uomo politico.

(anche se sarà un compito impossibile perché la parte migliore della sua opera è stata realizzata in collaborazione con altri)", come se poi avesse più importanza stabilire chi ha fatto un bel teorema piuttosto che il teorema stesso. Secondo me, allora è molto più interessante stabilire chi è stato il giocatore di calcio più bravo al mondo[3]: problema dello stesso livello di inutilità del precedente, ma almeno più divertente e popolare.

Il fatto è che la competitività esasperata porta comunque a una sconfitta, porta prima o poi all'infelicità. Ovviamente, Hardy non è stato un'eccezione, e questo lo spiega perfettamente una bella frase di Charles P. Snow, a proposito dell'Apologia:

Malgrado tutto il suo brio, è un libro di una tristezza disperata...

Per concludere ricordo che Graham Greene ha recensito l'*Apologia*, dicendo che, assieme ai *Taccuini* di H. James, era la descrizione più riuscita di che cosa significa essere *un artista creativo*.

Credo che questo sia indubitabile: Hardy certamente è stato uno dei matematici che ha *scritto meglio* la matematica.

---

[3] O di cricket, come faceva Hardy.

Hardy: da "Apologia di un matematico"

Sarà probabilmente già chiaro a quali conclusioni voglio arrivare: perciò le enuncerò subito in modo dogmatico per svilupparle in seguito. È innegabile che una buona parte della matematica elementare (uso il termine "elementare" nel senso in cui lo usano i matematici professionisti, e che comprende, per esempio, una buona conoscenza del calcolo differenziale e integrale) ha una considerevole utilità pratica. Questa parte della matematica in complesso è piuttosto noiosa ed è proprio quella che ha minor valore estetico. La "vera" matematica dei "veri" matematici, quella di Fermat, Eulero, Gauss, Abel e Riemann è quasi totalmente inutile (e questo vale sia per la matematica "applicata" sia per la matematica "pura"). Non è possibile giustificare la vita di nessun vero matematico professionista sulla base della "utilità" del suo lavoro.

Ma a questo punto devo chiarire un pregiudizio. A volte si dice che i matematici puri si glorino dell'inutilità del loro lavoro e si vantino che esso non abbia alcuna applicazione pratica. L'accusa si basa generalmente su un'incauta affermazione attribuita a Gauss, che suona più o meno così (non sono mai riuscito a trovare la citazione esatta): se la matematica è la regina delle scienze, allora, data la sua suprema inutilità, la teoria dei numeri è la regina della matematica. Sono certo che l'affermazione di Gauss (se è davvero sua) è stata grossolanamente fraintesa. Se la teoria dei numeri si potesse impiegare a fini pratici e ovviamente onorevoli, se potesse contribuire ad accrescere la felicità degli uomini o ad alleviare le loro sofferenze, come la fisiologia e anche la chimica, allora sono certo che né Gauss né qualsiasi altro matematico sarebbe stato così pazzo da denigrare o deplorare tali applicazioni. Ma la scienza lavora sia per il bene sia per il male (particolarmente in tempo di guerra); e allora è giusto che Gauss e anche altri matematici minori si rallegrino per l'esistenza di almeno una scienza, e proprio la loro, che il distacco stesso dalle contingenze umane, conserva benigna e pulita.

Emmy Nöther

La mamma dell'algebra

di **Aldo Brigaglia**

Emmy Nöther aveva compiuto soltanto da qualche mese (il 23 marzo) i suoi cinquanta anni quando, il 9 settembre 1932, a Zurigo, durante il IX *Congresso Internazionale dei Matematici*, ballava con Francesco Severi, il collega toscano più anziano di lei di solo tre anni.

Certo non aveva suscitato nessuna particolare attrazione sul suo partner, che la giudicava "scarsamente dotata di attrattive femminili; figura piccola e tozza", però Emmy aveva molte ragioni per sentirsi soddisfatta.

Se per il ventiseienne André Weil quello di Zurigo è rimasto per sempre "il più bel congresso cui abbia mai partecipato" favorito da un tempo magnifico e punteggiato, oltre che da serate danzanti come quella del 9, da bellissime gite sul lago, ciò doveva essere particolarmente vero per Emmy, che in quel fantastico 1932 sembrava aver raggiunto il pieno riconoscimento della sua statura di grande matematica, caposcuola della nuova scuola algebrica. Soltanto pochi giorni prima, il 7 settembre, aveva tenuto una conferenza plenaria a sezioni riunite ("Le algebre e le loro applicazioni all'algebra commutativa e alla teoria dei numeri"[1]),

---

[1] Hyperkomplexe Systeme in ihren Bezichungen zur kommutativen Algebra und zur Zahlentheorie, *Verhandl. Intern. Math. – Kongress Zürich* 1, 1932, 189-194.

Emmy Nöther (1882-1935)

forse il massimo riconoscimento ufficiale che avesse mai ricevuto, una vera consacrazione.

Al Convegno regnava una fervida atmosfera di collaborazione internazionale, vorrei dire una strana atmosfera internazionale. I matematici "erano consapevoli soltanto molto vagamente di quella che allora si chiamava la «crisi»" e quello degli scienziati sembrava un piccolo mondo aggrappato alla zattera dei valori di un passato destinato a scomparire, in un mare sempre più tempestoso. Ancora pochi mesi e nell'aprile 1933 Emmy avrebbe ricevuto, come tanti suoi colleghi, la gelida lettera del ministero per le *Wissenschaften, Kunst und Volksbindung* del governo prussiano in cui veniva licenziata: "Auf Grunde des § 3 des berufsbeamtentums vom 7 April 1933 entziehe ich Ihnen hiemit die Lehrbefugnis and der Universität Göttingen". Ancora qualche mese – quasi esattamente un anno dopo il congresso, nell'ottobre – Emmy si sarebbe imbarcata nel piroscafo Bremen, alla volta degli Stati Uniti.

Ma durante il Congresso tutto ciò che si approssimava sembrava ancora molto lontano. Dopo il doloroso strappo della prima guerra mondiale, le relazioni internazionali si stavano faticosamente riallacciando e stabilizzando. Dopo due Congressi (quello del 1920 a Strasburgo e del 1924 a Toronto) da cui i matematici tedeschi erano stati esclusi, soltanto da quattro anni (dal Congresso di Bologna del 1928), i Congressi dei matematici erano tornati ad essere compiutamente internazionali: a Zurigo 247 delegati ufficiali, 420 partecipanti; in totale quasi 700 persone di ogni paese, di ogni fede politica e di ogni razza. Eppure André Weil "non provava quella sgradevole sensazione di essere sperduto in mezzo alla folla che in seguito gli avrebbe rovinato tanti convegni". Come pensare che tutto questo, tanto faticosamente realizzato, sarebbe andato presto in rovina? Come pensare che tanti rappresentanti ufficiali della scienza tedesca – Hermann Weyl, rappresentante della *Società matematica tedesca*, la mitica *Vereinigung*, Landau dell'*Accademia di Gottinga*, Courant di quella stessa Università – avrebbero prestissimo dovuto lasciare il loro insegnamento, il loro paese e Landau, probabilmente suicida, anche la vita?

No, non era certamente oppressa da queste fosche premonizioni sul futuro prossimo, Emmy Nöther mentre ballava con il suo affascinante collega italiano. E, se Severi non sembrava apprezzare particolarmente la sua compagna, nemmeno dal punto di vista matematico, tutti e due sapevano che in questo Congresso – a differenza di quello bolognese di appena quattro anni precedente – non era Severi, non era la Geometria algebrica italiana a essere al centro dell'attenzione, ma Emmy Nöther, la sua "nuova" Algebra, i suoi allievi (i *Nöther boys*). Già gran parte della matematica tedesca si può considerare conquistata al "nuovo verbo algebrico". Sia attraverso i diretti allievi di Emmy, sia indirettamente, l'egemonia della nuova matematica va certamente molto al di là della stretta Algebra (Artin, Hasse, Brauer, Deuring, Krull, Witt, van der Waerden, che ha appena finito di pubblicare – nel 1931 – la sua *Moderne Algebra* uno dei testi di matematica del XX secolo che ha avuto maggiore influenza) e si estende alla Teoria dei numeri, alla Topologia (Hopf), alla stessa Geometria algebrica (ancora van der Waerden e Deuring) e, anche se in modo più complesso e indiretto, su Hermann Weyl, che ricorda le sue conversazioni matematiche con Emmy nelle fredde, sporche e umide stradine di Gottinga nell'inverno 1927-28. Forse vale la pena ricordare che è proprio attraverso la teoria delle rappresentazioni dei gruppi che la "nuova" matematica di Gottinga influenzò più profondamente i fisici teorici come Born e Heisenberg, anch'essi insegnanti nella stessa Università.

Ma è in tutto il mondo che l'influenza di Emmy si va rapidamente estendendo: anche in Unione Sovietica, dove la Nöther aveva avuto profondi legami e una profonda influenza sul grande topologo Pavel Alexandrov che nel 1923 era stato a Gottinga. Emmy era poi stata a Mosca a insegnare durante il freddo inverno 1928-1929 e lì aveva avuto modo di stringere legami e di influenzare la scuola algebrica sovietica di Pontrjagin, Schmidt e soprattutto Kurosh, che può essere considerato un suo allievo. In Francia, l'attenzione dei giovani era tutta proiettata sulla scuola tedesca di Emmy. Soltanto due anni dopo, nel 1934, avrebbero dato vita al gruppo Bourbaki, vero apostolo della matematica delle strutture, la "Matematica nötheriana".

Ma è soprattutto negli Stati Uniti che l'influenza di Emmy andava visibilmente crescendo. Albert a Chicago ne segue e sviluppa gli studi sulle algebre; Mac Lane è studente di dottorato a Gottinga; Lefschetz è passato da lì alcuni anni prima; Zariski è immerso nello studio dell'algebra di Emmy, attraverso il libro di van der Waerden. Zariski era per formazione un geometra algebrico "italiano" ma, trasferitosi negli Stati Uniti, aveva finalmente colto l'importanza e il significato dei nuovi metodi: "è stato un peccato che i miei maestri italiani non mi abbiano mai parlato del grandioso sviluppo dell'algebra connessa con la geometria algebrica. L'ho scoperto soltanto molto tempo dopo, quando mi trovavo negli Stati Uniti". Di lì a poco, nel 1934, sarebbe uscito il suo libro *Algebraic Surfaces*, il primo a indicare la necessità di una riformulazione della geometria algebrica attraverso un uso sistematico dei nuovi metodi algebrici e topologici.

Malgrado quindi il tono distaccato e leggermente ironico di Severi nel ricordare quel ballo del 1932, la *star* del Convegno era proprio lei, Emmy, e di ciò il geometra aretino era ben cosciente.

In quel momento, infatti, era proprio impegnato in un duro confronto con il più noto dei Nöther boys, il già più volte citato van der Waerden, che aveva intrapreso sin dal 1926 un'opera di revisione dei fondamenti della Geometria algebrica secondo il nuovo indirizzo, con un'opera che si concluderà soltanto nel 1938 e darà vita a un gran numero di lavori (14 dei quali dal titolo *Zur algebraischen Geometrie*). Anche durante il Congresso, il giovane olandese (29 anni) aveva incalzato il maturo collega con domande e richieste di chiarimenti su alcune questioni chiave, in particolare sul concetto di molteplicità di intersezione. Severi si sentiva in qualche modo pressato dal giovane allievo della sua non seducente partner e, per tutti gli anni '30, tenterà di reagire con un'impressionante mole di lavoro[2].

In quel momento, durante il Congresso dei matematici del 1932 a Zurigo, Emmy Nöther era vista da molti dei presenti come rappresentante dell'avvenire delle "Matematiche", Francesco Severi del passato. Emmy aveva pronunziato il suo discorso davanti a quasi ottocento matematici di tutto il mondo, riproponendo le sue ultime ricerche a un pubblico in gran parte impreparato a comprenderle. La conferenza era – per dirla con Fröhlich – di molto avanti rispetto al suo tempo (*"this outlook puts Nöther well ahead of her time"*), poneva questioni che aprivano la strada all'uso dei metodi della coomologia nella teoria algebrica dei numeri, metodi che saranno propriamente sviluppati soltanto tra gli anni '50 e '60 (per esempio da Tate).

Emmy aveva usato, in questa occasione, proprio lo stile giusto delle grandi occasioni di raduno della comunità matematica internazionale: aveva delineato l'essenza dei metodi che, per oltre

---

[2] Cito, in particolare, soltanto l'articolo apparso nel Seminario dell'Università di Amburgo nel 1933 e chiaramente diretto a chiarire il punto di vista della scuola italiana sui punti critici messi in luce dalla nuova scuola tedesca: Über die Grundlagen der algebraische Geometrie, Abhand. Aus dem math. *Sem. der Hamburgishen Universität*, 9, 1933, pp. 335 - 364.

un ventennio, avevano fatto di Göttingen il centro della "nuova Algebra" e che avevano avuto, appena l'anno precedente, la prima traduzione in un volume internazionalmente riconosciuto come utilizzabile a fini didattici (mi riferisco ovviamente a quello di Van der Waerden). Non si era però fermata qui: aveva delineato un programma di lavoro per l'avvenire e solo gli anni successivi avrebbero confermato la sua lungimiranza.

Lasciamo la parola a lei stessa: "oggi vorrei commentare il significato del non commutativo per il commutativo: e in effetti voglio far questo in vista di due classici problemi che hanno origine dal lavoro di Gauss, [...] La formulazione di questi problemi ha subito continui cambiamenti [...] e infine si manifestano come teoremi sugli automorfismi e sulla decomposizione delle algebre, e allo stesso tempo, quest'ultima formulazione permette ai teoremi di estendersi a campi di Galois arbitrari. Contemporaneamente [...] vorrei illustrare il principio dell'applicazione del non commutativo al commutativo: per mezzo della teoria delle algebre si tenta di ottenere formulazioni semplici e invarianti di fatti noti sulle forme quadratiche o sui campi ciclici, cioè quelle formulazioni che dipendono solo dalle proprietà strutturali delle algebre. Una volta ottenute queste formulazioni invarianti – come nel caso dei summenzionati esempi – questi fatti si applicano automaticamente a campi di Galois arbitrari".

Non è certo compito di questa breve carrellata andare a fondo su tali argomenti ma, dietro a queste parole, è nascosto tutto un mondo nuovo, allora ancora completamente da esplorare, della matematica: il mondo delle strutture.

Il metodo strutturale e le ragioni della sua efficacia sono delineate con grande chiarezza e grande efficacia (almeno per noi che abbiamo cominciato ad abituarci a questo metodo sin dall'inizio dell'università): si parte sempre dalle radici storiche dei grandi problemi che hanno caratterizzato la storia della matematica classica; non vi è alcun desiderio del cambiamento per sé. Ciò che si ricerca è una formulazione del problema ridotta all'essenziale (che dipende solo dalle proprietà strutturali dell'oggetto matematico in questione). Se si è veramente colta l'essenza del problema e si è scelta la sua giusta formalizzazione, allora automaticamente la teoria strutturale permetterà di passare dai fatti noti alle generalizzazioni, dal noto all'ignoto.

A questo grande programma di lavoro, che aveva affascinato non solo i suoi *boys*, ma i giovani matematici di tutto il mondo, seguono alcune pagine in cui si delineano i primi passi già compiuti in quella direzione. Ci si addentra in una selva di ideali, "prodotti incrociati", "campi di spezzamento", tutta una terminologia nuova e inusitata in cui probabilmente almeno il 90% dei suoi ascoltatori sarà naufragata (lo stesso Weil, qualche anno dopo, dirà che "alcuni di noi sentono costantemente in rischio di perdersi in queste costruzioni artificiali fatte di anelli, ideali, valutazioni").

Non è quindi da sorprendersi che Severi considerasse la sua compagna di ballo un'esponente del più stretto formalismo, in contrapposizione con l'intuizione dei geometri algebrici e in particolare del padre di Emmy, Max.

Mi permetto di dissentire dall'opinione di Severi. In tutta la vita scientifica, e anche nel suo intervento al Congresso, Emmy Nöther si è mostrata come una dei matematici più dotati di intuizione del suo tempo. Certo, non si trattava di un'intuizione visiva, geometrica; ma cosa, se non l'intuizione, aveva potuto consentire ad Emmy di intravedere quell'immenso edificio dell'algebra moderna la cui costruzione era allora appena iniziata? Un edificio che mostra di avere già individuato con chiarezza dal 1921, quando pubblica il suo primo lavoro sulla "teoria degli ideali".

È una straordinaria intuizione matematica che guida la studiosa tedesca nel groviglio delle strutture e delle loro proprietà, a individuarne quelle essenziali e suscettibili di generalizzazione, quelle matematicamente "significative".

Il lavoro di classificazione delle strutture (per esempio, quello della classificazione delle algebre in cui era impegnata, insieme ad Hasse, Brauer e Albert nel 1932) procedeva in modo non dissimile da quello usato dai geometri italiani per orientarsi nella giungla delle superfici e delle varietà algebriche, per classificarle secondo i loro invarianti birazionali. Per superare questa complessità, i matematici si aprivano la strada con quelli che Weil chiama gli *éclair d'intuition* e poi – solo poi – faticosamente ricostruivano i dettagli del cammino percorso, sottoponendolo alla critica logico – razionale più accurata.

Ed Emmy non disdegnava nemmeno di pubblicare lavori, in cui le sue capacità dimostrative non avevano tenuto il ritmo delle sue intuizioni. Proprio nel 1932 aveva dato alle stampe una dimostrazione errata di un enunciato esatto. La giusta dimostrazione sarebbe stata pubblicata, di lì a pochi mesi, dal suo allievo Deuring.

D'altro canto, era stata una straordinaria intuizione a permettere a Dedekind (in un lavoro apparso proprio nell'anno della nascita di Emmy, il 1882) di vedere con chiarezza che la teoria dei numeri e la geometria algebrica dovevano avere fondamenta comuni, visto le analogie strutturali tra i loro rispettivi oggetti di studio, gli anelli degli interi e dei polinomi.

Emmy, che era solita ripetere *Er steht alles schon bei Dedekind* (c'era già tutto in Dedekind), meglio di ogni altro ne aveva compreso il messaggio, lo stava sviluppando, lo aveva collegato con altre strutture algebriche soggiacenti (le algebre), aveva indicato come le loro proprietà strutturali, intimamente non commutative, potevano gettare luce su problemi di algebra commutativa come quelli della teoria dei numeri.

Un messaggio di grande spessore: però, nel settembre 1932, solo pochi adepti potevano afferrare il profondo significato del suo messaggio, farne parte di un progetto mirante a riscrivere quasi tutta la matematica, ridefinirne obiettivi e metodi secondo le indicazioni hilbertiane e il metodo assiomatico.

Certo, caratterizzare la matematica del '900 esclusivamente come realizzazione degli indirizzi dati dal gruppo di Gottinga, e in particolare da Hilbert e Nöther, è eccessivo e porta a sottovalutare altri, fondamentali settori, spesso solo sfiorati dalla matematica delle strutture delineata nel discorso del 1932. Ciò è vero, ma nulla toglie alla grandiosità e all'efficacia del progetto delineato durante il Congresso. La "mamma dell'algebra moderna" aveva veramente costruito una famiglia, il cui impatto sugli sviluppi della matematica si ascrive tra gli eventi certamente non destinati a cadere nel dimenticatoio.

Se il messaggio non venne capito, ciò può – ma solo in piccola parte – essere anche attribuito alle sue qualità comunicatorie, eccellenti nei confronti di un piccolo gruppo di seguaci, ma inefficaci in occasioni come quella. Severi, riferendosi certamente alla conferenza, trova la sua "parola disordinata, impacciata, un po' blesa", come risulta dalle parole di Mac Lane: "le lezioni della prof. Nöther sono eccellenti, sia in sé stesse che perché esse hanno un carattere del tutto diverso dalle altre in questa eccellenza. La prof. Nöther pensa velocemente e parla ancora più velocemente. Mentre la si ascolta, si deve pensare velocemente – e questo dà sempre un addestramento eccellente. Inoltre pensare velocemente è una delle gioie della matematica. Inoltre l'argomento delle lezioni era molto vicino a quello della mia tesi di Chicago".

Uno stile espositivo non molto adatto a un pubblico impreparato, ma tale da trascinare chi avesse già un'idea dell'importanza e del significato degli argomenti trattati. Uno stile espositivo che richiedeva che l'entusiasmo evidente dell'oratore desse origine a momenti continuati di discussione in piccoli gruppi e fuori dall'aula.

Più drastico è André Weil: "le sue lezioni, fossero state meno disorganizzate, avrebbero potuto essere più utili". Qualche anno dopo Zariski, dopo aver partecipato a un suo seminario a Princeton avrebbe sottolineato: "Ella era molto entusiasta e io cercavo di apprendere la teoria degli ideali, così l'ho seguita con attenzione anche se non capivo tutto. Anche solo guardarla era divertente e, naturalmente, io sentivo di aver di fronte una persona entusiasta dell'algebra, così probabilmente vi era molto da entusiasmarsi con essa".

Malgrado queste incomprensioni, l'anno che volgeva al termine era stato veramente colmo di soddisfazioni per Emmy: un anno veramente magico. Certo, non era ancora professore ordinario a Gottinga, ma soltanto associato e nemmeno in forma ufficiale. Seguendo le parole di Kimberling, Emmy era soltanto un *unofficial associate professor* ma almeno aveva, ormai dal 1923, l'insegnamento ufficiale dell'Algebra e la possibilità di fare da relatore per i dottorati. Certo, Emmy non era nemmeno riuscita a far parte della locale *Accademia scientifica*, ma ciò aveva poca importanza (non è senza una punta di orgoglio che ricordo come tutte le sue biografie sottolineino il fatto che la prima società scientifica che ha avuto Emmy Nöther tra i suoi componenti sia stato il *Circolo Matematico* di Palermo, già dal lontano 1908).

In ogni caso nel 1932, come oramai succedeva da almeno dieci anni, coloro che volevano apprendere gli ultimi sviluppi del metodo assiomatico, recandosi a Gottinga – la sede resa famosa dall'insegnamento di Hilbert – erano attratti soprattutto dal suo insegnamento. Ed era stato ancora in quell'anno che, insieme al suo collega e in parte allievo Emil Artin, aveva ricevuto il premio Ackermann – Teubner per l'avanzamento delle scienze. Inoltre, il suo cinquantesimo compleanno era stata occasione per calorosi festeggiamenti da parte dei matematici di Gottinga. Hasse le aveva anche dedicato un lavoro che dava ragione a molte delle sue intuizioni.

Ma soprattutto, il 1932 era stato l'anno della definitiva affermazione dei suoi metodi e del suo insegnamento fuori dalla Germania. Nel 1932, aveva avuto il gioioso e al tempo stesso triste onore/onere di preparare per la pubblicazione gli ultimi scritti lasciati incompiuti dal ventitreenne francese Jacques Herbrand, logico e algebrista di prima grandezza, strettamente legato ai futuri bourbakisti, morto in un incidente alpinistico il 27 luglio 1931, che aveva passato con lei a Gottinga il suo ultimo anno di vita e di lavoro. Con lui era morto uno dei maggiori talenti matematici, proprio nel momento del suo lavoro più intenso, mentre era pieno di idee per il futuro.

Ma Emmy sapeva che, oramai, tra i giovani francesi le sue idee (che solo qualche anno prima, nel 1928, parevano del tutto sconosciute) stavano affermandosi rapidamente. Nel suo intervento al Congresso, non manca di citare un lavoro ancora non pubblicato di Claude Chevalley, da lei fortemente influenzato: quasi una benedizione in anticipo al futuro gruppo Bourbaki.

Forse il maggiore motivo di soddisfazione proveniva dalla rapida affermazione del citato testo di van der Waerden, per tanta parte (come ampiamente riconosciuto dal suo autore) frutto delle sue lezioni che colui che era considerato forse il più promettente dei suoi *boys* aveva seguito sin dall'inverno 1924. Il libro aveva avuto un'eco subitanea soprattutto tra i giovani algebristi. Basta qui citare l'effetto del libro su un matematico della statura di Garrett Birkhoff: "ancora nel 1929 i concetti e i metodi dell'Algebra moderna sembravano rivestire un interesse marginale. Mostrando la loro unità filosofica e matematica e mostrando la loro forza come indicato da Emmy Nöther e dai suoi colleghi più giovani (soprattutto E. Artin, R. Brauer e H. Hasse) van der Waerden fece d'improvviso apparire centrale nella matematica l'algebra moderna. Non è esagerato affermare che la freschezza e l'entusiasmo della sua esposizione aveva elettrizzato il mondo matematico – specialmente i matematici sotto i trenta anni, come ero allora io stesso".

Occorre forse, un attimo, soffermarsi sulle parole "freschezza ed entusiasmo" perché il lettore disattento o impreparato di questo volume può invece avere l'impressione di leggere un testo freddamente formale. Non è così: il contenuto emozionale sta nella continua scoperta di mondi nuovi, nella apparente naturalezza con cui questi mondi nuovi gettano nuova luce e nuovo ordine in problemi apparentemente disparati e di approccio difficile. Un contenuto emozionale per iniziati, forse, ma non per questo meno vero.

Nel 1932, anche il Giappone è conquistato: contemporaneamente al testo del matematico olandese, esce in giapponese una *Abstract Algebra* di un altro dei suoi *boys* – non l'unico giapponese – Kenjiro Shoda, che, manco a dirlo, aveva studiato con Emmy a Gottinga e sarebbe stato uno dei fondatori della *Società matematica giapponese* e rettore della Università di Osaka per quasi trenta anni.

Nel treno per Zurigo, Emmy aveva rincontrato il suo allievo ventottenne, Jakob Levitski, che, dal 1931, aveva iniziato le sue lezioni di algebra nell'Università ebrea di Gerusalemme. Dalle sue lezioni, avrebbe avuto origine la fioritura della scuola algebrica israeliana (si pensi ad Amitsur, tra gli altri).

Ma il 1932 è importante per l'espansione delle idee di Emmy soprattutto negli Stati Uniti. Ho già citato l'effetto della pubblicazione della *Moderne Algebra* su Birkhoff, ma c'è dell'altro. All'inizio del 1932, nelle *Transactions* dell'*American mathematical Society* era infatti apparso un articolo di rassegna di Hasse, la cui introduzione mi sembra degna di nota. Scrive Hasse: "la teoria delle algebre si è molto estesa grazie al lavoro dei matematici americani. Di recente, i matematici tedeschi sono diventati attivi in questa teoria. In particolare, sono riusciti a ottenere alcuni risultati che sembrano notevoli usando la teoria dei numeri algebrici, gli ideali e l'algebra astratta, che si è molto sviluppata in Germania negli ultimi decenni. Questi risultati non sembrano essere conosciuti in America quanto dovrebbero, vista la loro importanza. Il fatto è dovuto, forse, alla diversità delle lingue o al difficile reperimento delle fonti largamente sparse".

Uno sforzo rilevante di unificazione dei linguaggi (che, come è chiaro, non sono solo le lingue inglese e tedesca ma i diversi linguaggi matematici usati dalle due diverse scuole) che, qualche mese dopo, si rivelerà estremamente utile, quasi una preparazione dello sbarco di Artin, Brauer e di Emmy in America l'anno dopo. A questo lavoro, seguirà un articolo comune di Hasse ed Albert qualche mese dopo e il battesimo insolitamente lungo per un teorema di matematica, il teorema di – Albert – Hasse – Brauer e Nöther – uno dei teoremi centrali della teoria delle algebre.

Così, il 1932 segna l'avvenuta affermazione non tanto e non solo di "mamma Emmy" ma della sua amata figlia, l'algebra astratta.

Come è noto, l'anno successivo fu invece molto amaro per Emmy e per il fiore della Matematica tedesca. La perdita della cattedra, un'estate piena di dubbi e di incertezze, costeggiata di episodi incresciosi e di umiliazioni (viene raccontato, per esempio, che alla riunione informale, nella quale si preparava una lezione di Hasse, qualcuno (Teichmüller?) si sia presentato vestito con l'uniforme delle SA), poi la partenza in ottobre per gli USA, dove le viene assegnata un'università tutto sommato secondaria, il college femminile di Bryan Mawr. In quella nuovo situazione, in cui Emmy ebbe la grande soddisfazione di essere seguita da una delle sue migliori allieve americane di Gottinga, Olga Taussky (ai cui ricordi tanto dobbiamo), ebbe una nuova e significativa influenza, divenendo anche il punto di riferimento della nuova generazione di donne matematiche americane che trovarono nella grande "mamma dell'algebra" un punto di riferimento preciso e significativo.

Nel XX secolo non solo l'algebra, ma anche la "matematica al femminile" ha sempre significato soprattutto Emmy Nöther. Ci sarebbe da parlare a lungo delle *Nöther girls* oltre che dei *boys*, ma questo può essere rinviato ad altra occasione. Certo mancò il tempo per una vera e propria scuola americana: il 10 aprile 1935, Emmy Nöther moriva a seguito di un'operazione.

Siamo giunti quindi all'epilogo della storia e mi accorgo di aver parlato soltanto degli ultimi anni di vita della matematica tedesca. Chiuderò, marciando quindi in ordine opposto, con un cenno dei primi cinquanta anni di vita della nostra protagonista.

Emmy era la figlia maggiore di Max Nöther, una delle figure preminenti della geometria algebrica mondiale, colui che aveva sviluppato (seguendo il punto di vista di Rudolf Clebsch) le idee di Riemann nel contesto geometrico. Max era stato sempre riconosciuto dalla scuola geometrica italiana come un caposcuola. Anche il fratello Fritz era un ottimo matematico (seguirà il destino di esule della sorella, ma in direzione opposta, all'università di Tomsk, in Unione Sovietica).

Emmy aveva studiato e si era laureata nella città natale, Erlangen, sotto la direzione di Paul Gordan (il "re degli invarianti"). Già la sola iscrizione all'università era stato un fatto eccezionale: forse senza l'influenza del padre, Emmy non avrebbe potuto nemmeno iscriversi. Era in effetti la sola donna iscritta in matematica.

Come dicono i suoi nipoti (Emiliana e Gottfried) "Hermann Weyl ha sottolineato come Emmy non fosse mai stata una ribelle durante la sua vita. Ma chi conosce i suoi pensieri più intimi nei primi anni del 1900? Non lo sapremo probabilmente mai e possiamo solo fare supposizioni. Ciò che importa che ha affrontato le difficoltà, ha perseverato, malgrado tutte le sciocchezze sulle donne, ed è divenuta uno dei matematici più significativi del suo secolo".

Aveva ostinatamente proseguito gli studi a Gottinga, con Hilbert, e lì era finalmente stata autorizzata a prendere l'abilitazione soltanto nel 1919, dopo interminabili discussioni in Facoltà, e attraverso il deciso intervento dello stesso Hilbert, che aveva espresso nel suo modo colorito ed efficace la sua opposizione alla discriminazione sessista ("l'università non è uno stabilimento balneare!"). Il tema della sua tesi di dottorato era stata proprio la "teoria degli invarianti" che, a cavallo tra i due secoli, aveva costituito un momento importante di confronto tra il vecchio modo di fare algebra – essenzialmente algoritmico – e il nuovo modo, assiomatico, di Hilbert. La teoria degli invarianti era stato quindi il suo principale campo di attività, portandola in modo quasi naturale alla teoria delle algebre e alla sua applicazione all'aritmetica e alla teoria delle rappresentazioni dei gruppi.

Tra tutti i suoi risultati ne ricordo solo uno, venuto con il famoso articolo del 1921 (*Idealtheorie in Ringhereichen*): le condizioni strutturali, che rendono possibile la fattorizzazione nei campi di numeri algebrici, permettendone così l'estensione ad anelli qualsiasi dotati della condizione che ogni catena ascendente di ideali è sempre finita ("anelli noetheriani", appunto). Inoltre le sue tecniche permisero di costruire, attraverso i cosiddetti prodotti incrociati (*crossed products*) un gran numero di algebre centrali e semplici e il cosiddetto gruppo di Brauer di importanza fondamentale per gli sviluppi della coomologia dei gruppi.

Ma, se questo è il campo in cui Emmy utilizzò ampiamente i suoi metodi e divenne una caposcuola riconosciuta, in ogni argomento che ha trattato ha lasciato l'impronta del suo genio. Ricordo solo il famoso teorema di Nöther, nato nell'ambito del Calcolo delle variazioni e che lega le simmetrie degli integrali d'azione con le leggi di conservazione. È un teorema fondamentale per la Meccanica analitica e ampiamente utilizzato in fisica quantistica.

Nello stesso contesto, la sua impostazione sulla teoria degli invarianti la portò anche a occuparsi di relatività. L'opinione espressa da Einstein nel 1918 è chiara e netta: "sono impressionato che si possano comprendere queste questioni da un punto di vista tanto generale". Ancora una volta, in ogni campo, era la sua straordinaria capacità di generalizzazione che colpiva.

Chiudo citando il giudizio espresso da Lefschetz per incoraggiare l'assunzione di Emmy in una università americana: "come guida della scuola di algebra moderna, ha di recente sviluppato in Germania la sola scuola degna di nota, nel senso non solo di un lavoro isolato ma di un gruppo di lavoro scientifico di alta qualità. Non è esagerato dire che, senza eccezione, tutti i migliori giovani matematici tedeschi sono suoi allievi. Non fosse stato per la sua razza, il suo sesso e le sue opinioni politiche liberali (peraltro moderate) sarebbe divenuta un professore di alto rango in Germania".

Questo straordinario caposcuola era ebrea, donna e di sinistra. Tutto ciò che il regime nazista odiava. Non c'è da stupirsi che fosse stata subito cacciata dalla Germania. Forse per queste ragioni mi è tanto simpatica.

Carciopholus Romanus

Dei miei compagni d'infanzia una figura ancora mi sfugge, una figura che ho cercato sempre di acciuffare tra le tante così dolcemente arrendevoli che si sono impigliate alle mie pagine.

È Giuseppe, il piccolo mostro, figlio di Rosa Mangialupini. Chi me l'avrebbe detto che nella forma dei lupini, ingrandita convenientemente, io avrei visto un giorno realizzato il sogno di Gauss, il sogno di una geometria non euclidea, una geometria barocca come mi piace chiamarla, una geometria che ha orrore dell'infinito? Ma proprio l'altro ieri, in una delle mie visite settimanali al professor Fantappiè, titolare di Analisi al Seminario di Alta Matematica, ho fatto la conoscenza di un simulacro molto più complesso della forma dei lupini, la *superficie romana di Steiner*. È una superficie chiusa del quarto ordine a variabile complessa. È una curiosa forma, quella che io ho visto, un tubero grande quanto un sasso, con tre ombelichi. Il matematico tedesco Steiner la trovò al Pincio meditando, una mattina del 1912, al Pincio, proprio seduto su una di quelle panchine dove, io, ragazzo, andavo a leggere *I canti di Maldoror*. Anche i geometri hanno lasciato quell'aggettivo davanti alla forma, l'hanno chiamata romana. T.S. Elliot, nel canto di Simeone, evoca *I giacinti romani*: "I giacinti romani fioriscono nei vasi…" ha tradotto Montale. E chi sa perché nella mia mente ho sposato le due immagini: i giacinti e questo strano frutto matematico, un frutto degli orti mediterranei, una specie di pomodoro singolare, un pomodoro – per intenderci – con tre uncini. Pensate a quei pasticci che fanno oggi i frutticoltori, quando piantano un seme dentro l'altro o tre semi, legati in uno, quando sposano il giglio o la rosa; pensate al cedro, con spicchi interni di limone e di arancia, della *bizzarria* di cui scrisse Redi al Principe Leopoldo. Ebbene questa forma fa pensare ai fratelli e alle sorelle siamesi, a un nodo triplo, trigemino di pomodori siamesi. Il professor Conforto, il professor Severi, il professor Fantappiè, tre luminari – Severi alto e ricciuto, Fantappiè tondo e piccolo, Conforto magro e mezzano – che erano vicini a me, a guardare quella forma, sembravano commossi, commossi tanto quanto Linneo allor che seppe della *Lacerta faraglionensis*, la lucertola azzurra che vive soltanto sui Faraglioni di Capri, nel minimo *habitat* che si conosca sulla terra. "Questa superficie" io dicevo "è un frutto romano come il carciofo". Ma Severi, Conforto e Fantappiè ne enumeravano invece tutte le mirifiche proprietà: quattro cerchi generatori, tre poli tripli, un'area calcolabile per integrali razionali, e poi non so che altre diavolerie. A me pareva di sentir Linneo parlare dei carciofi: *carciopholus picassianus, carciopholus guttusii, carciopholus pipernensis aut romanus*. [...] Ma la superficie romana di Steiner più che dell'*humus* del Testaccio e degli orti gianicolesi, più che del fertile ferro del suburbio sembrava lavorata dall'aria e dalla luce di Roma, come un bel ciottolo di travertino: era una spugna di calcare con tre buchi, tre acciaccature, tre cavità. Una forma con tre gobbe, una *borrominata*, ecco tutto. Immaginate una sfera elastica pressata dalle punte di tre coni. Doveva avere speciali virtù acustiche, doveva avere un udito finissimo, perché davvero era tutta orecchi, sembrava una sonda acustica calata nello spazio. Anche i gobbi hanno padiglioni auricolari assai ricettivi. [...] E così il mio amico d'infanzia Giuseppe Mangialupini. Andava a riferire tutti i nostri discorsi all'Arciprete. [...]

Il brano è tratto da: L. Sinisgalli, *Furor mathematicus*, Ponte alle Grazie, Firenze, 1995 (prima edizione Mondadori, Milano 1950).

Paul Adrien Maurice Dirac
La ricerca della bellezza matematica

di **Francesco La Teana**

In un articolo del 1963 su *Scientific American*, Dirac affermò che "è più importante avere belle equazioni che equazioni in accordo con esperimenti"[1]. Effettivamente la ricerca della bellezza matematica è stato il tratto distintivo della sua opera e ha dato frutti paragonabili a quelli di Newton e Einstein, anche se talvolta lo ha indotto a battaglie isolate nella comunità scientifica. Il lavoro solitario, d'altra parte, è stato l'altro elemento dominante della vita di Dirac. Nella sua vasta produzione scientifica – composta da oltre 190 lavori – tra articoli e libri, il suo nome è associato a quello di qualche collaboratore soltanto in quattro casi.

Paul Adrien Maurice Dirac nacque l'8 agosto 1902 a Bristol. L'infanzia dei Dirac, due fratelli e una sorella, fu segnata dalla severità del padre, che eliminò tutti i contatti sociali della famiglia e impose ferree regole di comportamento. I figli, obbligati a rivolgergli la parola solo in francese, si chiusero in un progressivo mutismo. Paul ricorda che, con il fratello, "se camminavamo per strada, non scambiavamo una parola"[2]. Il padre impose ai figli

---

[1] P.A.M. Dirac, "The Evolution of the Physicist's Picture of Nature", *Scientific American*, vol. 208, 1963, n. 5, p. 47.
[2] J. Mehra, *Quantum Theory*, Springer, New York, 1982,, H. Rechenberg, *The Historical Development*, vol. 4, p. 11.

Paul Dirac e Werner Heisenberg

Paul Dirac

maschi di frequentare il *Technical College* e l'*Engineering College*, nonostante il fratello di Paul avesse intenzione di studiare medicina. Quest'ultimo si suicidò nel 1924, mentre Paul si isolò sui problemi della fisica e della matematica e assunse un atteggiamento tanto taciturno da non prendere mai la parola senza essere interrogato o fornendo solo risposte monosillabiche. Paul si allontanò sempre più dal padre. Nel 1933 andò a ritirare il *premio Nobel* (vinto insieme a Schrödinger) portando con sé la sola madre e, nel 1936, quando il padre morì, scrisse alla futura moglie: "adesso mi sento molto più libero"[3].

Dirac gradì il tipo di studi impostogli, approfondì personalmente la teoria della relatività e, nel 1921, si laureò con ottimi voti. Non riuscì a trovare lavoro ma ebbe la possibilità di specializzarsi in "matematica applicata" a Bristol, dal 1921 al 1923, e successiva-

---

[3] Dirac, "Thinking of my darling Paul", in B.N. Kursunoglu, E.P. Wigner, eds., *P.A.M. Dirac. Reminiscences about a great Physicist*, Cambridge University Press, Cambridge, 1987, p. 5.

mente di collaborare, o comunque di interagire con Niels Bohr, Robert Oppenheimer, Max Born, ecc. prima di diventare studente ricercatore a Cambridge avvicinandosi agli studi quantistici.

Dirac acquisì un modo di vivere molto riservato, fatto di studio per sei giorni a settimana e di lunghissime passeggiate solitarie domenicali nelle campagne vicine. Durante la sua vita nutrì una forte passione per i viaggi e fece più volte il giro del mondo.

Negli otto anni dal 1925 al 1933 diede la maggior parte dei suoi contributi alla fisica: la formalizzazione e chiarificazione della meccanica quantistica, la statistica di Fermi-Dirac, la teoria relativistica dell'elettrone, la quantizzazione del campo elettromagnetico. Nel 1932 fu nominato *Lucasian Professor* di Matematica a Cambridge, nella cattedra che fu di Newton. Nel 1937 sposò Margit Wigner, sorella del fisico Eugene, dalla quale ebbe due figli. Nel 1971 si trasferì con la sua famiglia in Florida, dove morì il 20 ottobre 1984.

È stato sicuramente il più grande fisico teorico inglese del Novecento. Nel 1995, in occasione delle celebrazioni londinesi della sua attività, una targa commemorativa è stata posta nell'abbazia di Westminster (vicino a quelle di Newton e Maxwell).

Dirac si è occupato quasi esclusivamente di fisica e matematica, non avendo alcun interesse artistico, musicale, politico o sociale, ed ha evitato accuratamente che i problemi esterni potessero portare cambiamenti al suo stile di vita. Quando prese il via il *Manhattan Project* per la costruzione della bomba atomica e un nutrito gruppo di fisici di tutto il mondo fu trasferito a Los Alamos, si rifiutò di farne parte anche se, a modo suo, e cioè senza modificare le proprie abitudini, partecipò all'impresa con alcuni lavori su una centrifuga in grado di separare miscugli di gas di isotopi.

La meccanica quantistica

Nel 1925, Heisenberg pubblicò il suo famoso articolo sulla futura meccanica delle matrici, osservando come la moltiplicazione di due grandezze quantistiche $x \cdot y$ fosse in generale diversa da $y \cdot x$. Ben presto, Dirac si convinse che questo era l'aspetto più interessante ed importante. Tradusse allora la teoria di Heisenberg nello schema hamiltoniano (che prediligeva sopra ogni altro), la reimpostò con le parentesi di Poisson e ricavò l'equazione fondamentale del moto.

Dirac denominò il suo metodo "algebra dei numeri q" (q=quantistico) – cioè dei numeri che non ubbidivano alla legge commutativa della moltiplicazione – e dei numeri c (c=classico) – che componevano i numeri q e ubbidivano alla legge commutativa. Lo schema era analogo a quello sviluppato da Heisenberg, Born e Jordan in cui le matrici (numeri q) rappresentavano la posizione e l'impulso dell'elettrone ed erano composte da numeri c (le ampiezze e le frequenze nelle serie di Fourier). All'epoca, Dirac era convinto che l'algebra dei numeri q fosse più generale e potente di quella delle matrici ma, a parte van Vleck, nessun altro fisico adottò lo schema di Dirac – giudicato troppo difficile – preferendo ad esso quello di Schrödinger, apparso durante il 1926. Lo stesso Dirac, d'altra parte, studiata attentamente la meccanica ondulatoria, la applicò (nel mese di agosto 1926) agli elettroni, dimostrando che questi dovevano sottostare alla cosiddetta statistica di Fermi-Dirac, mentre i fotoni seguivano quella di Bose-Einstein.

Nel dicembre 1926, Dirac mise a punto una descrizione quantistica generale – nota come "teoria delle trasformazioni" – unificando lo schema delle matrici, quello ondulatorio e quello degli operatori, grazie all'introduzione della famosa "funzione δ" di Dirac: la funzione δ "si è dimostrata di estrema importanza virtualmente in tutte le branche della fisica. Nel campo della matematica pura, può essere vista come precorritrice della teoria delle distribuzioni creata nel 1945 dal matematico francese Laurent Schwartz"[4].

La teoria, con il suo formalismo unificato, venne pubblicata nel volume *The Principles of Quantum Mechanics* la cui prima edizione apparve nell'estate del 1930. L'opera rifletteva il gusto astratto ed elegante di Dirac e il suo stile asciutto ed essenziale e si impose universalmente come il testo classico sulla meccanica quantistica, entrando a far parte della biblioteca di qualsiasi studente o ricercatore. L'ultimo ritocco all'eleganza formale della teoria fu

---

[4] H. Kragh, *Dirac. A Scientific Biography*, Cambridge University Press, Cambridge, 1990, p. 41.

introdotto da Dirac con la notazione dei vettori *bra* e *ket*, da lui inventata e inserita nella terza edizione nel 1947.

Alla fine del 1926, Dirac aveva ormai una solida reputazione internazionale. I suoi lavori – sebbene superiori quanto a capacità di generalizzazione, a bellezza formale ed a creatività matematica – avevano però il difetto di essere stati ottenuti in concomitanza, o successivamente, a quelli di altri (Born e Jordan per quanto riguarda l'equazione fondamentale del moto, Fermi per la statistica, Jordan per la teoria delle trasformazioni). Dirac in particolare "sentiva di vivere ancora all'ombra di Heisenberg e degli altri teorici tedeschi",[5] anche se questi agivano in costante collaborazione tra di loro e con i matematici, mentre Dirac operava da solo.

I fondamenti della teoria quantistica dei campi

Nella teoria quantistica dei campi, Dirac ebbe la strana sorte di essere fondatore e ispiratore degli sviluppi fondamentali della fine degli anni '40, che però non accettò mai.

Il problema era quello dell'interazione tra radiazione e materia. La vecchia teoria di Bohr spiegava l'emissione e l'assorbimento di radiazione con l'immagine – poco amata – dell'elettrone che saltava da un livello ad un altro di energia, ma lasciava oscura la fase dell'interazione. L'uso dei metodi di perturbazione nella meccanica quantistica rendeva possibile la trattazione delle transizioni indotte da un campo esterno ma non forniva alcuna descrizione della scomparsa di un fotone, né dell'emissione spontanea. Per ottenere ciò, era necessario sviluppare una teoria elettrodinamica quantistica in cui le forze si propagassero con la velocità finita della luce anziché istantaneamente. Dirac affrontò il problema nel febbraio 1927, con una delle sue idee geniali. Scrisse il campo di radiazione in serie di Fourier, trattando le componenti del campo elettrico e le fasi corrispondenti – fino ad allora considerati numeri c – come numeri q. In tal modo anche il potenziale vettore diventava un numero q quantizzato ("seconda quantizzazione").

---

[5] Ibid. p. 48.

Comunque, nella teoria si manifestò subito il problema rilevante di alcuni integrali divergenti, connessi sia all'energia e alla carica dell'elettrone, sia alla sua schematizzazione come oggetto puntiforme. Nel 1932, in collaborazione con Fock e Podolsky, Dirac formulò allora una teoria relativisticamente invariante che però lasciava inalterato il problema degli infiniti.

L'elettrodinamica quantistica entrò in una crisi superata soltanto alla fine degli anni '40, grazie alle cosiddette "tecniche di rinormalizzazione". Schwinger, Tomonaga e Feynman dichiararono l'importanza e l'influenza di Dirac sul loro lavoro ma questi non accettò mai gli sviluppi della teoria, ritenendo le regole di rinormalizzazione soltanto "un set di regole di lavoro e non una teoria dinamica completa"[6].

La teoria dell'elettrone

Nel gennaio del 1928, Dirac diede il suo contributo più importante alla fisica con la teoria quantistico-relativistica dell'elettrone, volta a spiegare il comportamento degli elettroni che si muovevano a velocità relativisticamente rilevanti. Prima di lui, nel 1926, Oscar Klein aveva pubblicato la cosiddetta equazione di Klein-Gordon, che Dirac non aveva accettato perché era del second'ordine (mentre la meccanica quantistica esigeva un'equazione lineare), forniva risultati negativi per la probabilità di trovare un elettrone in un determinato posto e non rendeva conto dell'esistenza dello *spin* dell'elettrone.

Dirac tentò allora di trovare un metodo per rendere lineare l'equazione. Tutto dipendeva dalla linearizzazione di un'espressione quadratica posta sotto il segno di radice. Dirac ottenne la soluzione grazie all'inserimento di quattro matrici 4x4 ("matrici di Dirac") pervenendo alla famosa "equazione di Dirac". Dal punto di vista metodologico, "Dirac ridusse un problema fisico ad uno matematico e la matematica lo costrinse ad accettare l'uso di matrici 4x4 come coefficienti. Di nuovo questo lo spinse ad accettare una funzione d'onda a 4 componenti $\psi=(\psi_1,\psi_2,\psi_3,\psi_4)$. Sebbene abba-

---

[6] P.A.M. Dirac, "The inadequacies of Quantum Theory", in B.N. Kursunoglu, E.P. Wigner, *op. cit.* p. 196.

stanza logica, questa era un'idea ardita, dal momento che non vi era alcuna giustificazione fisica per le due componenti extra"[7].

La teoria di Dirac dimostrò la formula di Sommerfeld della struttura fine dell'idrogeno e previde l'esistenza dello *spin*, che fino ad allora era sempre stato introdotto con ipotesi più o meno *ad hoc*. La grandezza ψ risultò essere un oggetto matematico nuovo, chiamato *spinore* e studiato in seguito da von Neumann, Weyl e altri.

Le controversie nacquero intorno all'interpretazione fisica delle quattro componenti ψ_i. Due erano associate a stati con energia positiva (legate ai due valori di *spin su* e *spin giù*), mentre le altre due rappresentavano stati con energia negativa. Classicamente, sarebbero stati allora scartati in quanto fisicamente non possibili. Quantisticamente non si poteva adottare una soluzione simile perché esistevano probabilità di salti quantici da stati con energia positiva a stati con energia negativa. Nel 1930 Dirac, propose la seguente interpretazione: in condizioni normali, tutti gli stati aventi energia negativa sono occupati dagli elettroni e non vi è alcuna manifestazione fisica tangibile; quando si ha assorbimento di radiazione, un elettrone può passare da uno stato con energia negativa ad uno con energia positiva. Questo salto ha l'effetto di creare un elettrone libero ed una lacuna nelle energie negative, che si manifesta come una particella carica positivamente, identificabile con il protone. Poiché la teoria si scontrava con la differenza tra la massa dell'elettrone e quella del protone, Dirac presto si convinse che la lacuna era "un nuovo tipo di particella, sconosciuta alla fisica sperimentale, avente la stessa massa e carica opposta a quella dell'elettrone[8], a cui diede il nome di *antielettrone*. Due anni dopo, il fisico statunitense Anderson scoprì le tracce dell'anti-elettrone (*positrone*) nella radiazione cosmica.

Questo è stato il più grande successo di Dirac – dal punto di vista della sua metodologia di ricerca – avendo previsto teoricamente in anticipo l'esistenza di un componente elementare, la cui

---

[7] H. Kragh, op. cit., p. 59.
[8] P.A.M. Dirac, "Quantized Singularities in the Electromagnetic Field", *Proc. of the Royal Soc. of London*, A133, 1931, p. 61.

concretezza chiunque può toccare con mano al giorno d'oggi tramite la tecnica della tomografia ad emissione di positroni (PET).

Il metodo della bellezza matematica

Nel già citato articolo su *Scientific American* del 1963, parlando dei possibili sviluppi futuri della Fisica, Dirac proponeva di migliorarne le capacità d'indagine facendo assurgere il metodo della "bellezza matematica" a principio guida, come lo era sempre stato per la sua ricerca: "gran parte del mio lavoro consiste proprio nel giocare con le equazioni e vedere quello che danno (...). Mi piace giocare con le equazioni, cercando solo belle relazioni matematiche che possono non avere alcun significato fisico"[9]. Per studiare la natura, secondo Dirac, esistono due strategie: il *metodo sperimentale* che, partendo dai dati di osservazione, cerca le relazioni esistenti tra di loro e il *metodo del ragionamento matematico*, che si occupa solo di trovare belle relazioni matematiche, il cui significato fisico va precisato successivamente. Il primo era il metodo seguito da Heisenberg nel 1925; il secondo, quello di Schrödinger, il quale "scoprì l'equazione semplicemente cercando un'equazione dotata di bellezza matematica"[10]. Per Dirac è il secondo il più proficuo perché è la natura stessa a manifestarsi in termini di belle equazioni matematiche. "Sembra essere una delle caratteristiche fondamentali della natura il fatto che le leggi fisiche fondamentali siano descritte in termini di teoria matematica di grande bellezza e potenza, aventi bisogno di un alto livello di matematica per comprenderle"[11].

Se tentiamo di capire cosa intendesse esattamente Dirac per matematicamente bello, scopriamo che il concetto non fu mai chiarito adeguatamente perché "la bellezza matematica è una qualità che non può essere definita, non più di quanto possa essere definita la bellezza nell'arte, ma che la gente che studia

---

[9] T.S. Kuhn, Terza intervista Dirac-Kuhn, 7 maggio 1963, in *Archive for the History of Quantum Physics*, p. 15.
[10] "The Evolution of the Physicist's Picture of Nature", *Scientific American*, vol. 208, 1963, n. 5, p. 45.
[11] Ibid.

Il quinto Congresso Solvay. Dirac è seduto dietro Einstein

abitualmente matematica non ha difficoltà ad apprezzare"[12]. Esempi di belle teorie erano – oltre quella di Schrödinger – il formalismo hamiltoniano e la teoria della relatività.

In ogni caso, per Dirac, la bellezza matematica non era connessa né alla semplicità, né alla complessità, né al rigore formale.

La semplicità era, secondo lui, subordinata alla bellezza: accade spesso che le richieste della semplicità e della bellezza siano uguali, ma quando sono in contrasto, l'ultima dovrebbe avere la prevalenza[13]. Per quanto riguarda la complessità, citando Kragh, se una teoria fisica, come l'elettrodinamica quantistica di Heisenberg-Pauli, era esprimibile soltanto con uno schema matematico molto complicato, questa era una ragione sufficiente per diffidare della teoria[14]. Infine, riguardo al rigore matematico, Dirac ebbe a sostenere che la corretta linea di progresso per il futuro va nella direzione di non fare eccessivi sforzi alla ricerca del rigore matematico, ma di ottenere metodi che funzionino negli esempi pratici[15].

---

[12] P.A.M. Dirac, "The Relation between Mathematics and Physics", *Proc. of the Royal Soc. of Edinburgh*, 59, 1939, p. 123.

[13] Ibid. p. 124.

[14] H. Kragh, op. cit., p. 279.

[15] P.A.M. Dirac, "The Relation of Classical to Quantum Mechanics", in *Proc. of the Second Canadian Mathematical Congress, Vancouver 1949*, University of Toronto Press, Toronto, 1951, p. 12.

L'ultima frase ci spiega il pragmatismo della sua posizione. È stato uno dei padri fondatori della fisica dell'infinitamente piccolo e uno dei più grandi fisici del '900. La sua caratteristica principale è stata quella dell'introduzione e della creazione di nuovi metodi matematici adatti alla soluzione dei suoi problemi: dai numeri q alle parentesi di Poisson riadattate, alla funzione δ, ai vettori *bra* e *ket*. È stato spesso criticato dai puristi per le eccessive libertà formali che si concedeva ma il suo scopo era quello di creare di volta in volta la matematica che gli serviva per risolvere problemi specifici, senza esitare eccessivamente se era costretto a sacrificare il rigore formale, perché il suo fine era ottenere un risultato matematicamente bello.

Una monosillabica intervista

Ecco un'intervista resa da Dirac a uno spiritoso giornalista del quotidiano "Wisconsin State Journal", durante la sua prima visita negli Stati Uniti nel 1929.

Allora ci sedemmo e l'intervista inziò. "Professore" – dissi – "ho notato che lei ha diverse lettere prima del suo cognome. Hanno qualche significato particolare?".

"No".

"Vuol dire che posso immaginare quello che preferisco?".

"Sì".

"È giusto se dico che P.A.M. sta per Poincaré Aloysiu Mussolini?".

"Sì".

"Bene, stiamo facendo grandi passi in avanti! Adesso dottore, può darmi in poche parole un quadro delle sue ricerche?".

"No".

"Bene. È giusto se dico: il Prof. Dirac risolve tutti i problemi di fisica-matematica, ma non è in grado di trovare il modo migliore per riuscire a calcolare la battuta media di Babe Ruth?" (un leggendario giocatore di baseball degli anni '20, n.d.t.).

"Sì".

"Cosa le piace di più dell'America?", dissi.

"Patate".

"Anche a me," dissi. "Qual è il suo sport preferito?".

"Scacchi cinesi".

Questa risposta mi raggelò! Per me era certamente una novità! Quindi proseguii.

"Va al cinema?".

"Sì".

"Quando?".

"Negli anni '20 – forse anche negli anni '30".

"Le piace leggere i comics domenicali?"

"Sì" disse, animandosi un poco più del solito.

"Questa è certo la cosa più importante dottore," dissi. "Dimostra che io e lei siamo più simili di quanto pensassi. Adesso voglio chiederle qualcos'altro: mi hanno detto che lei e Einstein siete certamente i due unici geni e i soli che possano veramente comprendersi. Non voglio chiederle se questa affermazione è giusta poiché so che è troppo modesto per ammetterlo. Ma voglio sapere questo: ha mai incontrato qualche individuo che neanche lei riesce a comprendere?"

"Sì".

"Questo costituirà un'eccellente lettura per i ragazzi giù in ufficio. Le dispiace dirmi chi è?"

"Weyl".

In quel momento l'intervista giunse rapidamente al termine. Dirac in tutto aveva pronunciato 20 parole, tra cui otto monosillabi.

(Tratto da H. Kragh, Dirac. A Scientific Biography,
Cambridge University Press, Cambridge, 1990, pp. 72-73).

L'intelligenza teorica e la visione poetica di John von Neumann

di **Roberto Lucchetti**

János Lájos Neumann nasce a Budapest il 28 dicembre 1903, primogenito di Miksa e Margit, importanti membri della comunità ebraica della città. La madre viene da una famiglia agiata; il padre, avvocato, è il direttore di una delle più importanti banche della capitale. La posizione della famiglia è simile a quella di molte altre ricche famiglie ebraiche della città, e garantisce a János una vita senza problemi economici ed un ambiente culturale ricco di stimoli. Nel 1913 il padre ottiene persino un titolo nobiliare che non userà, ma che il figlio esibirà poi costantemente.

Fin da piccolo, János vive in un ambiente culturalmente molto effervescente e riceve un'istruzione di primo livello. Studia dapprima privatamente, poi in uno dei migliori licei della città, anche se per la sua educazione matematica continua ad essere seguito da precettori privati. L'ambiente matematico ungherese è particolarmente vivace, sostenuto da autorità quali Fejér, Haar, Riesz. Nonostante il suo evidente talento per la matematica, la sua formazione è ricca anche di studi filosofici e scientifico-tecnologici. In casa il padre parla spesso anche delle sue attività professionali, allargando il tema di conversazione a teorie economiche e finanziarie: non c'è alcun dubbio che questo ambiente e l'atmosfera familiare abbiano orientato profondamente i gusti del giovane von Neumann, che si dimostrerà tutta la vita interessato ai temi più svariati, e che faranno di lui non solo un matematico

Von Neumann (il primo a destra, a fianco di R. Oppenheimer)
davanti a uno dei primi calcolatori

pieno di talento e concentrato solo sulla sua disciplina, ma anche un uomo dai poliedrici interessi scientifici.

La disfatta nella prima guerra mondiale, all'inizio degli anni '20, pesa sull'ambiente matematico e, più in generale, su ogni aspetto, culturale e non, della vita della capitale e di tutta l'Ungheria. Questo porta ad una migrazione di quasi tutti i famosi matematici ed anche dei più giovani talenti emergenti. Von Neumann non fa eccezione.

Nel 1921 si iscrive all'università di Budapest, ma frequenta contemporaneamente anche quella di Berlino, dove segue anche corsi di chimica e di meccanica statistica. Nel 1922, a soli 18 anni, pubblica il suo primo articolo di matematica, in collaborazione con Fekete, uno dei suoi maestri. Studia poi ingegneria chimica al Politecnico di Zurigo, forse più per compiacere il padre che non per reale interesse. Tuttavia è probabile che questi studi abbiano poi influito sul suo costante interesse per le applicazioni della matematica. Nel 1925 presenta la tesi di dottorato all'università di Budapest, sul tema dell'assiomatizzazione della teoria degli insiemi, di cui aveva più volte discusso con Fraenkel.

Già da giovanissimo von Neumann prende una posizione ben precisa nel dibattito che anima la matematica in questi tempi: da una parte i logici, rappresentati da B. Russell e tesi a perfezionare la logica classica; poi gli intuizionisti, con Brouwer; infine i propugnatori del metodo assiomatico, con Hilbert. È per questi che von Neumann prende partito, sostenendo che logici e intuizionisti, pur avendo ottenuto risultati significativi, offrono con la loro visione una prospettiva distruttiva per la matematica. La questione assiomatica lo accompagnerà tutta la vita e sarà ben presente nei diversi campi, anche più applicati, cui John (come ormai è chiamato) si dedicherà.

Comincia quindi a visitare Göttingen, ove ha sede quella che è forse la più prestigiosa scuola di matematica del mondo, fondata ed animata da F. Klein e D. Hilbert. Von Neumann qui familiarizza con Hilbert e si inserisce immediatamente nel suo gruppo. Ottiene una borsa di studio della *Fondazione Rockefeller*, e viene nominato *Privatdozent* all'Università di Berlino. Collabora con Hilbert sulla questione dei fondamenti assiomatici della meccanica quantistica, sviluppando tra l'altro una teoria generale degli operatori lineari hermitiani. Le sue ricerche saranno poi raccolte nel volume *Fondamenti matematici della meccanica quantistica*, pubblicato nel 1932.

L'inizio della sua carriera è comunque reso possibile dal sostegno economico della famiglia, dal momento che i *Privatdozent* non percepiscono uno stipendio ma ricavano proventi dalle tasse pagate dagli studenti (!). Forse anche per questo, nel 1930 accetta il posto di *professore invitato* di fisica matematica presso l'università di Princeton, dove insegna statistica quantistica, fisica matematica e idrodinamica. Inizia così la sua esperienza negli Stati Uniti, anche se fino al 1933 ritorna sistematicamente in Germania. A settembre del 1930 partecipa – e fa un intervento in favore del metodo hilbertiano – al Convegno di epistemologia delle scienze esatte che si tiene a Königsberg. Ma è per un altro intervento (di una certa importanza…) che quel Convegno viene oggi ricordato: K. Gödel annuncia il risultato, che dopo qualche anno di lavoro perfezionerà nel suo celebre teorema di incompletezza. Pare che la portata del risultato di Gödel non sia stata immediatamente capita dai presenti, con l'eccezione di von

Neumann, che ne discute poi con Gödel stesso, cui qualche tempo dopo scrive per annunciargli di aver dimostrato – come conseguenza del teorema di incompletezza – l'indimostrabilità della coerenza dell'aritmetica.

Il risultato di Gödel ha un forte impatto emotivo su von Neumann, che da quel momento abbandona le ricerche in Logica matematica. Ecco come descrive, in un articolo del 1947, le sue reazioni di allora: "ho parlato della storia di questa controversia in così gran dettaglio, perché ritengo che essa costituisca il migliore antidoto al pericolo di dare per scontato l'immutabile rigore della matematica. Questi eventi sono accaduti durante la mia vita ed io so come, durante questo episodio, le mie vedute circa le verità assolute della matematica cambiarono con una facilità umiliante, e come cambiarono tre volte di seguito".

Tuttavia, pur essendo svanito il sogno di dare un fondamento indiscutibile e coerente alla matematica, von Neumann ritiene che il sistema classico di fare matematica non sarà abbandonato (per esempio per seguire logiche intuizioniste) e che il metodo assiomatico ne sarà lo strumento centrale: anche la sua produzione più applicata rivelerà una tale impostazione.

Nel 1933 Hitler sale al potere. L'esperienza di Göttingen si esaurisce a causa di destituzioni e dimissioni ed inizia per von Neumann il distacco dall'Europa.

Nel 1930 si era sposato con Marietta Kovesi e in quella occasione si era convertito al cattolicesimo. Nel 1935 nasce la figlia Marina, nel 1936 divorzia. Nel frattempo, ottiene la nomina di professore all'*Institute for Advanced Study* di Princeton, dove negli anni tiene corsi di teoria della misura, di teoria degli operatori, di teoria dei reticoli. Prende la cittadinanza statunitense e inizia la sua collaborazione con il *Ballistic Research Laboratory*, un laboratorio dell'esercito americano.

Von Neumann ha comunque altri importanti interessi. Incuriosito, fin da bambino, da questioni di economia, non esita a criticare pesantemente il modello walrasiano di equilibrio e comincia a pensare ad un approccio nuovo alla teoria economica. Più in

generale, la sua convinzione che i comportamenti sociali debbano essere guidati da analisi razionali e studiati con metodi matematici, lo porta ad occuparsi di teoria dei giochi. Di questa teoria
parlerò in un altro capitolo del libro. Qui accenno solo al fatto che
von Neumann sviluppa dapprima la teoria dei giochi a somma
zero, arrivando alla formulazione del *teorema di minimax*, e pubblica più tardi – in collaborazione con l'economista austriaco
Oskar Morgenstern – il libro *Theory of Games and Economic
Behaviour*, oggi ritenuto come l'atto di nascita ufficiale della teoria stessa.

Il periodo relativamente tranquillo di Princeton è destinato a ter-
minare, alla vigilia della seconda guerra mondiale, in quel 1938
che produce una svolta radicale nelle attività scientifiche di von
Neumann. Le ricerche di tipo militare cominciano ad assorbire
sempre più tempo. Si occupa di onde di detonazione, degli effetti d'urto degli esplosivi, dell'impatto dei proiettili; visita per un
semestre un laboratorio inglese dove si occupa di dinamica dei
gas. È in questo periodo che comincia ad interessarsi fattivamente a problemi di calcolo automatico. Nel settembre del 1943 inizia
la sua collaborazione con il Laboratorio di Los Alamos, dove si sta
in tutta segretezza sviluppando il *progetto Manhattan*, che ha
l'obbiettivo di costruire la bomba atomica.

Dopo la fine della guerra, gli scienzati si dividono sull'opportunità di continuare le ricerche in ambito nucleare. C'è chi, come
Oppenheimer, partecipa attivamente alla formulazione della politica nucleare americana; altri, come Einstein, si schierano su posizioni pacifiste. Von Neumann ribadisce che le sue competenze
sono esclusivamente tecniche, tuttavia prende chiaramente le
distanze dai movimenti pacifisti. I suoi atteggiamenti non lasciano dubbi sul fatto che sia schierato in favore di un ulteriore sviluppo della tecnologia nucleare. Che ciò sia dovuto ad una sua
forte ostilità per il nazismo prima, e per il comunismo poi, oppure
ad una forma di patriottismo nei riguardi della sua patria di ado-
zione, non è chiaro ancora oggi. Le sue responsabilità comunque
nei vari progetti politico-militari si accrescono, così come le sue
consulenze per vari laboratori o enti di ricerca. Raggiunge il vertice della carriera quando viene nominato membro dell'AEC, la
Commissione per l'Energia Atomica.

La sua frequentazione dei più importanti laboratori militari, la sua difesa della legittimità dei test nucleari, le sue idee sulla guerra preventiva, hanno accreditato l'immagine di un von Neumann guerrafondaio. Nella figura dello scienziato pazzo del famoso film Stranamore, molti hanno voluto vedere raffigurato von Neumann stesso. È difficile formulare un giudizio meditato sulle sue posizioni. Certo, hanno influito profondamente su di lui la storia personale, la tragedia del nazismo, la sua convinzione che la debolezza mostrata dalle democrazie occidentali abbia portato alla seconda guerra mondiale. Ma anche l'immagine di un uomo assetato di potere e al contempo prono ai potenti, nonché amante delle folli corse in automobile e ossessionato dal sesso – non manca quasi mai un accenno al sesso, anche in matematica – rivela una forma di intolleranza ideologica. Forse più rispondente al vero è l'immagine di un uomo abituato sin da bambino ad essere interessato e coinvolto in questioni sociali, politiche, economiche, che lo hanno portato ad avere l'idea dello scienziato come di un uomo non certo chiuso in un edificio a pensare ma, al contrario, al centro delle problematiche, di tutte le problematiche politiche e sociali. E, da scienziato, ha portato avanti coerentemente le sue idee.

Ma torniamo ai suoi interessi scientifici, per accennare brevemente ad un altro campo in cui si è espresso il suo genio. È chiaro che i problemi complessi di cui si è sempre occupato, dalle questioni di teoria dei giochi a quelle più propriamente di tipo militare, hanno portato all'attenzione di von Neumann il problema di compiere lunghi e difficili calcoli, non affrontabili dalla mente umana in tempi accettabili. D'altra parte cominciano ad essere costruite le prime macchine per il calcolo veloce, per cui non c'è nulla di strano nello scoprire che von Neumann si interessa in maniera particolare anche di questo campo. E come sempre, del resto, il suo interesse non è rivolto ad un solo aspetto della questione. Infatti, si impegna tanto nelle questioni tecniche legate alla realizzazione di potenti macchine di calcolo, quanto nei fondamenti teorici della struttura di tali macchine. Si occupa quindi, in particolare con Goldstine, di sviluppare una teoria sui principi del calcolatore. Quello cui pensa deve soprattutto essere progettato per essere applicato alla ricerca scientifica. Grazie alla sua influenza, l'*Institute for Advanced Study* decide di realizzare il suo progetto, che egli segue anche nelle fasi di attuazione pratica, (dalla ricerca di finanziamenti alla realizzazione delle parti hardware). Con Goldstine e Burks, von Neumann elabora il progetto logico del calcolatore, producendo un rapporto nel quale viene esposta quella che oggi viene chiamata "architettura von Neumann". Fondamentali poi furono anche i suoi contributi allo sviluppo dell'analisi numerica, proprio in connessione con l'uso del calcolatore per risolvere problemi complessi.

Il programma per la realizzazione del progetto richiese molto più tempo del previsto per essere realizzato e, quando nel 1957 il calcolatore fu donato all'Università di Princeton, era già tecnologicamente superato. Tuttavia l'apporto di von Neumann è riconosciuto oggi come fondamentale per l'avvio degli studi informatici negli Stati Uniti, anche se forse le direzioni prese poi dall'informatica non erano quelle che lui aveva in mente. Una delle prime, spettacolari, applicazioni che von Neumann si aspetta da tali macchine è nel campo delle previsioni meteorologiche. Forse – è l'opinione della figlia – si aspetta anche maggiori applicazioni nell'ambito della teoria dei giochi. Sempre la figlia sostiene poi che un'applicazione che il padre non immaginava, ma che gli sarebbe immensamente piaciuta, è quella dei videogiochi!

Parallelamente ai suoi progetti informatici, von Neumann si occupa anche specificatamente di teoria dell'informazione e di teoria degli automi. L'idea di base è che il calcolatore deve in qualche modo ricalcare le caratteristiche del cervello umano. E per poter progettare una tale macchina, è necessario capire meglio i funzionamenti del cervello e dare anche una base logico-matematica, e non solo descrittiva, alla descrizione del suo funzionamento. Von Neumann dunque sviluppa contatti con biomedici e neurofisiologi, partecipa a numerose conferenze, espone le sue idee in diverse occasioni. Il suo più celebre contributo in questo campo è il libro, pubblicato postumo ed incompleto, intitolato *The Computer and the Brain*, che contiene il testo di alcune conferenze che era stato invitato a tenere all'Università di Yale.

Per quanto avesse una mole impressionante di incarichi pubblici e privati e di contratti di consulenza con varie compagnie, Von Neumann manifesta più volte l'intenzione di tornare ad una vita più accademica. Tuttavia i suoi progetti subiscono una interruzione brutale, a causa della malattia che comincia ad aggredirlo. Gli è diagnosticato un cancro osseo. Pur essendo malato, continua a lavorare febbrilmente. Ma alla fine del 1955 comincia a camminare con molta difficoltà, a causa di lesioni alla colonna vertebrale. Nonostante questo, nel marzo 1956 firma un accordo per far parte dell'Università della California, come consulente dei vari dipartimenti. Ma la malattia ormai ha preso il sopravvento, e von Neumann si spegne a Washington l'8 Febbraio 1957, all'età di 53 anni.

È fuori questione tentare di fare una specie di bilancio dei contributi di von Neumann alla scienza in generale ed alla matematica in particolare. Ci vorrebbe ben altro spazio e ben altra competenza: non è cosa che possa farsi da semplici curiosi. Quel che si può dire, a conclusione di un così breve riassunto di alcuni aspetti della sua vita, è che certamente ci troviamo di fronte ad un vero gigante del ventesimo secolo, una figura forse unica nella sua sbalorditiva capacità di coniugare un'intelligenza teorica di straordinaria profondità ad una visione "pratica" della scienza, ad una concezione di vita che lo ha portato ad essere un personaggio estremamente importante a livello politico-sociale, forse un esempio unico, almeno a questo livello, fra i matematici.

Kurt Gödel
Completezza e incompletezza

di **Piergiorgio Odifreddi**

Il 22 giugno 1936, mentre saliva la scalinata dell'Università di Vienna, Moritz Schlick fu abbordato da uno studente, che dapprima lo apostrofò per aver scritto un saggio sul quale lui non era d'accordo e poi lo freddò con una rivoltellata. Al processo, l'assassino fu dichiarato infermo di mente ma, dopo l'annessione nazista dell'Austria nel 1938, venne prosciolto per essersi reso utile al sistema con l'eliminazione di un professore ebreo.

Agli occhi dei matti e dei nazisti, la vera colpa di Schlick – che per quanto può interessare non era ebreo e discendeva invece dalla nobiltà prussiana – era di aver fondato nel 1924 e animato fino alla morte il *Circolo di Vienna*: la famosa congregazione di filosofi ed epistemologi che si riuniva ogni venerdì sera, si ispirava al *Tractatus* di Wittgenstein e adorava la logica tanto quanto aborriva la metafisica.

Di quest'ultima, in particolare, il *Circolo* pensava che fosse non soltanto falsa, ma letteralmente insensata. Questa opinione del cenacolo fu codificata nel 1931 dal suo esponente più famoso – Rudolf Carnap – in un manifesto per *L'eliminazione della metafisica mediante l'analisi logica del linguaggio*, nel quale si mostrava come gli illusori pseudo-problemi di certa filosofia, ad esempio quello del "nulla" in Heidegger, si riducessero in realtà a vuoti giochi di parole senza significato e frasi senza senso. O, come diceva Carnap, a "musica suonata da musicisti senza talento".

Fra i giovani che frequentavano il *Circolo* c'era anche Kurt Gödel, entrato all'Università di Vienna nel 1924 e immediatamente catturato nell'orbita di Schlick, che lo iniziò facendogli leggere la "Introduzione alla filosofia della matematica" di Russell. All'università, Gödel frequentò anche le lezioni di Carnap, dalle quali nacquero nel 1928 "La costruzione logica del mondo" e, nel 1934,

Gödel e Einstein

"La sintassi logica del linguaggio". Sono come dicono i titoli, due opere nelle quali la logica veniva applicata alla descrizione del mondo fisico da un lato, e del linguaggio umano dall'altro.

Gödel, che da bambino era tanto curioso da meritarsi l'appellativo di Herr Warum, "Signor Perché", non si lasciò comunque fuorviare da questo genere di problematiche secondarie e preferì invece affrontare di petto le principali questioni fondazionali della logica e della matematica sollevate da Leibniz, Kant, Frege, Russell, Wittgenstein, Hilbert, Poincaré e Brouwer. Ed è proprio perché le scelse in maniera definitiva, facendo arrivare tutti i nodi al pettine, che il suo lavoro viene considerato il contributo più importante che la logica matematica abbia mai ricevuto.

Il primo problema che Gödel affrontò fu quello enunciato da Hilbert al *Congresso Internazionale* di Bologna del 1928. Lo risolse l'anno dopo, a ventitré anni, nella sua tesi di laurea, dimostrando il primo grande risultato: il *teorema di completezza* per la logica predicativa, che costituisce l'analogo di quello per la logica proposizionale dimostrato da Post nel 1921. Più precisamente: l'analogo delle tautologie sono le formule vere in tutti i mondi possibili che risultano essere esattamente, né più né meno, i teoremi del sistema predicativo dei *Begriffschrift* di Frege o – se si preferisce – dei *Principia* di Russell e Whitehead.

Una volta dimostrata la completezza della logica, proposizionale dapprima e predicativa poi, la cosa naturale da fare era di estendere il risultato alla matematica, cominciando per esempio a dimostrare che i teoremi del sistema aritmetico dei *Principia* sono esattamente le formule vere dell'aritmetica. Gödel si dedicò a questo compito nella sua tesi di dottorato del 1931, ma scoprì con sua sorpresa che c'erano invece formule vere dell'aritmetica che non erano teoremi dei *Principia*.

La sorpresa maggiore, però, fu che il problema era irrimediabile: si potevano certamente aggiungere assiomi ai *Principia*, per renderli meno incompleti, ma nessuna aggiunta sarebbe riuscita a renderli completi! Per questo, il titolo del lavoro di Gödel parlava di "proposizioni indecidibili dei *Principia Mathematica* e di sistemi affini": perché il problema era comune a qualunque sistema matematico passato, presente o futuro, e non soltanto a quello costruito da Russell e Whitehead.

Per ironia della sorte, Gödel diede il primo annuncio ufficiale del suo teorema il 7 settembre 1930 a Königsberg, in occasione del convegno in onore di Hilbert, che il giorno dopo pronunciò ignaro il suo epitaffio "Dobbiamo sapere, e sapremo", senza sapere che ormai si sapeva che non si poteva sempre sapere.

L'idea della dimostrazione di Gödel era una variazione sul tema del paradosso del mentitore, opportunamente modificato in modo da farlo diventare un teorema. Mentre Eubulide aveva infatti considerato la frase: "questa frase non è vera", Gödel considerò la formula: "questa formula non è dimostrabile". Naturalmente, poiché la verità è una sola, o lo sarebbe se ci fosse, la frase di Eubulide è paradossale ma non ambigua. Di dimostrabilità, invece, ce ne sono tante: una per ciascun sistema di assiomi e regole. La formula di Gödel è dunque ambigua e va riformulata fissando un particolare sistema, ad esempio quello dei *Principia*, e dicendo: "questa formula non è dimostrabile nel sistema dato".

Eubulide si era domandato se la sua frase fosse vera o falsa e aveva scoperto che nessuno dei due casi è possibile. Gödel si domandò analogamente se la sua formula fosse dimostrabile o refutabile e anch'egli scoprì che nessuno dei due casi è possibile, almeno se il sistema dimostra soltanto verità. Perché, in questo caso, se la formula fosse dimostrabile sarebbe vera e dunque non dimostrabile. Allora non è dimostrabile, e dunque è vera: ovvero, nel sistema ci sono verità indimostrabili, esattamente come nei migliori processi di mafia.

Ma la formula di Gödel non è soltanto indimostrabile nel sistema. È anche irrefutabile, perché nemmeno la sua negazione è dimostrabile: è infatti falsa e il sistema dimostra soltanto verità. Allora, nel sistema ci sono formule che non sono né dimostrabili né refutabili: costituiscono esempi di quelle affermazioni che rimangono perennemente indecise, la cui esistenza era stata intuita da Brouwer. O, se si preferisce, il principio del terzo escluso non vale per la dimostrabilità, perché le formule di Gödel costituiscono appunto un esempio di terzo gaudente fra i due litiganti della dimostrabilità e della refutabilità.

Naturalmente, perché il ragionamento funzioni, non basta che il sistema considerato non dimostri falsità: esso deve anche permettere di esprimere formule che dicano di se stesse di non essere dimostrabili nel sistema. Ma Gödel scoprì che basta poco, affinché questo sia possibile. Non appena il sistema ha una minima capacità espressiva, si può ridurre la sua sintassi all'Aritmetica in un modo analogo a quello prefigurato da Leibniz. Assegnando, cioè numeri semplici alle nozioni semplici e numeri composti alle nozioni composte.

Leibniz aveva assegnato prodotti alle nozioni composte, senza tener conto del fatto che nella moltiplicazione i fattori si perdono e diventa impossibile ritrovarli in maniera univoca. Gödel aggirò il problema sfruttando il teorema di Euclide, secondo cui la decomposizione in fattori primi di un numero è invece univoca, e assegnò alle nozioni composte prodotti di numeri primi aventi per esponenti i numeri delle componenti. In tal modo dimostrò anche, di passaggio, che Wittgenstein si era sbagliato nel *Tractatus* a ritenere che un linguaggio non possa parlare della propria forma logica, almeno se per forma logica si intende la struttura sintattica.

Oltre a permettere la riduzione della propria sintassi all'aritmetica, il sistema considerato deve anche permettere di costruire formule che parlino di se stesse. Nel linguaggio naturale il problema non si pone, perché pronomi come io, o aggettivi come questo, rendono immediata la costruzione di frasi autoreferenziali del tipo *io mento* o *questa frase è falsa*. In matematica la cosa è più complicata, ma non impossibile. Ad esempio, qualunque equazione in cui una variabile appare sia a sinistra che a destra dell'uguale, costituisce una definizione autoreferenziale delle soluzioni dell'equazione. E proprio grazie al fatto che alle formule vengono assegnati numeri, Gödel potè dimostrare che formule del tipo *questa formula non è dimostrabile* si possono ottenere risolvendo opportune equazioni.

Una volta allertati a queste circolarità, comunque, non è difficile trovarle in molti altri campi. Ad esempio, in informatica le frecce dei diagrammi di flusso e i *go to* permettono un'immediata costruzione di *loop*, o "circolarità", nei programmi. In cibernetica il *feedback*, o "retroazione", rende conto dell'omeostasi di un sistema, cioè della sua capacità di mantenere l'equilibrio rafforzando i legami interni o indebolendo gli agenti esterni. In biologia l'autopoiesi, o "autocreazione", caratterizza la capacità degli organismi di autoriprodursi. In chimica i *loop catalitici*, nei quali il prodotto di una reazione è coinvolto nella sua propria sintesi, sono responsabili dell'instabilità di un sistema e dunque, in ultima analisi, della vita. In fisica, infine, l'intero universo viene interpretato nei termini di un *circuito autoeccitato*, che genera l'osservatore che lo genera con l'osservazione.

E proprio perché la sua dimostrazione usa strumenti così pervasivi, il teorema di incompletezza ha potuto assurgere a paradigma di un intero modo di pensare. Di conseguenza è diventato uno dei pochi risultati matematici, per non dire l'unico, a essere citato in un brano musicale, come il "Secondo Concerto" per Violino di Hans Werner Henze; o in una poesia, come "Hommage a Gödel" di Hans Magnus Henzensberger; o in un film, come "Genio per amore" di Fred Schepisi; o in romanzi di fantascienza, come "Golem XIV" di Stanislaw Lem, "Software" di Rudy Rucker, "La macchina della realtà" di William Gibson e Bruce Sterling, "Einstein perduto" di Samuel Delany, e chi più ne ha più ne metta.

In ogni caso, un teorema che tratta dell'impossibilità di dimostrare teoremi è una tipica espressione culturale del Novecento, un secolo che ha visto artisti di ogni genere descrivere le limitazioni di espressione del proprio mezzo mediante il mezzo stesso. Come esempi, valgano fra tutti "Sei personaggi in cerca di autore" di Luigi Pirandello in letteratura, "8 e 1/2" di Federico Fellini nel cinema, 4'33" di John Cage in musica e le tele monocrome di Yves Klein in pittura.

Naturalmente, l'impossibilità di descrivere una realtà sufficientemente complessa in modo completo era già stata largamente anticipata. Ad esempio, nel campo letterario, da Aristotele nella *Poetica*. O in quello filosofico, da Kant nella *Critica della ragion pura*. Anzi, il teorema di incompletezza si può considerare una riformulazione e una formalizzazione dell'assunto principale della *Dialettica trascendentale*: il fatto cioè che, se la ragione vuol essere completa e permettere la considerazione delle idee trascendentali, allora dev'essere inconsistente e cadere nelle antinomie della ragion pura.

Una versione rafforzata del teorema di incompletezza, dimostrata da John Barkley Rosser nel 1936 con un argomento analogo a quello di Gödel, benché leggermente più complicato perché basato sulla formula: "questa formula non è dimostrabile prima della sua negazione", mostra infatti che, se un sistema matematico avente una minima capacità espressiva vuol essere consistente e non cadere in contraddizione, allora dev'essere incompleto.

Tra l'altro, a proposito di Kant, i teoremi di incompletezza dimostrano che la matematica non è riducibile alla logica, per la quale vale invece un teorema di completezza. Una delle conseguenze filosofiche dei teoremi di Gödel fu dunque la dimostrazione definitiva che il sogno logicista di Frege e Russell era irrealizzabile e che avevano invece ragione Kant e i suoi seguaci, da Poincaré a Brouwer: l'aritmetica non è analitica, ma sintetica a priori. Le discussioni finiscono qui.

Almeno per noi, cioè, perché né Russell né Wittgenstein capirono l'antifona e, meno che mai, il salmo. Il primo credette per tutta la vita che Gödel avesse dimostrato che l'aritmetica era inconsistente e il secondo si immaginò che ci fosse qualcosa di sbagliato in tutta la faccenda, perché non si poteva dimostrare che qualcosa non era dimostrabile. Al che Gödel fu costretto a rispondere che i due facevano i finti tonti, a meno che lo fossero per davvero.

Quanto a lui, per non far torti a nessuno, distrusse anche il programma di Hilbert sulla consistenza, mostrando che anch'esso è impossibile da realizzare: nessun sistema matematico consistente e avente una minima capacità espressiva può dimostrare la propria consistenza. Questa è infatti l'ipotesi su cui si basa il teorema di incompletezza che dice che, se il sistema è consistente, allora una certa formula non è dimostrabile: dunque, se fosse dimostrabile l'ipotesi, sarebbe dimostrabile anche la tesi, cioè che quella formula non è dimostrabile. Ma quella formula dice appunto di non essere dimostrabile: dunque sarebbe dimostrabile la formula stessa, che invece non lo è.

Ma se un sistema non può dimostrare la propria consistenza, significa che non può autogiustificarsi e deve trovare fuori di se la propria giustificazione: ovvero, non ci sono baroni di Münchausen in matematica (accademici invece sì, anche dopo il '68). In particolare, non c'è speranza di fermare il gioco di scarica-barile che Hilbert aveva cercato di arginare proponendo, al *Congresso Internazionale* di Parigi, di dimostrare la consistenza dell'aritmetica o dell'analisi in maniera diretta e con metodi elementari. In altre parole, in un colpo solo, Gödel aveva anche risolto il secondo problema di Hilbert, dimostrando che non era risolubile.

Naturalmente, questi argomenti sono talmente sottili da aver fatto venire il mal di testa certamente a chi scrive e, probabilmente, anche a chi legge. Figuriamoci a chi dovette trovarli e dimostrarli, cioè a Gödel: il quale, già all'età di sei anni, aveva dimostrato di avere qualche problema mentale quando, dopo una febbre reumatica da cui i medici dissero che era guarito perfettamente, si convinse che gli aveva invece lasciato una lesione permanente al cuore.

Fu allora che nacquero, simultaneamente, l'ipocondria e la sfiducia verso i medici che coltivò tutta la vita, oltre a una fragilità mentale che lo portò a essere più volte internato in ospedali psichiatrici: a partire, appunto, dai primi anni '30, quando lo sforzo di concentrazione per i suoi primi teoremi lo portò al collasso mentale. Quando si riprese, l'unica cosa che poteva ancora fare uno che aveva già risolto il secondo problema di Hilbert, era di risolvere il primo: quello, cioè, sull'*ipotesi del continuo*.

Gödel ci provò, ma questa volta riuscì solo a metà: dimostrò, cioè, che l'*ipotesi del continuo* non è refutabile nel sistema assiomatico per la teoria degli insiemi sviluppato a partire dal 1908 da Ernst Zermelo, un allievo di Hilbert, e che da allora è diventato il riferimento usuale dei matematici per queste cose.

Più precisamente, Gödel costruì un mondo insiemistico che soddisfa sia gli assiomi di Zermelo sia l'*ipotesi del continuo*: in cui, cioè, non ci sono infiniti che stanno a metà tra quelli dei numeri interi e dei numeri reali. Questo mondo è ispirato al settimo punto del *Tractatus* di Wittgenstein, perché in esso ci sono soltanto insiemi dei quali si può parlare nel linguaggio insiemistico: in altre parole, ci sono gli insiemi che devono stare in tutti i possibili mondi insiemistici, ma nient'altro.

Se in questo mondo minimale ci fossero già stati infiniti compresi fra quelli dei numeri interi e dei numeri reali, la cosa sarebbe finita lì e l'*ipotesi del continuo* sarebbe stata refutata. Ma Gödel dimostrò invece che non ce n'erano, lasciando aperte due possibilità: o che l'ipotesi fosse dimostrabile – e dunque vera non solo nel suo, ma in tutti i mondi possibili – o che non fosse né dimostrabile né refutabile, perché vera nel suo mondo ma falsa in qualche altro.

Nel 1963 Paul Cohen dimostrò che la seconda possibilità era quella corretta, costruendo vari mondi alternativi a quello minimale di Gödel, nei quali c'erano infiniti a volontà compresi fra

La casa di Gödel a Princeton

quelli dei numeri interi e dei numeri reali. Quello che Hilbert considerava il più importante problema della matematica moderna, fu dunque risolto allo stesso modo del secondo: scoprendo, cioè, che non era risolubile all'interno dell'usuale teoria degli insiemi, alla faccia del *non ignorabimus.*

La possibilità che l'*ipotesi del continuo* fosse indecidibile era in realtà già stata sospettata dal norvegese Thorald Skolem nel 1922, quando aveva trovato un interessante fenomeno: che uno dei possibili mondi della teoria degli insiemi aveva tanti elementi quanti i numeri interi e niente più. Ora, un mondo insiemistico deve contenere un sacco di cose, tra cui i numeri reali: i quali, però, già da soli sono di un infinito maggiore di quello dei numeri interi. Dove stava l'inghippo?

Sulle prime si temette un nuovo paradosso, ma poi Skolem capì che semplicemente i numeri reali di quel mondo non sono quelli "veri", ma soltanto un insieme con le loro stesse proprietà insiemistiche. Analogamente, gli "infiniti" di quel mondo non sono quelli "veri" e il fatto che in quel mondo i "numeri reali" sembrino più dei numeri interi vuol soltanto dire che non esistono in quel mondo corrispondenze biunivoche fra loro.

Anzi, dall'interno di quel mondo, gli infiniti infiniti di cui Cantor aveva dimostrato l'esistenza *appaiono tutti diversi* tra loro, ma dal di fuori *sono tutti uguali* all'infinito dei numeri interi. E poiché il mondo insiemistico di Skolem vale quanto qualunque altro, si può benissimo pensare che di infiniti ce ne sia in realtà soltanto uno, quello dei numeri interi noto fin dall'antichità, e che i "superinfiniti" introdotti da Cantor siano fittizi. O meglio, che si riducano a modi di dire che segnalano non la *presenza* di tanti oggetti, ma l'*assenza* di tante corrispondenze biunivoche.

Ancora una volta, dunque, la logica ritrovava la sua vena antimetafisica e riusciva a decostruire la teoria degli infiniti di Cantor che aveva fatto tremare persino la Chiesa. Più precisamente, non era più necessario interpretare la teoria in maniera ontologicamente positiva, che asserisce l'esistenza di molti tipi di infinito, e si poteva invece considerarla in maniera epistemologicamente negativa: cioè, come uno dei tanti risultati di limitatezza del pensiero matematico, in linea appunto con quelli di incompletezza dimostrati da Gödel.

Il quale, quando nel 1938 Hitler invase l'Austria, si ritrovò sotto il dominio della Germania nazista. Fu sorpreso che i medici militari non concordassero con lui sulle condizioni del suo cuore e lo dichiarassero abile alla leva, con il rischio di dover servire in trincea. Quando decise di andarsene, come avevano già fatto gli altri membri del *Circolo di Vienna*, la guerra era ormai scoppiata e, per recarsi a Princeton, dovette attraversare l'Unione Sovietica in treno, l'Oceano Pacifico in nave e gli Stati Uniti di nuovo in treno.

Poiché quel viaggio aveva soddisfatto completamente il suo bisogno di avventure, Gödel non tornò mai più in Europa e rifiutò sempre ogni onorificenza austriaca. Ma non per i motivi che si potrebbero immaginare: quando infatti l'economista Morgenstern, pure lui emigrato dall'Austria, lo incontrò al suo arrivo a Princeton e gli chiese come andassero le cose a Vienna, si sentì rispondere che il caffè era pessimo.

Stabilitosi nel 1939 all'*Istituto per gli Studi Avanzati*, interpretò la dicitura alla sua maniera e si dedicò alla filosofia. Le letture di Kant lo stimolarono a scoprire uno dei suoi risultati più sorprendenti, che gli fece vincere la medaglia Einstein: la possibilità di viaggi nel passato in accordo con la teoria della relatività generale, che dimostrano che Kant aveva ragione a pensare al tempo non come a una realtà fisica, ma come a una forma *a priori* della nostra sensibilità. In Leibniz, che riteneva un filosofo estremamente dotato perché "aveva sbagliato tutto", Gödel trovò invece l'ispirazione per una dimostrazione matematica dell'esistenza di Dio. Secondo la moglie, però, uno dei suoi interessi più profondi era la demonologia.

Questa moglie era una ballerina divorziata, più vecchia di lui, di cui Gödel si era innamorato da studente, ma che aveva potuto sposare soltanto nel 1938, a causa dell'opposizione dei genitori. Lei doveva avere un certo senso dell'ironia, se un giorno gli disse a un congresso: "Kurtino, se confronto le altre conferenze alla tua, non c'è confronto". Certo la sua presenza costituì un fattore di stabilità emotiva e, quando fu ricoverata negli anni Settanta, la depressione e la paranoia di Gödel ebbero via libera. Messosi in testa che lo volevano avvelenare, morì a settantadue anni nel 1978 di "malnutrizione causata da disturbi della personalità".

Come dimostra il fatto che oggi il suo nome è nominato troppo spesso invano, Gödel è stato un dio della logica: d'altronde, il suo nome è singolarmente costituito di *God* ed *El*, che significano Dio in inglese ed ebraico. Volendolo paragonare a qualche grande del passato, viene anzitutto in mente Gauss, il principe dei matematici: entrambi pubblicarono con il contagocce, secondo il motto *pauca sed matura*, "poco ma bene", e tennero nel cassetto risultati che avrebbero inorgoglito chiunque altro. Se il paragone più scontato è con Aristotele, quello più appropriato è con Archimede: nessuno dei due creò infatti la propria disciplina, ma entrambi la cambiarono per sempre con i propri risultati, riuscendo a raggiungere profondità apparentemente insondabili.

Hommage à Gödel di Hans Magnus Enzensberger

Il teorema di Münchausen (cavallo, palude e capelli)
è delizioso, ma non dimenticare:
Münchausen era un bugiardo.

Il teorema di Gödel sembra a prima vista
piuttosto insignificante, ma ricorda:
Gödel ha ragione.

"In ogni sistema sufficientemente ricco
si possono formulare proposizioni,
che all'interno del sistema stesso
non si possono né provare né refutare,
a meno che il sistema
non sia incoerente."

Si può descrivere il linguaggio
nel linguaggio stesso:
in parte, ma non completamente.
Si può indagare il cervello
col cervello stesso:
in parte, ma non completamente.
E così via.

Per giustificare se stesso
ogni possibile sistema
deve trascendersi,
e quindi distruggersi.

Essere "sufficientemente ricco" o no:
la coerenza
è o un difetto
o una impossibilità.

(Certezza = incoerenza)

Ogni possibile cavaliere,
quale Münchausen
o te stesso, è un sottosistema
di una palude sufficientemente ricca.

E un sottosistema di questo sottosistema
sono i tuoi capelli,
per cui ti tirano
riformisti e bugiardi.

In ogni sistema sufficientemente ricco,
quindi anche nella nostra palude,
si possono formulare proposizioni
che all'interno del sistema stesso
non si possono né provare né refutare.
Afferra queste proposizioni,
e tira!

Originale tedesco in:
"Die Elixiere der Wissenschaft", Suhrkamp 2002

Robert Musil
L'audacia dell'intelligenza

di **Claudio Bartocci**

Il paese che andò in rovina per una lacuna linguistica

"La Kakania era forse un paese di geni, e fu probabilmente per questo che andò in rovina"[1]. Nelle pagine dell'*Uomo senza qualità*, Kakania (neologismo coniato da Musil a partire dall'abbreviazione *k.k.*, vale a dire *kaiserlich-königlich*, "imperial-regio") è l'ironico e scatologico appellativo che designa la monarchia austro-ungarica al suo tramonto.

Il nuovo secolo, il Novecento, da molti, troppo frettolosamente, salutato come l'era del definitivo trionfo della civiltà occidentale e del progresso tecnologico, parve precocemente naufragare nell'immane carneficina del primo conflitto mondiale. Karl Kraus intitolerà *Gli ultimi giorni dell'umanità* il suo ipertrofico dramma satirico-apocalittico, mentre Stefan Zweig rievocherà il crepuscolo della vecchia Austria nel *Mondo di ieri*. Ciononostante, da molti punti di vista, la Grande Guerra non rappresentò una cesura netta, una discontinuità essenziale nella cultura austriaca, quanto piuttosto un sofferto momento di transizione, un doloroso passaggio che ne lasciò

---

[1] R. Musil, *L'uomo senza qualità*, edizione di A. Frisé, traduzione, note e cura di A. Vigliani, prefazione di G. Cusatelli, 2 vol., Mondadori, Milano, 1992 e 1998, vol. I, p. 43 (da qui in avanti l'opera sarà citata direttamente nel testo con l'abbreviazione USQ seguita dal numero di volume e dal numero di pagina).

Robert Musil

inalterati i caratteri di fondo. Non si trattò soltanto del persistere (quantomeno in ambito letterario, ma non solo) di un "mito absburgico" come trasfigurazione fantastica e poetica dell'era di Francesco Giuseppe[2], ma del perpetuarsi – in una classe intellettuale che non fu decimata dalla guerra come, ad esempio, quella francese – di idee, di concetti, di visioni del mondo: non una singola *Weltanschauung*, ma un variegato complesso di *Weltanschauungen*, nelle quali è nondimeno possibile individuare alcuni temi comuni.

I *leitmotiv* che caratterizzano la disordinata polifonia della cultura di lingua tedesca dei primi trent'anni del '900 si possono tutti ricondurre (con qualche inevitabile schematizzazione) al problema dell'identità del soggetto e a quello strettamente connesso al precedente, dei limiti del linguaggio, ovvero, dell'esprimibilità del mondo attraverso le parole e le formule, del fondamento dei discorsi che si articolano per descrivere le cose[3]. Un evidente filo rosso collega la *Lettera a Lord Chandos* di Hugo von Hofmannsthal ("[…] le parole astratte, di cui la lingua deve naturalmente servirsi, mi si disgregano in bocca come funghi ammuffiti"[4]) al *Tractatus* di Wittgenstein ("i limiti del mio linguaggio significano i limiti del mio mondo"[5]), passando attraverso la *Sprachkritik* di Fritz Mauthner[6] e i folgoranti aforismi di Karl Kraus: "una volta che la

---

[2] C. Magris, *Il mito absburgico nella letteratura austriaca moderna* (nuova edizione), Einaudi, Torino 1988.

[3] La bibliografia su questi temi è vastissima. Citiamo solo a titolo di esempio A. Janik e S. Toulmin, *La grande Vienna*, Garzanti, Milano 1984 e J. Le Rider, *Modernité viennoise et crises de l'identité*, Presses Universitaires de France, Paris 1990.

[4] H. von Hofmannsthal, *Lettera a Lord Chandos* (1901), a cura di C. Magris, Rizzoli, Milano 1988, p. 43. In una lettera al guardiamarina E.K. leggiamo: "Le parole non sono di questo mondo, sono un mondo a sé stante, un mondo del tutto indipendente, come il mondo dei suoni", parole che riprendono alcune osservazioni contenute nel cosiddetto *Monologo* di Novalis (H. von Hofmannsthal, *Le parole non sono di questo mondo*, a cura di M. Rispoli, Quodlibet, Macerata 2004; vedi in particolare n. 40, pp. 99-100).

[5] L. Wittgenstein, *Tractatus logico-philosophicus*, 5.6 (trad. it. e cura di A.G. Conte, Einaudi, Torino 1998).

[6] Su Mauthner si veda A. Janik e S. Toulmin, *La grande Vienna*, cit., cap. 5. Si ricordi anche l'osservazione polemica di Wittgenstein: "Tutta la filosofia è «critica del linguaggio». (Ma non nel senso di Mauthner.) Merito di Russell è aver mostrato che la forma logica apparente della proposizione non ne è necessariamente la forma reale" (*Tractatus logico-philosophicus*, 4.0031, ed. cit., p. 21).

parola è entrata in rapporti con il mondo, infinita è la fine"[7]. Kurt Gödel ebbe a osservare: "più penso al linguaggio, più mi stupisco che la gente riesca a capirsi"[8].

Questi motivi – alla cui radice si trovano le riflessioni di pensatori tra loro tanto diversi quanto Frege, Mach e Nietzsche – permeano tutta l'opera di Musil, dal *Törless* alle *Pagine postume pubblicate in vita*, dai *Diari* all'*Uomo senza qualità*. Nelle pagine di questo romanzo-labirinto, di questa "opera-mondo"[9], Ulrich – l'uomo che è senza qualità perché possiede il senso della possibilità anche nei confronti di se stesso – si trova a dover fare in conti con l'inafferrabile evanescenza delle parole: "le parole saltano come scimmie da un albero all'altro, ma nel regno oscuro dove affondano le radici manchiamo della loro gentile mediazione" (USQ, I, p. 207). Addirittura, l'ironia musiliana, attraverso l'allegoria della babele linguistica che regnava nell'impero di Francesco Giuseppe, individua proprio nello scacco del linguaggio la causa principe della sua dissoluzione:

> Dacché mondo è mondo, nessun essere è ancora morto per una lacuna linguistica, ma bisogna pur aggiungere che alla Doppia Monarchia austro-ungarica capitò di andare in rovina per la propria inesprimibilità (USQ, I, p. 618).

Anima ed esattezza

Per trentasette anni ininterrotti, dal 1899 al 1936, quando morì, Karl Kraus non smise di lanciare i suoi strali contro tutte le *idées reçues* della società e della cultura austriaca dalle pagine di "Die Fackel" ("La fiaccola"), la piccola rivista rosso-mattone di cui dal 1911 fu anche l'unico autore. Il 1899 è l'anno dell'inaugurazione della stazione della metropolitana della Karlsplatz progettata dall'architetto Otto Wagner, della pubblicazione sia dell'*Interpretazione dei sogni* di Freud, sia dei *Fondamenti della geometria* di

---

[7] K. Kraus, *Detti e contraddetti*, Adelphi, Milano 1987, p. 256.

[8] Citato in R. Goldstein, *Incompletezza. La dimostrazione e il paradosso di Kurt Gödel*, Codice, Torino 2006, p. 81.

[9] Vedi F. Moretti, *Opere mondo*, Einaudi, Torino 2003, in particolare cap. 7, § 5.

Hilbert. Il 1936 – quando il nazismo si autocelebra alle Olimpiadi di Berlino e fosche nubi si addensano sul futuro dell'Europa – è l'anno in cui il filosofo Moritz Schlick, il fondatore del *Circolo di Vienna*, viene assassinato sulla scalinata dell'università da uno studente ideologicamente legato al movimento austro-fascista.

È questo il lungo e contraddittorio periodo in cui Vienna si afferma come uno dei centri propulsori più vitali della cultura europea[10], il che è tanto più sorprendente in quanto si tratta di una città tutto sommato provinciale, prima al centro di un impero in rapido declino, in seguito capitale di un paese senza ambizioni politiche. La scena culturale è dominata da figure che hanno segnato la modernità: musicisti come Gustav Mahler, Arnold Schönberg, Anton Webern, Alban Berg, Richard Strauss, architetti come Otto Wagner e Adolf Loos, scrittori come Hugo von Hofmannsthal, Joseph Roth, Kraus, Arthur Schnitzler, Heimito von Doderer, Hermann Broch, Franz Werfel, artisti come Gustav Klimt, Oskar Kokoschka, Egon Schiele, e poi ancora Ernst Mach e Ludwig Boltzmann, il matematico Hans Hahn, Schlick, Freud, Wittgenstein, Rudolf Carnap, Otto Neurath.

Ai tavoli dei famosi caffè (il *Café Griensteidl*, il *Café Central*, lo *Herrenhof*) o nelle sedi degli innumerevoli circoli, cenacoli e associazioni culturali si intrecciano le discussioni, si confrontano punti di vista talvolta opposti. Il *milieu* intellettuale viennese non ha certo un carattere monolitico, bensì appare come un crogiolo nel quale si fondano materiali di varia provenienza culturale, un mosaico, un coro di voci a volte dissonanti. Vienna – nelle parole di Kraus – è "il laboratorio di ricerca per la distruzione del mondo". Mistici e neopositivisti, simbolisti ed espressionisti, "fisici classici" e fautori delle nuove idee sui quanti, sostenitori e detrattori della psicanalisi. Letteratura e scienza, in questo clima, non sempre vanno a braccetto, come talvolta a torto si sostiene: sono universi contrapposti e spesso distanti. Certo, Mach – con la sua "analisi delle sensazioni", con la sua concezione dell'"io insalvabile" (*"das unrettabare Ich"*) – esercita una profonda influenza su scrittori come von Hofmannsthal e Bahr. Certo, Schnitzler ha una forma-

---

[10] Ciononostante, come scrive E. Gombrich, "la tesi secondo cui gran parte della cultura di questo secolo sventurato [il '900] nasce a Vienna non è neppure degna di considerazione" (*Dal mio tempo. Città, maestri, incontri*, Einaudi, Torino 1999, p. 14).

zione medica, Leo Perutz affianca per vari anni all'attività letteraria la professione di matematico nel ramo assicurativo, Elias Canetti è laureato in chimica, Broch, abbandonando a quarant'anni la direzione dell'industria tessile paterna, si dedica a un serio studio della filosofia e della matematica (e un matematico è il protagonista del suo romanzo *L'incognita*). Ma soltanto Musil, crediamo, tenta con lucida consapevolezza di colmare lo iato tra *Dichtung* ed *Erkenntnis*[11], di ricomporre il dissidio tra "anima ed esattezza". La tensione essenziale tra letteratura e scienza può essere superata e ricomposta in un modello di romanzo, emancipato dalle convenzioni narrative ottocentesche, che sappia descrivere i fatti non come essi sono ma come *potrebbero* essere, che sappia cogliere "il fantomatico di ciò che accade"[12]. L'archetipo ideale di questa nuova forma romanzesca – che sarà quella dell'*Uomo senza qualità* – è fornito dal pensiero saggistico:

> Lo scopo del pensiero scientifico è l'espressione e l'associazione univoca del fattuale. E quando esso lascia percepire a nudo la splendida durezza di questo, ecco che diventa degno della massima ammirazione. Il pensiero saggistico non può costituirne l'opposto, ma deve esserne piuttosto un proseguimento. E legittimamente in quei casi in cui l'esattezza scientifica non trova un fondamento in grado di reggere con la solidità indispensabile per la sua applicazione[13].

Troppo intelligente per essere un poeta

Nel 1901 Musil si diploma in ingegneria meccanica al Politecnico di Brünn (Brno)[14]. La sua formazione scientifica di base – Analisi

---

[11] Cfr. L. Dahan-Gaida, *Musil. Savoir et fiction*, Presses Universitaires de Vincennes, Saint-Denis 1994, p. 17.

[12] Così Musil in un'intervista del 1926, in C. Magris, *Il mito absburgico* cit., p. 303.

[13] R. Musil, *Saggistica* (1913), in *Saggi e lettere*, a cura e con un'introduzione di B. Cetti Marinoni, 2 voll., Einaudi, Torino 1995, vol. I, pp. 193-194.

[14] I dati biografici relativi a Musil sono in massima parte desunti dalla *Cronologia della vita e delle opere* in R. Musil, *Diari 1899-1941*, edizione di A. Frisé, a cura e con un'introduzione di E. De Angelis, 2 vol., Einaudi, Torino 1980, vol. I, pp. XLI-LVI.

matematica, Meccanica razionale, Fisica – non doveva essere molto diversa da quella ricevuta da Einstein, più o meno negli stessi anni, al Politecnico di Zurigo o da Wittgenstein, qualche anno più tardi, alla *Technische Hochschule* di Berlino. Dopo una breve e insoddisfacente parentesi come assistente volontario al Politecnico di Stoccarda (per vincere la noia inizia a scrivere il *Törless*), nel 1903 si immatricola alla *Humboldt Universität* di Berlino, dove si iscrive ai corsi di filosofia e di psicologia sotto la guida di Carl Stumpf. Studioso tra i più rappresentativi della psicologia sperimentale, autore di opere sulla rappresentazione spaziale e sugli aspetti fisiologici e psicologici dei fenomeni musicali (fondamentale la sua *Tonpsychologie*), a Stumpf (1848-1936) si devono importanti ricerche sulla strutturazione dei processi conoscitivi, strettamente collegate alle indagini svolte da Alexius von Meinong e da un gruppo di altri studiosi tra i quali Christian von Ehrenfels, nelle quali è possibile rintracciare l'origine di molti motivi che saranno propri della *Gestaltpsychologie*, la "psicologia della forma".

Gli anni berlinesi sono cruciali per Musil. Nel 1905 termina il *Törless*, che sarà pubblicato l'anno successivo riscuotendo un buon successo di critica; sempre nel 1906 conosce Martha Marcovaldi, nata Heimann (1874-1949), madre di due figli nati da un precedente matrimonio, la quale diventerà sua moglie nel 1911. Sebbene il mondo universitario lo lasci insoddisfatto, Musil si sottrae agli impegni di carattere letterario che gli vengono prospettati per completare i suoi studi: nel 1907 progetta un modello perfezionato di cromatografo (un apparecchio per studiare le leggi della percezione dei colori) e nel 1908 consegue il dottorato in filosofia con la tesi *Beitrag zur Beurteilung der Lehren Machs* (*Contributo a un giudizio sulle teorie di Mach*). Erano intanto sorti profondi contrasti con il relatore, Stumpf: questi, che forse non aveva trovato opportuna la pubblicazione del *Törless*, giudica la dissertazione di Musil non sufficientemente critica nei confronti di Mach e non in linea con la propria psicologia rigidamente dualistica[15]. Nel dicembre di quello stesso anno, Musil riceve un invito da parte di von Meinong, professore di filosofia a Graz, che lo vorrebbe come proprio assi-

---

[15] Cfr. M. Montinari, *Nota introduttiva* a R. Musil, *Sulle teorie di Mach*, Adelphi, Milano 1981, p. IX.

stente. Con una sofferta decisione, Musil declina l'offerta decidendo di abbracciare la carriera di scrittore:"[...] il mio amore per l'arte letteraria non è inferiore a quello per la scienza"[16]. Nel 1910 Musil, ormai trentenne, si stabilisce a Vienna, accettando un posto di bibliotecario di seconda classe presso il Politecnico.

Il bagaglio delle conoscenze filosofiche e scientifiche di Musil non si esaurisce nelle nozioni apprese durante il curriculum universitario, senza dubbio già molto più ampie di quelle della maggior parte dei suoi colleghi scrittori. I *Diari*, come anche le lettere, le conferenze, i saggi e lo stesso *Uomo senza qualità*, testimoniano della vastità dei suoi interessi e della sua insaziabile curiosità. Per quanto riguarda la filosofia, legge Plotino e i mistici tedeschi (non si dimentichi che nella teologia negativa di Meister Eckhart l'essere supremo è detto *ohne Eigenschaften*,"senza qualità"), studia Boltzmann, Husserl e Cassirer, approfondisce Aristotele, Leibniz e Nietzsche. È di certo al corrente delle ricerche svolte dal *Circolo di Vienna*, con le cui posizioni tuttavia non sempre si trova in consonanza. Ad esempio, nel 1920 consegna alle pagine dei *Diari* un ritratto al vetriolo di Otto Neurath (un "attaccabrighe accademico"[17]), mentre nel 1937 critica duramente l'ingenuità del "fisicalismo" applicato alla psicologia da parte di un allievo di Schlick ("con quanta maggiore precisione si procedeva nella scuola di Stumpf"[18], annota). Maggiori affinità, probabilmente, si possono riscontrare con Rudolf Carnap, ad esempio con le sue idee sul processo attraverso il quale il soggetto conoscente si rappresenta il mondo esterno a partire da dati elementari. In una lettera del 29 ottobre 1935 Musil scrive:"Fra tutti i libri che ho letto quest'anno, quello che mi ha fatto «la più grande impressione» è stato senza dubbio *La sintassi logica del linguaggio* di Rudolf Carnap"[19]. In quest'opera (pubblicata nel 1934) Carnap enuncia il principio di tolleranza (detto anche "principio della convenzionalità delle

---

[16] *Saggi e lettere* cit., vol. II, p. 537.
[17] *Diari* cit., vol. I, p. 653.
[18] *Saggi e lettere* cit., vol. II, p. 1369 (Quaderno 33, circa 1937). Al 1934 risale l'annotazione: "Unità della scienza, da dove discende questo dogma?" (*Ibid*, vol. II, p. 1312).
[19] *Ibid*, vol. II, p. 804.

forme linguistiche"), che afferma la molteplicità delle strutture logiche in grado di rendere conto degli universi di discorso delle scienze empiriche, rimettendo la scelta tra le varie forme possibili a una convenzione libera. Formulazioni sostanzialmente equivalenti (e di certo indipendenti per ragioni cronologiche) del principio di tolleranza si ritrovano in molte pagine dell'*Uomo senza qualità*, soprattutto nel secondo volume: "[...] che importanza hanno in definitiva i fatti in quanto tali?" – chiede Ulrich ad Agathe – "Tutto dipende dal sistema concettuale con cui li si osserva e dal sistema personale in cui sono inseriti" (USQ, II, p. 26). Tanto Musil, quanto Carnap, "non intendono stabilire delle proibizioni (*Wir wollen nicht Verbote aufstellen*) ma soltanto giungere a delle convenzioni"[20].

Profondi e determinanti sono gli influssi esercitati sull'opera di Musil dalla *Gestaltpsychologie*, soprattutto così come elaborata negli scritti di Wolfgang Köhler (anche lui allievo di Stumpf), Kurt Koffka e Max Wertheimer (questi tre studiosi sono i più autorevoli esponenti della cosiddetta *scuola di Berlino*, in opposizione alla *scuola di Graz*, costituita da allievi di Meinong). Nel 1920 Musil legge e definisce "straordinario"[21] il libro di Köhler *Die physischen Gestalten in Ruhe und im Stationären Zustand* (*Le forme fisiche in quiete e in stato stazionario*), nel quale si può avvertire l'eco degli insegnamenti di un fisico teorico come Max Planck. Nell'ampio articolo *Come accostarsi all'arte* del 1921, Musil recensisce molto positivamente l'opera recante lo stesso titolo di Johannes von Allesch (suo compagno di studi a Berlino e una delle sue più salde amicizie giovanili), opera cui riconosce "il valore incomparabile [...] di aver fondato per la prima volta un metodo flessibile e tuttavia resistente per la valutazione estetica"[22]. Come scrive Claudio Magris, "dalla teoria della *Gestalt* Musil [trae] l'idea del tutto dato come forma prima delle parti, come totalità percepita intuitivamente, quale rapporto immediato di parte a tutto e non quale addizione di parti"[23].

---

[20] *La sintassi logica del linguaggio*, trad. it. A. Pasquinelli, Silva, Milano 1961, p. 88.

[21] *Saggi e lettere* cit., vol. II, p. 604.

[22] *Ibid.*, vol. I, p. 268.

[23] C. Magris, *L'anello di Clarisse. Grande stile e nichilismo nella letteratura moderna*, Einaudi, Torino 1999, p. 233.

Per quel che concerne le scienze esatte, Musil si tiene aggiornato. "Robert attualmente si occupa molto delle teorie di Einstein, ma sta cercando un'altra via" scrive Martha M. a sua figlia Annina Marcovaldi il 17 maggio 1923[24]. Ma già dieci anni prima, nel saggio *L'uomo matematico* si può trovare un accenno esplicito alle nuove idee della relatività, citato come esempio dell'"orgogliosa fiducia nella diabolica pericolosità del proprio intelletto" con la quale gli scienziati affrontano gli scandali della ragione:

> E potrei addurre altri esempi, come quello dei fisici matematici, che a un tratto si accinsero con foga a negare l'esistenza dello spazio o del tempo. Ma non da sognatori e alla lontana, come, di tanto in tanto, si mettono a fare anche i filosofi (che tutti sono pronti a scusare, perché è il loro mestiere); macché: con argomenti che ti sbucano davanti all'improvviso come un'auto in corsa e hanno un aspetto terribilmente credibile[25].

Un "appunto sulla teoria dei quanti" (purtroppo non conservato nel *Nachlass*) è inviato da Musil ad Annina nel maggio del 1923: "non servirà certo a spiegartela, e al momento neppure io ne so più di quanto sta scritto qui, ma forse, quando l'avrai letto, ti darà una prima sensazione di famigliarità con l'argomento"[26].

Passando alla matematica – definita icasticamente come "ostentazione di audacia nella pura *ratio*"[27] – Musil è senz'altro a conoscenza, in maniera non superficiale, dei nuovi studi sulla teoria degli insiemi e delle ricerche sui fondamenti della matematica:

> Ma a un tratto, quando ogni cosa era stata realizzata per il meglio, saltan su i matematici – quelli che si lambiccano il cervello più vicino alle fondamenta – e si accorgono che nelle basi di tutta la faccenda c'è qualcosa che non torna. Proprio così, i matematici guardarono giù nel fondo e videro che tutto l'edificio è sospeso in aria. Eppure le macchine funzionano!

---

[24] *Saggi e lettere* cit., vol. II, p. 635.
[25] *Ibid.*, vol. I, p. 18.
[26] *Ibid.*, vol. II, p. 634 (l'appunto è accluso alla stessa lettera di Martha alla figlia citata nella Nota 24).
[27] *L'uomo matematico* in *Saggi e lettere* cit., vol. I, p. 17.

Insomma, siamo costretti ad ammettere che la nostra esistenza è un pallido fantasma. Noi la viviamo, ma soltanto sulla base di un errore; senza di esso non esisterebbe. Solo il matematico, oggigiorno, può provare sensazioni così fantastiche[28].

Molto importanti, essenziali per afferrare quel concetto di "senso della possibilità" che è centrale nell'*Uomo senza qualità*, sono le riflessioni musiliane sulle nozioni di caso e di probabilità[29]. A partire dalla teoria cinetica dei gas di Boltzmann, attraversando con sguardo critico le opere di Neurath, Carnap e von Mises (il cui circolo frequentò durante il soggiorno berlinese negli anni 1931-1933), Musil approda a una concezione statistica della nozione di probabilità fondata sulla "legge dei grandi numeri"[30] e in aperto contrasto tanto con la concezione soggettiva (epistemica) quanto con la concezione oggettiva (ontologica)[31].

I concetti scientifici, e in particolare quelli desunti dalla matematica e dalla fisica, non hanno un valore accessorio nell'opera di Musil, ma sono fondanti, programmaticamente, del processo stesso di creazione letteraria:

> Ogni audacia spirituale poggia oggi sulle scienze esatte. Noi non impariamo da Goethe, Hebbel, Hölderlin, bensì da Mach, Lorentz, Einstein, Minkowski, da Couturat, Russell, Peano [...]. E a programma di quest'arte, il programma di ogni singola opera d'arte può essere questo: audacia matematica, dissolvimento della coscienza negli elementi, permutazione illimitata di questi elementi; tutto là è in relazione con tutto, e da ciò trae sviluppo[32].

---

[28] *L'uomo matematico* in *Saggi e lettere* cit., vol. I, p. 17-18.

[29] Su questi argomenti è fondamentale il saggio di J. Bouveresse, *L'homme probable. Robert Musil, le hasard, la moyenne et l'escargot de l'histoire*, Editions de l'Éclat, Combas 1993.

[30] Nel dramma *I fanatici*, Stader si prefigge di fondare "l'organizzazione scientifica del cosmo" sulla legge dei grandi numeri.

[31] Cfr. *Quaderno 10* in *Diari* cit., pp. 694-708.

[32] R. Musil, *Gesammelte Werke*, edizione di A. Frisé, 9 voll., Rowohlt, Reinbek bei Hamburg 1978, vol. VIII, p. 1318 (citato da W. Schmidt-Dengler, *Statistica e romanzo* in *Anima ed esattezza. Letteratura e scienza nella cultura austriaca tra '800 e '900*, a cura di R. Morello, Marietti, Casale Monferrato 1983, p. 288).

Musil, è pur vero, spesso non accetta di essere considerato un "saggista" intriso di idee scientifiche, o peggio ancora un filosofo, si schermisce, rivendica il carattere specificamente poetico della sua opera: in una lettera di ringraziamento a Einstein del 1941, per esempio, si definisce, con parole nietzschiane, *Nur Narr! Nur Dichter!*, "Soltanto un giullare, soltanto un poeta!"[33]. Tuttavia, ci sembra di poter dire che questa e simili dichiarazioni nascondano una verità opposta al loro significato letterale, e che forse siano da intendere come una sorta di replica ironica (e vagamente autocompiaciuta) al giudizio dell'*Accademia dei poeti tedeschi* che nel 1931 aveva bocciato la sua candidatura (preferendogli Gottfried Benn) ritenendolo "troppo intelligente per essere un poeta"[34].

Integrali per dimagrire

Già nel *Törless* la matematica è strumento principe di indagine critica e, nello stesso tempo, metafora di un sapere *altro*, quasi un ponte senza arcate visibili sospeso sull'abisso, come si legge nel celebre passo sulla strana "faccenda dei numeri immaginari":

> [...] in un calcolo del genere, all'inizio ci sono dei numeri ben tangibili, che possono rappresentare metri o pesi o altre misure. Alla fine del calcolo ci sono numeri dello stesso tipo. Ma questi e quelli stanno in relazione tra loro grazie a qualcosa che non esiste affatto. Non è come un ponte di cui esistano solo il primo e l'ultimo pilastro, e che tuttavia si possa attraversare con la stessa sicurezza che se esistesse davvero? [...] quel che di un simile calcolo davvero mi sgomenta è la forza che ha in sé, capace di sostenere uno in modo da farlo approdare, nonostante tutto, nel punto giusto[35].

---

[33] *Saggi e lettere* cit., vol. II, p. 970.

[34] Un giudizio simile a questo fu espresso da Benjamin che, in una lettera a Scholem, definisce Musil "più intelligente del necessario" (citato in E. De Angelis, *Robert Musil. Biografia e profilo critico*, Einaudi, Torino 1982, p. 45, nota 1).

[35] R. Musil, *I turbamenti del giovane Törless*, a cura di B. Cetti Marinoni, Garzanti, Milano 1978, p. 83.

Manoscritto di Robert Musil

È questa l'"audacia" propria della matematica, e il motivo per cui essa riesce a racchiudere in attività nelle quali a prima vista non si intravede la minima utilità "alcune delle avventure più appassionanti e corrosive dell'esistenza umana"[36]. Il lavoro del matematico – il cui carattere specifico Musil riesce a cogliere forse meglio di qualsiasi altro scrittore – ha dunque in sé qualcosa di funambolico:

> Ulrich aveva ripreso la ricerca lasciata a metà qualche settimana prima. [...] aveva tirato le tende e lavorava con la luce soffusa, come un acrobata che in un circo in penombra, prima che venga ammesso il pubblico, si esibisce in nuovi salti pericolosi davanti a una platea di intenditori. La precisione, la forza e la sicurezza di questo pensiero, che nella vita non hanno uguali, lo colmavano quasi di malinconia (USQ, I, p. 147).

---

[36] *L'uomo matematico* in *Saggi e lettere* cit., vol. I, p. 17.

Ma la matematica non riflette soltanto il fatto che "il pensiero stesso è una cosa complicata e malsicura"[37], costituisce anche un antidoto contro lo sterile nichilismo del pensiero, una regola di igiene contro il dilagante *Kitsch* della cattiva letteratura:

> Andiamo in visibilio per il sentimento e diamo addosso all'intelletto, dimenticando che il sentimento senza l'intelletto – fatte le debite eccezioni – è grasso come un ricciolo di burro. Così abbiamo rovinato a tal punto la nostra letteratura che, dopo aver letto di seguito due romanzi tedeschi, dobbiamo risolvere un integrale per dimagrire[38].

Nella concezione formalista della matematica, così come teorizzata da David Hilbert per trovare una via d'uscita alla cosiddetta "crisi dei fondamenti", si scardina l'antico binomio sintassi/semantica e i problemi centrali diventano quelli della coerenza e della completezza del sistema assiomatico: gli assiomi stabiliscono un insieme di relazioni tra enti astratti, primitivi, non definiti, vere e proprie incognite ontologiche, che non corrispondono né a cose né a fatti. Come scrive lo stesso Hilbert, "ogni singola teoria è solo un telaio (schema) di concetti, con le relazioni necessarie, in cui gli elementi fondamentali possono venir pensati in un modo qualsivoglia. Per esempio, se invece di un sitema di punti ho un sistema amore, legge, spazzacamino..., che soddisfa tutti gli assiomi, il teorema di Pitagora vale anche per questi oggetti"[39]. Questa intrinseca arbitrarietà della matematica (non a caso Valéry osserva nei suoi *Cahiers* che *les mathématiques sont le modèle de l'arbitraire*), la rivela disciplina indissolubilmente connessa a quel "senso della possibilità" che è il perno attorno a cui ruota il romanzo musiliano: essa infatti "è costruzione di ordini *possibili*, a priori da ogni considerazione applicativa e da ogni fondamento «naturale»"[40]. La libertà di cui gode il

---

[37] *Ibid.*, p. 15.

[38] *Ibid.*, p. 18.

[39] Lettera di Hilbert a Frege del 29 dicembre 1899, in G. Frege, *Alle origini della nuova logica. Epistolario scientifico con Hilbert, Husserl, Peano, Russell, Vailati*, a cura di C. Mangione, Boringhieri, Torino 1983, p. 53.

[40] M. Cacciari, *L'uomo senza qualità* in *Il romanzo. Volume quinto. Lezioni*, Einaudi, Torino 2003, p. 503.

matematico nel creare le proprie teorie, fatto salvo il vincolo di rispettare la coerenza degli assiomi, suggerisce che anche nelle vicende della vita reale, dato che le premesse non sono mai necessarie ma accidentali, "è impossibile scoprire una ragione sufficiente per cui le cose siano andate proprio come sono andate; sarebbero potute andare anche diversamente" (USQ, vol. I, p. 173). Il "principio di ragione insufficiente" enunciato da Ulrich nella sua conversazione con il direttore Leo Fischel (USQ, vol. I, p. 178) non è dunque soltanto uno sberleffo a Leibniz, bensì l'indispensabile strumento filosofico per confrontarsi con una realtà nella quale "si nasconde un assurdo desiderio di irrealtà" (USQ, vol. I, p. 392).

Ulrich coltiva due rami piuttosto diversi della matematica. Ci viene descritto sia come un fisico matematico che si interessa di meccanica dei fluidi (cfr. USQ, vol. I, p. 174 e vol. II, p. 29), sia come "uno di quei matematici, chiamati logistici, che non trovano mai nulla di giusto e si propongono di costruire una nuova teoria dei fondamenti" (USQ, vol. II, pp. 275-276). Può sembrare curioso che interessi così disparati coesistano in una stessa persona, ma a ben riflettere entrambi questi settori della matematica hanno da suggerire qualcosa di specifico a proposito del problema, cui si è già accennato, dell'inesprimibilità del mondo attraverso il linguaggio. La Fisica matematica – come insegna Heinrich Hertz nell'introduzione ai suoi *Principî della meccanica* – ha lo scopo di costruire "modelli" (*Bilder* o *Darstellungen*) e non "rappresentazioni" (*Vorstellungen*) dei fenomeni, e in questo modo costituisce la premessa teorica necessaria a quel "disincantamento statistico" caratteristico di Ulrich, che si rispecchia ad esempio nelle parole che rivolge a Gerda per cercare di sedurla:

> Supponiamo che in campo morale le cose procedano esattamente come nella teoria cinetica dei gas; tutto vola disordinatamente qua e là facendo quel che vuole, ma se si calcola ciò che, per così dire, non ha alcuna ragione di derivarne, è precisamente ciò che ne deriva davvero! Esistono concordanze sorprendenti! Ebbene, supponiamo anche che in questo momento una determinata quantità di idee stia svolazzando qua e là; essa produce un qualche probabile valor medio che si sposta molto lentamente e automaticamente, e questo è il cosiddetto progresso, ovvero la situazione storica […] (USQ, vol. I, p. 673).

Oltre a ciò, il ragionamento fisico-matematico aiuta ad acquisire familiarità con "quei problemi matematici che non ammettono una soluzione generale, bensì solo soluzioni parziali, combinando le quali ci si avvicina a quella generale" (USQ, vol. I, p. 487). Affrontando in questi termini anche il "problema della vita umana", Ulrich – che, al pari di sua sorella Agathe, è "un essere «dall'appassionata frammentarietà»" (USQ, vol. II, p. 55) – riesce a ricomporre le tessere scompaginate del mosaico della realtà superando i limiti intrinseci del linguaggio, riesce a "[guardare] il mondo con gli occhi del mondo" evitando che questo "si [scomponga] in frammenti senza senso che vivono tristemente separati come stelle nella notte"[41].

D'altra parte, la "logistica" – emblema dell'"audacia spirituale" – apre la via all'"utopia della vita esatta" insegnando, nel rigore inflessibile del ragionamento, a "essere esigenti con se stessi"[42] e mostra, attraverso l'indissolubile unità di "senso della realtà" e di "senso della possibilità", che il mondo non va preso *sic et simpliciter* in senso letterale:

> Dio non intende il mondo alla lettera; il mondo è un'immagine, un'analogia, una locuzione di cui per un motivo o per l'altro egli deve servirsi, e naturalmente senza mai centrare il bersaglio. Non dobbiamo dunque prenderlo in parola, spetta a noi trovare la soluzione del quesito che egli ci pone (USQ, vol. I, p. 487).

È un dilemma: "ogni parola vuole essere presa alla lettera, altrimenti degenera in menzogna, ma alla lettera non è lecito prenderne nessuna, altrimenti il mondo diventerebbe un manicomio" (USQ, vol. II, p. 115), e un dilemma sommamente pericoloso, come dimostrano le figure di Moosbrugger, il folle criminale che chiama lo scoiattolo "volpe" o "lepre" intendendo letteralmente le denominazioni dialettali tedesche di questo animale, e di Clarisse, che sarà votata alla pazzia dalla propria "funesta genialità" (USQ, vol. I,

---

[41] R. Musil, *Tonka* in *Romanzi brevi, novelle e aforismi*, introduzione di C. Cases, Einaudi, Torino 1986, p. 356.
[42] *L'uomo matematico* in *Saggi e lettere* cit., vol. I, p. 19.

p. 196). Nella fitta rete di relazioni de-ontologizzate che costituisce il mondo, solo la metafora – "la sdrucciolevole logica dell'anima" (USQ, vol. I, p. 815) – sembrerebbe offrire una soluzione, ma è una fallacia che non scioglie il nodo dei rapporti tra "anima ed esattezza":

> Una metafora contiene una verità e una non-verità, che per il sentimento sono indissolubilmente legate fra loro. Se la prendiamo così com'è e la modelliamo con i sensi inspirandoci alla realtà, si producono il sogno e l'arte, ma fra quest'ultimi e la vita reale nella sua pienezza c'è una parete di vetro. Se invece la consideriamo dal punto di vista intellettuale, separando ciò che non lo è perfettamente, ne nascono verità e sapere, ma si distrugge il sentimento (USQ, vol. I, p. 798).

Forse, non c'è soluzione, "il mondo così com'è appare ovunque infranto dal mondo come potrebbe essere" (USQ, vol. II, *Scritti inediti*, p. 921) – invano si affila la lama dell'ironia, invano si concatenano i ragionamenti:

> [Ulrich] non si faceva illusione sul valore dei suoi esperimenti mentali; potevano benissimo collegare pensieri a pensieri senza mai mancare di consequenzialità, ma era come mettere una scala sopra l'altra, e quella in cima finiva per dondolare a un'altezza che era molto lontana dalla vita reale (USQ, vol. I, p. 816).

Il romanzo di Musil rimane aperto, non incompiuto ma in-concluso; del resto, la grande macchina narrativa dell'*Uomo senza qualità*, al pari del metodo matematico secondo le parole di Wittgenstein, "non è un veicolo per andare da qualche parte". Il "viaggio in paradiso" di Ulrich e Agathe, i "non-divisi" e i "non-uniti", è un permanere immobili, in silenzio, sospesi nell'atemporalità dell'"altro stato" (*"der andere Zustand"*). "La verità […] non è un cristallo che ci si possa infilare in tasca, bensì un liquido infinito nel quale si precipita" (USQ, I, p. 732).

Vita, morte e miracoli
di Alan Mathison Turing

di **Settimo Termini**

La vita di Turing si può leggere in molte biografie: ottima ed enciclopedica quella di Andrew Hodges (pubblicata in Italia da Bollati Boringhieri); molto piacevole l'agile libretto di Gianni Rigamonti, *Turing, il genio e lo scandalo* (Flaccovio editore, Palermo, 1991). In entrambi i libri si possono anche trovare cenni alla sua tragica fine, della quale la società inglese di quel tempo non può certo menar vanto; ma chissà come si sarebbero comportate altre società.

E i miracoli? Ebbene sì, ha fatto anche questi o almeno ne ha fatto uno – se vogliamo dar credito a Kurt Gödel – sia pure in combutta con altri logici della prima metà del Novecento e sembra che un miracolo basti per una causa di beatificazione.

Martin Davis, nell'introduzione a un suo libro di informatica teorica, scriveva che: "è un fatto notevole che sia stato possibile dare una caratterizzazione matematica precisa della classe di processi che possono essere effettuati mediante strumenti esclusivamente meccanici. È proprio la possibilità di una caratterizzazione di questo tipo che sottende l'applicabilità in ogni campo dei calcolatori digitali." Martin Davis – grande logico e informatico americano, autore, assieme a Hilary Putnam e Julia Robinson, di tanti importanti risultati che hanno poi permesso a Jurij Matijasievič di

Alan M. Turing

fare l'ultimo passo per risolvere il *decimo problema di Hilbert* – è stato allievo di Emil Post, un altro "grande" che (tra una depressione e l'altra) ha contribuito a sviluppare questa sinfonia mirabile che è la teoria della calcolabilità. Anche Post, come il nostro Turing, ha avuto momenti molto infelici o, forse, siamo noi a non capire come il creare costruzioni così alte faccia passare in secondo piano qualsiasi momento difficile.

Ma che c'entra Turing con tutto questo? C'entra perché è stato uno degli autori e dei fondatori di questa teoria, assieme ad Alonzo Church, a Stephen Cole Kleene e allo stesso Gödel. Fra tutti, poi, era quello che alla generalità di questa teoria e alla sua portata rivoluzionaria ha creduto di più, fin dall'inizio. Analizzando il modo in cui un essere umano procede quando deve effettuare un computo arbitrario, ha estratto alcuni elementi base essenziali e, idealizzando questi, un modello astratto di macchina, la *Macchina di Turing* appunto.

Non contento di questo, ha anche enunciato una Tesi, che va sotto il nome di *Tesi di Church-Turing*, la quale afferma che qualsiasi funzione intuitivamente calcolabile – cioè tale che noi abbiamo l'impressione, o la convinzione, di riuscire a calcolarla in qualche modo, con le idee e le tecniche che ci possono venire in mente al momento, questa funzione è calcolabile anche da una *Macchina di Turing*.

Alonzo Church, proprio nello stesso periodo, aveva proposto un altro modello di computo (il cosiddetto *lambda calcolo*), più formale, meno intuitivo; il nostro Turing, in appendice al suo articolo, dimostrò che i due modelli erano equivalenti.

Gödel, oltre ad essere timido e introverso, era pure più prudente degli altri membri di questa combriccola. Quando gli cominciarono a parlare di queste cose e della possibilità di costruire una teoria che carpisse in modo del tutto generale la nozione intuitiva di *calcolabile* si mostrò scettico. In quegli anni, la Logica aveva fatto tanti passi avanti, alcuni sconvolgenti. Di alcuni – cruciali – lui stesso era stato il massimo e unico artefice. Ma i risultati erano sempre legati a un particolare formalismo, a uno specifico sistema formale. Così era stato per la nozione di *definibile* e per quella di *dimostrabile*. Perché doveva avvenire qualcosa di diverso per quella di *computabile*? Ma riflessivo e onesto come sempre, il nostro Kurt ci pensa e ci ripensa e, alla fine, si convince del contrario. Una volta convinto, è quello che con più forza sottolinea l'importanza di questi risultati tutte le volte che ritorna sull'argomento.

"Mi sembra che la grande importanza del concetto di ricorsività generale (o Turing-calcolabilità) risieda fondamentalmente sul fatto che, mediante questo concetto, si sia riusciti a fornire per la prima volta una definizione assoluta di una importante nozione epistemologica, che non dipende, cioè, dal formalismo scelto: in tutti gli altri casi trattati in precedenza come la dimostrabilità o la definibilità, si era riusciti a definire questi concetti solo relativamente a un linguaggio dato (…) per il concetto di calcolabilità, invece, sebbene esso sia solamente un tipo particolare di dimostrabilità o decidibilità, la situazione è differente. Per una specie di miracolo non è necessario distinguere ordini e la diagonalizzazione non conduce fuori della nozione definita", scriveva nel 1946. Ecco il miracolo che possiamo presentare al postulatore della causa di beatificazione. Vale la pena di ricordare che Gödel non aveva mai parlato di miracolo, presentando i suoi risultati.

E ancora nel 1965: "il concetto di «calcolabile» è in un certo senso «assoluto», mentre praticamente tutti gli altri concetti metamatematici soliti (i.e., dimostrabile, definibile, etc.) dipendono in modo sostanziale dal sistema rispetto al quale sono definiti."

Il miracolo consiste dunque nell'avere formulato una teoria che carpisce integralmente una nozione intuitiva – quella di calcolabile – e anche nel fatto che in questa teoria riusciamo pure a dimostrare un po' di cose interessanti. Citiamone solo due. Un risultato positivo e uno negativo.

Quello positivo ci dice che esiste una *Macchina di Turing UNIVERSALE*, cioè un'unica macchina che è in grado di fare il lavoro di qualsiasi altra *macchina di Turing* particolare, specifica. È quello a cui noi oggi siamo abituati: un qualsiasi calcolatore, il nostro portatile che pesa meno di due chili, può fare qualsiasi cosa (qualsiasi cosa sia computabile, ovviamente; non esageriamo!). Non è che con il mio calcolatore possa fare, in linea di principio, cose diverse di quelle che si possono fare con il calcolatore di un mio amico, prescindendo da limitazioni concrete, di memoria e altro, ovviamente. I nostri calcolatori, cioè, sono – in un certo senso –

Macchine di Turing *universali*. Capiamo meglio, adesso, la frase di Martin Davis che abbiamo citato all'inizio.

Quello negativo ci dice che esistono problemi indecidibili, cioè - detto alla buona - esistono delle domande ben poste alle quali non è possibile dare risposte "algoritmiche". Un esempio è dato dal cosiddetto "teorema della fermata": non esiste nessun algoritmo che possa dirci se un generico programma a cui abbiamo dato certi valori alle variabili d'ingresso, si fermerà - prima o poi - fornendoci il risultato del computo effettuato oppure continuerà a girare per sempre senza fermarsi mai (come potrebbe accadere se si chiede di calcolare il valore di una funzione in un punto in cui non è definita). Un esempio matematicamente pregnante di tali problemi è dato proprio dal *decimo problema di Hilbert*.

Questa teoria è uscita dalla testa di Turing (e anche di altri grandi come lui). Una strana coincidenza è che tutti si sono dati convegno per trovare indipendentemente l'uno dall'altro questi risultati a metà degli anni Trenta (i lavori sono apparsi nel 1936). Rispetto agli altri suoi sodali, Turing ha fatto anche qualche cosa in più. Già abbiamo ricordato la visualizzabilità del suo modello – della sua *Macchina* – rispetto ad altre proposte, pur equivalenti dal punto di vista matematico. Abbiamo ricordato anche la grinta con la quale ha sostenuto le sue idee. Durante la guerra, riuscì a decifrare i codici della marina tedesca e, dopo la guerra, si diede da fare per costruirli i calcolatori mentre, contemporaneamente, delineava gli elementi matematici base di una teoria della morfogenesi.

Nel 1950 scrisse, poi, un articolo dal titolo provocatorio "Macchine calcolatrici e intelligenza" per la rivista filosofica inglese *Mind*. Si mise a scherzare su ciò che i calcolatori avrebbero potuto fare e sulla possibilità di una "intelligenza meccanica", introducendo un gioco (*il gioco dell'imitazione*) come test empirico per stabilire l'intelligenza di una macchina. Il giorno in cui non saremo in grado di distinguere – dalle risposte fornite da un essere umano e da una macchina – quale sia l'uomo e quale sia la macchina, vuol dire che le macchine hanno raggiunto un livello "accettabile" di intelligenza.

La macchina "Enigma"

In una parola, nel tempo libero, inventò anche l'*intelligenza artificiale*, cinque anni prima che fosse inventato il nome. Il suo allievo, Robin Gandy, scomparso anche lui da qualche anno, ricordava che Turing si era divertito moltissimo a scrivere questo articolo, che rideva da matti quando gliene leggeva alcuni passi. Un altro segno della sua grandezza – la capacità di ridere anche delle proprie cose e di divertirsi nel fare cose importanti – di assoluta grandezza.

Gandy, ricostruendo la nascita della teoria della calcolabilità, osservava che l'esistenza di una teoria profonda aiuta lo sviluppo della tecnologia connessa. Così è stato per l'elettricità che ha potuto basarsi sulla teoria di Maxwell. Così è stato per l'informatica che ha potuto basarsi sulla teoria della calcolabilità. Così non è stato per i motori a scoppio, che hanno contribuito loro allo sviluppo della termodinamica, invece di trovarsela bella e pronta. Non è un caso che si siano sviluppati molto più lentamente.

Finora siamo stati fortunati con l'informatica ma i nuovi sviluppi, la rete, i sistemi distribuiti, non hanno una vera teoria su cui fondarsi. Per i problemi centrali di questi settori, la teoria della calcolabilità è un riferimento troppo remoto e generico per svolgere un ruolo significativo. Se vogliamo che lo sviluppo ulteriore delle nostre tecnologie continui ad essere rapido, come è stato finora (e non totalmente alieno, come rischia di essere lo sviluppo tecnologico non fondato su teorie generali e profonde), sarebbe bene investire anche sulla ricerca di base, invitare tutti a riflettere sulle grosse questioni di fondo, sperando che qualche nipotino di Turing ci dia prima o poi una mano ad avere un riferimento teorico per quello che sta succedendo.

Il "chi è" di A. M. Turing

Alan Mathison Turing nasce vicino a Londra il 23 giugno del 1912. Figlio di un funzionario del Servizio Civile Coloniale che rimane molto tempo all'estero con la moglie, Alan viene affidato per lunghi periodi ad amici di famiglia e frequenta la scuola pubblica in Inghilterra, dimostrando buone capacità e un interesse specifico nel seguire le proprie idee, indipendentemente dall'insegnamento che riceve. Nonostante ciò (o forse grazie a ciò) Turing vince tutti i possibili concorsi scolastici di Matematica.

I suoi primi interessi e le sue letture extra-scolastiche si rivolgono agli articoli di Einstein sulla relatività, da poco pubblicati, e alla nascente meccanica dei quanti. Nel 1931 vince una borsa di studio ed entra come studente al King's College di Cambridge, dove i suoi interessi si spostano verso la Logica e la Filosofia della matematica, sotto l'influenza della posizione di Bertrand Russell. Simpatizza per i movimenti pacifisti, ma non si iscrive a nessun gruppo organizzato.

Nel 1934 termina gli studi e l'anno successivo frequenta un corso avanzato sui fondamenti della matematica tenuto da Max Newman, con il quale rimarrà sempre in contatto. Durante il corso, viene a conoscenza del teorema di incompletezza di Gödel e dei problemi di decidibilità di Hilbert, sui quali comincia a lavorare con il proprio approccio originale.

Diventa fellow del King's College di Cambridge nel 1935 con una tesi sul calcolo delle probabilità, ma continua anche a lavorare sulla decidibilità e l'anno successivo pubblica il fondamentale articolo "On Computable Numbers with an Application to the Entscheidungsproblem". In questo articolo, Turing introduce una macchina ideale (oggi chiamata macchina di Turing) che formalizza l'idea intuitiva di algoritmo a partire dalle operazioni elementari che avvengono in ogni calcolo.

Il lavoro sulla decidibilità lo porta in contatto con Alonzo Church che, in quegli anni, stava lavorando sugli stessi argomenti e sotto la cui supervisione si reca a studiare a Princeton dal 1936 al 1938.

Al ritorno in Inghilterra, viene invitato a partecipare al progetto di decrittazione del codice tedesco Enigma dal Government

Code and Cypher School *che ha sede a Bletchey Park. Qui mette in atto la sua intelligenza logica e le abilità statistiche, congiunte alla disposizione per la costruzione di macchine di calcolo. Il risultato è un grande contributo alla costruzione di alcune "bombe", macchine di calcolo elettromeccaniche, chiamate così per il caratteristico ticchettio, che fin dal 1941 sono in grado di decifrare i messaggi segreti della marina tedesca. Per la sua attività nel corso della guerra, riceve un riconoscimento nel 1945.*

Partecipa ad un progetto di costruzione di un calcolatore per conto del National Physical Laboratory, *torna alla vita accademica di Cambridge ed alla Matematica e nel 1948 si trasferisce all'Università di Manchester, su invito del vecchio maestro Newman. Nel 1950, pubblica un altro articolo memorabile:* "Computing Machinery and Intelligence" *sulla rivista* Mind, *introducendo di fatto la problematica della Intelligenza artificiale.*

Viene eletto fellow *della Royal Society di Londra nel 1951 soprattutto per i lavori sulla decidibilità del 1936, ma la sua curiosità lo spinge ad interessarsi delle strutture matematiche della Biologia. Nel 1952 pubblica uno studio sull'evoluzione degli organismi viventi. Nel frattempo, riprende segretamente l'attività per il* Government Code, *che si organizza a causa della "guerra fredda".*

Viene arrestato una prima volta per violazione delle leggi inglesi sulla omosessualità nel 1952 e condannato ad una cura di estrogeni in alternativa alla prigione. A causa della condanna, essendo considerato una persona a rischio, viene allontanato dal lavoro di decifrazione e posto sotto controllo continuo, lui e i suoi colleghi e corrispondenti scientifici, sia inglesi sia stranieri.

Turing muore il 7 giugno del 1954 per avvelenamento da cianuro di potassio contenuto in una mela che aveva appena morso. L'inchiesta conclude che si tratta di suicidio, ma la sua vecchia madre continua a sostenere che si tratta di un incidente, giacché stava conducendo degli esperimenti chimici. Alan Mathison Turing era un buon atleta di fondo e di mezzofondo. Partecipava spesso a competizioni, ottenendo buoni tempi e buoni piazzamenti.

Renato Caccioppoli

Napoli: fascismo e dopoguerra*

di **Angelo Guerraggio**

Renato Caccioppoli è probabilmente il matematico italiano più "raccontato". Quello di cui più si è parlato e scritto, anche al di fuori della stretta cerchia degli specialisti. La sua figura è stata proposta ad un pubblico vasto (pure sfiorando i temi della ricerca) nel difficile tentativo di comunicare la complessità e il fascino del pensiero matematico. (È un tentativo che rimane difficile ma che comunque, da qualche anno, non ci vede più inerti e rassegnati a lamentarci delle condizioni sfavorevoli in cui divulgare metodi e contenuti della matematica).

Sono noti tutta una serie di incontri e convegni organizzati dai colleghi napoletani, ma non solo, a conferma che la memoria e l'affetto che legano Caccioppoli alla sua città trovano "sponde" interessate e generose anche in altre comunità di studio. Ci sono stati il Convegno del '68 e quello tenutosi a Pisa nell' 87, per arrivare alle "giornate" svoltesi nel 2004 a Napoli, nel febbraio, e poi a Roma nel successivo mese di aprile (organizzate dall'IAC-CNR). E come non citare *Morte di un matematico napoletano* di Mario Martone, con tutte le presentazioni e le discussioni che suscitò? Ci

* Il testo qui pubblicato è comparso già nella rivista "Ricerche di Matematica" (2006, vol. LIV, 2°, pp. 339-351), che ringraziamo per l'autorizzazione alla riproduzione.

sono stati programmi televisivi; libri, biografie, commemorazioni, interviste che parlano di Caccioppoli e della Napoli degli anni '50. Ancora: come non menzionare *Mistero napoletano* di Ermanno Rea? L'aneddottica è quasi inarrestabile. Sempre simpatica, sempre raccontata con affetto.

Di Caccioppoli è giusto ricordare la vita – prima ancora che la tragica fine – e la vita di un grande matematico sta anzitutto nella sua ricerca. Questo tentativo – di riassumere, in pochi cenni, 30 anni di studi – porterà inevitabilmente a qualche scelta arbitraria ma alcuni punti sono sufficientemente "stabili" e danno una prima, sintetica, idea dei suoi contributi. Da ricordare:

- i primi lavori – siamo attorno al 1926 - sul *prolungamento* dell'insieme di definizione di un funzionale, con quella tecnica dell'*estrapolazione* che caratterizzerà anche successivi lavori e verrà subito applicata alla *teoria dell'integrazione*;
- le ricerche su una *teoria geometrica della misura* per una superficie assegnata parametricamente, che tenesse conto dei lavori di Lebesgue (e anche di quelli più recenti di Banach e di Vitali) e che lo porterà negli anni '27 - '30 alla considera-

Renato Caccioppoli
in un'ironica posa

Mauro Picone

zione delle superfici orientate e al duplice carattere – di *estensione* e di *orientazione* – da attribuire all'elemento d'area; sono studi che verranno ripresi nel '52, con un ideale passaggio di testimone a Ennio De Giorgi;

- le ricerche, a partire dagli anni '30 *sulle equazioni differenziali ordinarie* (con la generalizzazione, tra gli altri, di un teorema di esistenza di Bernstein per un problema ai limiti di un'equazione del secondo ordine) e *alle derivate parziali*, in particolare ellittiche: un teorema di esistenza all'interno della classe delle funzioni dotate di derivate seconde hölderiane; varie maggiorazioni a priori; la dimostrazione del carattere analitico delle soluzioni di classe C^2 delle equazioni ellittiche analitiche in due variabili, con una prima risposta al 19.esimo problema posto da Hilbert al *Congresso internazionale dei matematici* del 1900; ecc.;
- la "scoperta" dell'Analisi funzionale e i *teoremi di punto fisso* dell'inizio degli anni '30; la limitata applicabilità dei teoremi concernenti le soluzioni dell'equazione $x = S[x]$ alle equazioni differenziali e alle equazioni integrali porterà poi all'enunciato di un *principio di inversione* delle corrispondenze funzionali, motivato dalla considerazione della trasformazione $T[x] = x - S[x]$;
- le ricerche sulle *funzioni di più variabili complesse*, sulle funzioni analitiche e su quelle pseudo-analitiche.

Con questi (e altri) studi, Caccioppoli ha l'indubbio merito di aver riavvicinato l'analisi italiana alle punte più avanzate della ricerca. Carlo Miranda ha scritto: "è soprattutto seguendo la via da lui tracciata che fu possibile agli analisti italiani di superare senza troppi danni l'isolamento degli anni della guerra e di quelli immediatamente successivi". La "modernità" di Caccioppoli – rispetto al contesto internazionale di quegli anni – può essere valutata anche indirettamente, tramite le polemiche e i problemi di priorità che i suoi articoli hanno posto. I nomi di Dubrovskij (per le funzioni a variazione uniforme limitata o uniformemente additive), di Radò (per le polemiche sulla teoria della misura), di Stepanoff (per le funzioni asintoticamente differenziabili), di Petrovsky, di Perron, di Weyl (per il lemma sulla armonicità delle funzioni ortogonali a tutti i laplaciani) documentano come Caccioppoli si confronti con una ricerca viva e destinata a lasciare tracce non superficiali nella storia dell'analisi del Novecento.

L'operazione di riallineamento ai contenuti più promettenti delle ricerca vale in particolare per l'analisi funzionale.

La disciplina era nata negli ultimi decenni dell'Ottocento, sviluppando la grande ambizione, maturata poi nel corso del secolo successivo, di confrontarsi non solo con i problemi numerici o geometrici ma con qualunque tipo di questioni – qualunque fosse il loro contenuto e la natura degli oggetti coinvolti – facendo leva sull'insieme di tali oggetti e sulla loro struttura. È un progetto nel quale troviamo subito impegnati matematici italiani del valore di Salvatore Pincherle e, soprattutto, di Vito Volterra. Sua è la precisazione del concetto di funzionale o di *funzione di linea*. Suo è lo sviluppo di un calcolo dei funzionali, in analogia con quello ordinario, a partire da una definizione di derivata direzionale che poi prenderà il nome di *derivata di Gâteaux-Lévy*. La *tesi* di Fréchet del 1906 segna un svolta nello sviluppo della disciplina. Volterra vi aveva contribuito, motivato dalla necessità di avere nuovi raffinati strumenti da *applicare* alla risoluzione di problemi posti dalla fisica matematica o di alcune questioni progressivamente trasferitesi all'interno della stessa ricerca matematica (come nel caso delle equazioni integrali).

A partire da Fréchet, l'analisi funzionale si caratterizza maggiormente come disciplina autonoma, senza quasi più avvertire la necessità di giustificare i propri sviluppi in funzione di applicazioni più o meno lontane. È di solito la generazione successiva – quella dei primi allievi dei "fondatori" – che, trovandosi di fronte a nuovi *strumenti*, plasmati come tali, ne approfondisce la caratterizzazione e li trasforma in oggetti centrali di una teoria autonoma. Nel caso di Volterra, questo non succede. Le sue scelte – matematiche e di vita – gli impediscono di crearsi una vera e propria *scuola* e lui continuerà a pensare all'analisi funzionale come ad un campo di ricerca che si deve sviluppare in un clima di "relativa" libertà, sempre orientata dalle cosiddette *applicazioni*. Basti pensare alla garbata, ma ostinata, polemica con Fréchet proprio a proposito della definizione di derivata di un funzionale. Nel caso di Volterra, è forse più corretto parlare di *Analisi non lineare*. Oppure, si può parlare di una "via italiana" all'analisi funzionale, proprio mentre Fréchet e Moore si orientano decisamente verso quella *generale*. Fatto sta che a Bologna, al *Congresso internazionale dei matematici* del 1928, Fréchet non avrà esitazioni a fotografare la situazione che si era venuta a creare: "si, en Italie, l'Analyse générale proprement dite n'a pas ancore trouvé d'adeptes, n'oublions pasque cette science nouvelle est née de l'Analyse fonctionnelle, merveilleuse création du génie italien".

È Caccioppoli che colma, in misura sensibile, negli anni Trenta, questo *gap*. Nel periodo tra le due guerre mondiali, in Italia vengono pubblicati pochissimi altri articoli di analisi funzionale *à la Banach*, per intenderci. In realtà, c'è forse solo una Nota di Guido Ascoli del '32 sugli spazi lineari metrici. Come detto, Caccioppoli interviene a proposito dei *teoremi di punto fisso*. Le sue Note sull'argomento sono tre: "Un teorema generale sull'esistenza di elementi uniti in una trasformazione funzionale" (1930), "Sugli elementi uniti delle trasformazioni funzionali: un'osservazione sui problemi di valori ai limiti" (1931) e "Sugli elementi uniti delle trasformazioni funzionali: un teorema di esistenza e di unicità e alcune sue applicazioni" (1932). Nella prima, viene dimostrato un teorema di esistenza, "di natura topologica", per i punti fissi delle trasformazioni continue su $C[a,b]$ anche se il loro dominio potrebbe essere equivalentemente dato – aggiunge Caccioppoli – da $C^n[a,b]$ o da $L^2[a,b]$. Poi viene enunciato, aggiungendo semplicemente l'osservazione che "la dimostrazione è immediata", il teorema di esistenza e di unicità per le funzioni contrattive su uno spazio metrico completo (con l'indicazione dell'algoritmo di convergenza). È il teorema provato da Banach in spazi normati nella *tesi* del 1920 e poi pubblicato nel '22 su *Fundamenta Mathematica*, così come è di Birkhoff e Kellogg la prima applicazione dei teoremi di punto fisso "allo studio di equazioni funzionali". Nella seconda delle tre Note citate (la terza registra il passaggio al principio di inversione delle trasformazioni funzionali), Caccioppoli non ha difficoltà ad ammetterlo scrivendo che "colgo l'occasione per riconoscere la priorità di questi autori". Ammissione sacrosanta – nel frattempo, nel 1927, la storia dei teoremi di punto fisso aveva registrato anche l'intervento di Schauder – che porta a confermare il giudizio sull'importanza di Caccioppoli nella storia dell'analisi italiana: c'è qualche priorità da restituirgli, assieme a qualche altra "di segno opposto", ma nel complesso, queste provano come Caccioppoli viaggi in mare aperto e non si limiti ai temi più sicuri e "recintati" di una tradizione nazionale.

I contributi di Caccioppoli sono notevoli. Non è solo questione del "numero" dei teoremi dimostrati. È il tentativo, sempre, di "pensare in grande". Carlo Miranda scriverà che Caccioppoli "non amava il lavoro di lima e di rifinitura". Con altro linguaggio, ma esprimendo una valutazione analoga, la commissione del concorso di Cagliari (che lo aveva designato vincitore) verbalizza che "l'indirizzo delle sue ricerche è prevalentemente critico". Caccioppoli non si limita alla manipolazione di nozioni già fissate, ma cerca di sviluppare delle teorie generali. Viene subito in mente la metafora di Grothendieck, quando racconta che il pensiero può scegliere di abitare in una casa già costruita dalle generazioni precedenti, magari ridisegnando i muri e aggiungendo una veranda e questa ricerca di *confort* – questo *bricolage* più o meno laborioso – costituisce il cuore di una certa ricerca matematica accademica. Ma può anche scegliere – il pensiero – un'area ancora vergine, dove costruire lentamente la propria dimora. In questa costruzione, c'è sempre il tentativo da parte di Caccioppoli di cercare il concetto giusto, con il grado di generalità ottimale. Nelle sue Note – magari riferiti a ricerche particolari ma espressione di un orientamento generale – si trovano passi che parlano della "naturalezza" di una elaborazione e di un "naturale campo di esistenza del funzionale". E ancora: "la generalità delle ipotesi assicura d'altronde spesso la generalità non solo, ma anche la semplicità e la coerenza dei risultati ottenuti" o "il problema della quadratura della superficie deve essere risolto sullo stesso grado di generalità che quello della rettificazione delle curve", critico invece nei confronti di altre generalizzazioni, pur corrette, che risultano "quanto mai laboriose e sembrano marciare verso una complicazione sempre maggiore" oppure "disgregano l'unità primitiva della teoria" oppure, ancora, risultano "frammentarie e reciprocamente estranee".

Ovviamente, chi "pensa in grande" corre anche maggiori rischi. Anche Caccioppoli. Chi legge i due volumi delle *Opere*, pubblicate dall'*UMI* nel '63, trova con una certa frequenza – da parte dei curatori – espressioni come "la funzione dovrebbe essere sostituita da (....)", "la dimostrazione di questo teorema è in difetto", "ipotesi (...) non sempre esplicitamente dichiarata". Lo stesso

Caccioppoli parla, in un caso, di una "svista" fattagli notare da Tonelli e aggiunge con una certa ironia, a proposito dei suoi primi articoli sulla teoria geometrica della misura: "se alcune delle idee (non ancora tutte) che ispiravano i miei lavori sono oggi abbastanza diffuse, alcuni errori che queste contenevano hanno fornito o il pretesto per ignorarli o l'unica materia delle citazioni. [....] Tanta disinvoltura è certamente deplorevole ma potrebbe quasi dirsi *felix culpa*, se non ha ostacolato la scoperta dei fatti essenziali e dei metodi più idonei".

Caccioppoli – anche questo va detto per descrivere la sua personalità matematica – fa parte di una generazione che crede fortemente nella ricerca. La matematica non è solo una professione. È una presenza ingombrante e prepotente. Lavorare 24 ore al giorno o scambiare il giorno con la notte – come sempre Laurent Schwartz scrive di Grothendieck – non sono scelte dovute solo alla "carriera". Esprimono la convinzione di "avere tra le mani" strumenti privilegiati per capire, conoscere, trasformare. Concetti e strumenti al cui approfondimento si può dedicare la vita. E non solo quella più strettamente professionale.

Chi lo ha conosciuto non ha avuto difficoltà a riconoscergli lo *status* di ricercatore *outstanding*. Nel mondo matematico, solitamente molto prudente nel ricorrere a questa terminologia, la qualifica di *genio* lo ha ben presto accompagnato. Ma la vita del *matematico* Caccioppoli, che crede fortemente al valore della cultura matematica, non è stata solo la ricerca scientifica.

Caccioppoli ha vissuto sempre a Napoli, con l'unica eccezione del periodo dal '31 al '34 quando ha insegnato a Padova, sostituendo Giuseppe Vitali (trasferitosi a sua volta a Bologna). A Napoli, negli ambienti culturali della città, era conosciuto per la passione per la musica e la grande bravura al pianoforte (e anche con il violino). Erano pure conosciuti il suo amore e la sua competenza per la letteratura francese contemporanea, con una predilezione, particolare per Rimbaud e Gide. Sempre a Napoli, la passione e la cultura cinematografica lo porteranno nel dopoguerra a organizzare i cineforum del *Circolo del cinema*: i film e le presentazioni di Caccioppoli, la domenica mattina, costituiranno un appuntamento fisso per molti appassionati.

Ma, prima di arrivare agli anni del dopoguerra, è opportuno attraversare con maggiore calma gli anni del fascismo. Caccioppoli è stato un convinto oppositore del regime. È noto l'ironico dissenso manifestato con il *gallo al guinzaglio*, quando il Partito fascista a Napoli sconsigliò gli uomini – era ritenuto poco virile – di portare a spasso i cani e allora Caccioppoli se ne andò, lungo via Caracciolo, portandosi un gallo al guinzaglio. Ben più grave è l'episodio di dissenso della *Marsigliese*, su cui Ermanno Rea ha scritto pagine molto belle in *Mistero napoletano*: saremmo all'inizio del maggio '38 e Hitler sta per arrivare in visita alla città; Caccioppoli, con la futura moglie Sara, entra a tarda sera in una birreria del centro e, infastidito da alcuni fascisti che avevano intonato *Giovinezza*, si siede al piano cantando a squarciagola la *Marsigliese*. Viene subito fermato. Per "bravate" di questo tipo, le pene previste erano severe. È per evitargli la detenzione, che la famiglia denuncia ipotetici problemi mentali riuscendo a farlo internare in un manicomio (al posto del carcere).

In realtà, i verbali della Polizia sono più cupi. Anzitutto, spostano in avanti l'episodio al 23 ottobre '38; Hitler, insomma, non c'entra. Poi, ambientano la scena in un locale popolare "frequentato da persone di estrazione modesta", "un'osteria sita in Napoli alla Riviera di Chiaia" dove un lui - Renato Caccioppoli, "un uomo di aspetto civile", descritto però in un altro verbale anche come "dimessamente vestito" o "malvestito" – e una lei – elegante, briosa, vivace e che parlava francese con il compagno (che spacciava per russo), "di carattere leggero e dai costumi alquanto liberi" – "dopo aver consumato del vino, ne offrono dell'altro a un gruppo di operai che sostavano nel locale. I due individui fraternizzarono subito coi lavoratori, con i quali si allontanarono dopo aver ballato". Nei resoconti della Pubblica Sicurezza non c'è traccia della *Marsigliese*. La sostanza però rimane: vino "in cambio di pizze [...], confidenze politiche con i giovani operai [...], maldicenze sul clima politico italiano (contrapposto a quello francese) che continuano sulla funicolare per il Vomero". Poi il fermo, nelle parole del segretario federale del P.N.F.: "attraverso l'autorità di P. S. è stato subito provveduto al loro arresto. Il Caccioppoli, durante l'ulteriore interrogatorio, diede manifesti segni di squilibrio mentale e pertanto, dopo essere stato sottoposto a visita sanitaria e riconosciuto pazzo è subito internato in manicomio". Il verbale di polizia è dello stesso tono: "avendo il medesimo nel corso dell'interrogatorio dato segni di squilibrio mentale [...] è stato riconosciuto demente".

L'antifascismo di Caccioppoli era noto. Già la questura di Padova l'aveva sottoposto all'"opportuna vigilanza politica", anche se ammetteva - il documento è dell'agosto '33 – che "data la materia che insegna non può certo far conoscere le sue idee, ma cogli intimi si sfoga con irruenza contro tutto ciò che è Fascismo". A Napoli, gli ambienti della Questura non hanno dubbi: "il Caccioppoli, a parte il suo indiscusso valore scientifico, per essere dedito smodatamente all'alcool nella vita privata, si dimostra individuo anormale e mancante di ogni convenienza sociale". Dopo l'episodio della *Marsigliese* (!?), il giornale dei fuoriusciti italiani a Parigi – *La voce degli italiani* – pubblica un articolo dal titolo *Il Prof. Caccioppoli arrestato, torturato, impazzito* in cui sostiene che il matematico è stato "torturato in modo tale che oggi è ricoverato in manicomio". Il 25 aprile '39, il Rettore dell'Università di Napoli – nel chiedere al Ministro dell'Educazione Nazionale il prolungamento del periodo di aspettativa – scrive: "il Prof. Caccioppoli è da considerarsi affetto da uno squilibrio (che ci auguriamo affatto temporaneo) e quindi da considerarsi come un nevropatico, privo di quel completo dominio di se stesso e di quella adeguata percezione e valutazione delle varie contingenze e dei vari momenti della vita sociale, come spesso si verifica negli individui la cui intelligenza ha preso corpo unilaterale e che, completamente assorbiti dallo studio di affaticanti discipline richiedenti polarizzazioni intellettuali e particolare dedizione, sono quasi estraniati dalla restante vita contingente. A questo proposito, non può fare a meno il pensiero di ricorrere anche al recente caso del Prof. Maiorana. E non è inopportuno né superfluo rammentare che si tratta di giovani anzi di giovanissimi, arrivati alla cattedra nell'età in cui gli altri si trovano ancora in pieno periodo formativo e quindi venuti a trovarsi in un posto di responsabilità come quello del professore universitario, completamente impreparati di fronte agli studi e alle esigenze di un ambiente dal quale erano rimasti completamente avulsi durante il tempo dei severi e assorbenti studi che alla cattedra stessa li hanno portati".

Quello del '38-'39 non è l'unico fermo subito da Caccioppoli. Un situazione analoga si verifica nel '52, ad opera – questa volta – della Polizia della Repubblica italiana. Siamo nel dopoguerra. Con il referendum, Caccioppoli si era impegnato in favore della Repubblica. Ha poi ulteriormente stretto i suoi rapporti con i comunisti napoletani, unica alternativa praticabile alla rozzezza e alla banalità del *laurismo*. Sarà un fedele compagno di strada del *PCI*, anche se non prenderà mai la tessera del partito. Sarà coinvolto nelle vicende del *gruppo Gramsci*. È un militante dei *partigiani della pace*. Ed è come pacifista e tenace oppositore dell'intervento americano in Corea che viene fermato il 16 giugno 1952. Ecco quanto si legge in una informativa per il Ministro della Pubblica Istruzione: "il 16 giugno 1952, giorno precedente dell'arrivo a Napoli del Gen. Ridgway, il prof. Renato Caccioppoli [...] adunati circa duecento studenti del suo corso e di altri si recò, alla testa di essi, nell'edifico centrale dell'Università, ove rivolse loro un discorso di protesta per la venuta in Italia del predetto Generale e a favore della pace. Tale discorso diede origine ad una veemente manifestazione ostile concretatasi in invettive lanciate all'indirizzo di marinai americani alloggiati nell'albergo di fronte all'Università e contro le macchine americane di passaggio". La reazione del Ministro della Pubblica Istruzione, Antonio Segni, porta al "severo richiamo" a Caccioppoli, ritenuto responsabile dei successivi disordini e di un comportamento che costituisce una evidente "infrazione alle norme di disciplina vigenti negli Atenei".

Tracce dell'impegno politico e pacifista di Caccioppoli si trovano nella sua corrispondenza con Mauro Picone, conservata presso l'archivio dell'*IAC* a Roma e recentemente pubblicata su *PRISTEM/Storia* (n.8/9; 2004).

Nella lettera dell'11 agosto 1953, Caccioppoli scrive che "insulse vessazioni poliziesche mi inducono a rinunciare alla Polonia. Figurati che mi hanno restituito, dopo settimane di traccheggio, un... passaporto annullato in tutto (anche per la Francia!), ma... prolungato per la Polonia e "paesi di transito" (?) fino al 6 settembre, *giorno di apertura del congresso*. Ciò dopo aver trascritto dal telegramma di invito tutti gli estremi. Con un simile "passaporto" difficilmente andrei oltre Tarvisio. Per colmo di ingiuria, si concede «un solo viaggio»!!".

Fa riferimento invece ad una dimostrazione, svoltasi a Napoli, la successiva lettera del 20 agosto '58: "effettivamente non avevo partecipato alla pacifica dimostrazione di via Roma che aveva provocato la solita gragnola di celerine manganellate, non preavvisate ed equamente distribuite fra manifestanti e semplici passanti. Assistevo al processo perché mi interessava politicamente e perché fra i principali imputati erano alcuni miei amici".

L'interesse del carteggio è però più ampio e risiede nella luce che getta sui rapporti tra i due matematici. Picone (1885-1977) è noto, nella storia della Matematica italiana del Novecento, per alcuni pregevoli lavori in tema di equazioni differenziali alle derivate parziali ma soprattutto per una *scuola* da cui sono "usciti" molti dei maggiori analisti italiani della seconda metà del secolo. Strumento privilegiato, nella formazione di questa *scuola*, è stato l'*INAC* ("*Istituto Nazionale per le Applicazioni del Calcolo*"), poi ribattezzato *IAC*.

Fondato a Napoli nel '27, trasferito a Roma qualche anno dopo, all'interno del *CNR*, l'*Istituto di Calcolo* diventa ben presto una presenza significativamente nuova nel panorama della matematica italiana (e non solo). È una nuova mentalità numerica che si affaccia sulla scena. Non basta dimostrare un teorema di esistenza, ed eventualmente di unicità, ma occorre elaborare anche un procedimento costruttivo per il calcolo effettivo delle soluzioni. Occorre, in altre parole, la stessa attenzione e lo stesso rigore per la determinazione dell'algoritmo numerico, la dimostrazione della sua convergenza e la maggiorazione dell'errore di approssimazione. L'obiettivo è la sinergia con le discipline sperimentali applicative, per lo studio delle "loro" questioni matematiche e la valutazione numerica dei risultati. È la prima volta che la ricerca matematica si organizza al di fuori dello stretto circuito accademico. È la prima volta che i giovani vi vengono avviati tramite un canale che aggiunge un considerevole numero di posti di lavoro. È la prima volta che la matematica diventa soggetto e oggetto di consulenza, aprendosi a nuovi rapporti professionali e dando luogo ad una ricerca di *équipe*. È l'inizio di una storia che porterà la conferenza dell'UNESCO, organizzata a Parigi nel novembre '51, a proporre Roma e l'*Istituto* come sede del *Centro europeo di Calcolo*.

Di Picone si conosce anche la dichiarata simpatia nei confronti del fascismo, espressa molto prima che eventuali esigenze di gestione e di rappresentanza dell'*INAC* lo portassero a posizioni accomodanti nei confronti del potere politico. Si proclamerà "camicia nera della prima ora". Il 5 giugno '23 così scrive a Giovanni Gentile, appena entrato nel Partito fascista: "Illustre e venerata Eccellenza, mi consenta di esprimerle tutto il mio vivissimo intimo compiacimento per l'adesione che Vostra Eccellenza ha voluto dare al Parito nazionale fascista al quale anch'io appartengo. [...] Quest'ultima adesione al partito fascista – così cospicua – e le meditate affermazioni contenute in quella lettera, vinceranno le esitazioni di tanti Colleghi e porteranno ancora nuovo purissimo sangue nelle robuste vene del partito che ricostruisce e rinnova la Patria!". Né queste dichiarazioni verranno smentite successivamente. Né ci saranno autocritiche o distinguo rispetto alla politica fascista del ventennio, salvo un brevissimo inciso – commemorando, anni dopo, la figura di Terracini – quando parla del suo "doloroso esilio in Argentina".

Con questi precedenti, si rimane allora non poco sorpresi dalla lettura della corrispondenza tra Caccioppoli e Picone. Il primo – "comunista" e comunque fortemente impegnato nello schieramento democratico – non ha nessun problema in un dopoguerra di forte contrapposizione tra i vari fronti a continuare i rapporti con il "fascista" Picone. Gli scrive anzi lettere molto sincere e intrise di un profondo affetto e di una stima sincera. Né fa mai riferimento alle precedenti – e imbarazzanti – posizioni politiche sostenute da Picone. Al contrario, vuole in qualche modo contribuire a ridimensionarle, riducendole ad un pragmatismo inevitabilmente "filogovernativo": "tu non ti occupi di politica, lo so e magari, dedito come sei soltanto al tuo lavoro, sei anche pronto a legare l'asino dove vuole il padrone; io no" (lettera del 19 luglio '54).

Il primo elemento che emerge dalle lettere è proprio l'affetto quasi filiale che Caccioppoli manifesta – naturalmente, conoscendone il temperamento, senza nessuna sdolcinatura o forma di piaggeria – nei confronti del maestro. Sono un affetto e una stima che Picone sicuramente ricambia. Scrive di "un grande matematico il quale, unico in Italia, domina insieme, con forza di critica e di invenzione, nei fondamenti e nel progresso, i tre campi dell'Analisi, topologico, reale e complesso, nonché le applicazioni a problemi concreti". Non ha nessuna difficoltà a dichiarare, in più di un'occasione, che l'allievo è in realtà più bravo del maestro. E che cosa non fa per vedere riconosciuti i meriti dell'allievo da parte della comunità scientifica! C'è il tentativo di far conferire a Caccioppoli il *premio Feltrinelli* 1951, seguito da analogo tentativo per il *premio internazionale Feltrinelli* 1956 e per l'elezione a *socio nazionale* dell'*Accademia dei Lincei*: "invece di ricevere onori egli è, da qualche tempo, pervicacemente sottoposto alla più volgare e ingiustificata campagna demolitrice da parte di qualche matematico di notevole valore. Qui [...] ha il dovere di intervenire l'*Accademia dei Lincei* che è, anzitutto, gelosa custode dei valori nazionali, sconfessando quei volgari denigratori". E come s'infuria con Gianfranco Cimmino, altro suo caro allievo, quando in una prima *Prefazione* alle *Opere* di Caccioppoli vede sminuita l'importanza del suo ruolo nella formazione dell'allievo: "devo però lamentarmi della completa assenza nella tua prefazione di un cenno, anche fugace, alla influenza che io ho indubbiamente avuto nell'orientamento iniziale degli studi di Renato verso l'analisi funzionale e i moderni fondamenti della teoria delle funzioni di variabile reale su cui essa si fonda. Tale influenza è innegabile e si può dimostrare. Quando nel lontano 1925 arrivai all'Università di Napoli trovai Renato al suo terzo anno di studi universitari alle prese con la sua tesi di laurea sui sistemi pfaffiani, disgustato della matematica e in forse se proseguire nello studio di essa o darsi alla carriera di direttore d'orchestra. Egli veniva alle mie lezioni di analisi superiore nelle quali svolgevo la teoria dell'integrale di Lebesgue e ricordo benissimo che si palesò a me in una lezione nella quale assegnavo ai miei uditori il compito di trovare un esempio in virtù del quale un'ipotesi formulata per un certo teorema dovesse dimostrarsi essenziale. Ebbene, finita la lezione mi vedo rincorrere da un giovane arruffato e sciattamente vestito il quale mi diceva balbettando di avere trovato l'esempio richiesto. Lo invitai a venire nel mio studio ed egli mi espose un elegantissimo esempio che risolveva completamente la questione nel senso affermativo. Era Renato col quale tenni una lunga conversazione. Ne intuii subito il possente ingegno e d'allora in poi mi legai a lui da quell'amicizia che non doveva più estinguersi. Cominciammo a vederci quasi tutti i giorni ed io gli parlavo della moderna analisi funzionale e delle sue applicazioni ai problemi di integrazione delle equazioni differenziali. La madre venne a conoscere questa amicizia ed un giorno venne a trovarmi per manifestarmi tutta la sua gratitudine per l'interessamento che avevo mostrato per suo figlio il quale, con sua soddisfazione, pareva ormai desistere dall'abbandonare la matematica per intraprendere la carriera di direttore d'orchestra. Dicendomi anche che Renato mi chiamava: "lo Strawinski della matematica". Naturalmente messosi Renato nella nuova via che io gli avevo indicato, fece passi da gigante e devo riconoscere che dopo qualche tempo si invertirono le parti e cioè egli divenne il maestro ed io il discepolo. Ma, perdio, è sacrosantamente vero: sono io che ho salvato per la matematica il formidabile ingegno del caro non mai abbastanza compianto Renato".

C'è poi, a spiegare la continuità e la cordialità dei rapporti tra Caccioppoli e Picone, nonostante i tanti elementi di diversità, l'appartenenza alla comunità matematica. Forse in questo caso, per questa generazione e per Caccioppoli in particolare, il termine *comunità* non è improprio. Non è retorico e neppure fa riferimento a un fatto esclusivamente sociologico. Significa una comune razionalità, una comune sensibilità, e questi comuni valori – certamente, non condivisi con tutti i matematici; Caccioppoli è ben lontano da una posizione di indiscriminato apprezzamento dei colleghi – vengono di fatto a contare quasi di più rispetto ad uno schieramento politico (cui pure Caccioppoli è molto legato). D'altronde, è lo stesso atteggiamento che aveva tenuto al momento dell'epurazione, nelle fasi convulse seguite al 25 settembre. I provvedimenti del Rettore Adolfo Omodeo, presidente della *Commissione per l'epurazione*, colpiscono – tra i matematici – il solo Giulio Andreoli. Ecco la lettera del suo licenziamento – tutti i docenti in questione verranno poi riabilitati nell'estate '45 – datata 7 ottobre '43, nella quale compare un implicito riferimento alle vicende di Gaetano Scorza: "Lei è sempre stato un complice dei fascisti [...]. Per anni ha preso di mira studenti e colleghi per motivi politici, ed ha a tal punto vessato alcuni famosi professori del dipartimento di matematica di Napoli a costringerli a chiedere il trasferimento in altre Università". Caccioppoli sta naturalmente dalla parte di Omodeo e della *Commissione per l'epurazione*, ma una sua lettera al Rettore del 15 marzo '44 tradisce una certa mancanza di entusiasmo per un'azione inevitabilmente tesa a colpire alcuni colleghi: "mostrerei di disconoscere l'opera Sua volta alla restituzione della libertà e dignità del nostro

Ateneo se negassi il mio concorso ad una parte tanto necessaria quanto penosa di quest'opera".

Quello che Caccioppoli non riesce a sopportare nel fascismo prima e nel *laurismo* poi – sicuramente più indulgente verso i colleghi matematici – è l'arroganza dell'ignoranza. È il connubio insistito tra arroganza e ignoranza. Non credo che si possa parlare di *snobismo* per un intellettuale che, tramite la vicinanza e la frequentazione del *PCI*, continua a vivere nel mito della classe operaia e che – concretamente, negli anni della guerra – "si spende" per organizzare uno sciopero degli autoferrotramvieri. La sua è piuttosto la decisa avversione a quelli che Gerardo Marotta individua come gli istinti più aggressivi e volgari della piccola borghesia e la sua piccineria. Non riesce proprio a convivere con un ambiente così spento e così intellettualmente pigro.

È il tema della sua solitudine. Genio e sregolatezza? Il matematico matto? Al di là di alcuni risvolti caratteriali e di una deriva – anch'essa, comunque, niente affatto "naturale" – sono l'isolamento e la solitudine gli aspetti che progressivamente emergono nella vita di Caccioppoli. E che, di nuovo, spiegano il suo "attaccamento" a Picone. Basti, per un attimo, pensare all'esito della sua vicenda coniugale con quella Sara che abbiamo lasciato a cantare la *Marsigliese* (o a condividere pizza e vino con un gruppo di operai). Sono sentimenti che, ancora, emergono in quella lettera a Picone del 19 luglio '54 che abbiamo già avuto modo di citare: "ti scrissi vari mesi fa che *non* sarei andato ad Amsterdam, spiegandotene il perché. Tu mi rispondesti con un «non accetto» che io presi come andava, cioè come una manifestazione impulsiva del tuo temperamento generoso, che nessuno credilo, apprezza più di me. Però il «non accetto» avresti dovuto se mai dirlo agli Scelba, ai Fanfani, o a chi per loro ravvisa in tanti italiani, ed in me fra tanti, se non proprio dei «nemici della Patria», almeno dei cittadini «discriminati», cioè non godenti di tutti i diritti costituzionali. Le frontiere del nostro «libero» Paese possono essere varcate da un (*omissis*) riconosciuto contrabbandiere di stupefacenti non da un prof. Renato Caccioppoli, sospettato a torto o a ragione di contrabbando di idee".

Questi e altri sentimenti di solitudine lo accompagneranno fino alla tragica giornata dell' 8 maggio 1959.

Bruno de Finetti
I fondamenti della probabilità

di **D. Michele Cifarelli**

Scrivere dell'opera di Bruno de Finetti in poche pagine è davvero grande velleità, tanto numerosi e significativi sono i contributi che ha dato a vari settori della matematica (applicata e non) e ad altri rami del sapere come l'economia e la biologia per citarne alcuni.

Bruno de Finetti nacque a Innsbruck il 13 giugno 1906 da genitori italiani. Nel 1923, alla età di 17 anni, si iscrisse al Politecnico di Milano ma, nel corso del terzo anno, cambiò il corso dei suoi studî iscrivendosi a matematica a Milano in cui si laureò nel 1927 con una tesi in geometria seguita da Giulio Vivanti.

Ma ancor prima del suo trasferimento a matematica, ispirato da un lavoro del biologo Carlo Foá, de Finetti dedicò alcune ricerche al campo della genetica delle popolazioni su cui scrisse il primo dei suoi numerosissimi lavori nel 1926 (1). Fu il primo esempio nella letteratura di un modello in cui venivano considerate più generazioni sovrapposte, anticipando di decenni le ricerche nel campo della genetica delle popolazioni.

Immediatamente dopo la laurea in matematica applicata, accettò il lavoro presso l'*Istituto Centrale di Statistica* a quell'epoca diretto dallo statistico Corrado Gini, suo fondatore.

De Finetti rimase presso questo Istituto fino al 1931. Furono questi gli anni in cui gettò le fondamenta dei suoi principali contributi alla Teoria della probabilità e alla statistica. Con l'approccio

Bruno de Finetti

soggettivo alla probabilità, la probabilità appare come una misura della plausibilità dell'accadimento di un evento aleatorio prescritta da un osservatore. De Finetti non era a conoscenza che lo stesso approccio era stato concepito anche da F. P. Ramsey nel 1926; ma l'enfasi di de Finetti era comunque posta sulle assegnazioni di probabilità coerenti, invece che sulle decisioni razionali di Ramsey.

Come conseguenza dell'approccio soggettivo alla probabilità, l'inferenza statistica non viene più vista come un processo empirico che trae origine dai soli dati a disposizione ma come processo logico capace di produrre "opinioni", tra quelle previste, compatibili con i dati a disposizione. Si vedano i lavori (2), (3), (4), (5), (6).

Fu in questi stessi anni che de Finetti introdusse la nozione di *successione di eventi scambiabili* e ne perfezionò la sua analisi pervenendo al celeberrimo *teorema di rappresentazione* mediante il quale ogni legge di probabilità relative a successioni (infinite) di eventi scambiabili può rappresentarsi come una mistura di leggi di probabilità di eventi indipendenti con la stessa probabilità di successo.

Fu l'introduzione di questa fondamentale nozione (in verità dovuta, per la sola definizione, al matematico J. Haag al *Congresso Matematico Internazionale* di Toronto del 1924 e pubblicata nel 1928) che permise a de Finetti di poter giustificare la valutazione di una probabilità (soggettiva) tramite una frequenza e di ricostruire il paradigma di Bayes-Laplace eliminando dallo stesso dizioni equivoche come quella, invalsa fino ad allora, di "eventi indipendenti di probabilità costante ma incognita".

Nel 1929, de Finetti iniziò anche lo studio dei processi ad incrementi indipendenti. La crisi del determinismo e del principio di causalità aveva introdotto fondamentali novità nel metodo scientifico con la sostituzione del ragionamento probabilistico alla logica classica. Le ricerche pionieristiche di de Finetti sulle funzioni aleatorie avevano proprio lo scopo di tradurre le leggi deterministiche in leggi aventi valore probabile (7), (8), (9). Non fu un caso che dedusse dai risultati generali stabiliti, le leggi di probabilità di alcuni funzionali del noto processo di Wiener-Levy e anche, nel lavoro (10), la caratterizzazione delle leggi di probabilità infinitamente divisibili che fu poi punto di partenza delle ricerche di Kolmogorov e Levy intorno a queste leggi e che culminarono nei cosiddetti teoremi di rappresentazione delle leggi infinitamente divisibili.

Piace ricordare che de Finetti ritornò sul tema dei processi ad incrementi indipendenti in uno scritto del 1938 (11) in cui assunse una posizione critica riguardo ai suoi stessi lavori ed in particolare riguardo alla considerazione di proposizioni "trascendenti" ovvero infinitarie. Per de Finetti infatti solo le proposizioni "oggettive" sono suscettibili di una valutazione probabilistica.

Come è ben noto, per de Finetti, la probabilità è il certo equivalente relativo ad una scommessa sul verificarsi di un evento aleatorio. In questo senso, la probabilità presenta grande analogia con l'approccio funzionale alla *media*; entrambi sono basati sulla nozione primitiva di indifferenza tra risultati certi e incerti e un insieme di richieste razionali. E il tema delle *medie* fu affrontato nel lavoro (12) del 1931. In esso de Finetti, prendendo come punto di partenza la definizione di media data da O. Chisini due anni prima, la generalizzò al caso delle distribuzioni (di probabilità, frequenza o altro) e pervenne alla caratterizzazione di una *media associativa* (aggettivo che, a nostra conoscenza, compare per la prima volta nella letteratura) stabilendo ciò che da allora è noto come *teorema di rappresentazione delle medie associative* e che va sotto il nome di de Finetti-Kolmogorov-Nagumo. I nomi di Kolmogorov e Nagumo sono associati in questo importante risultato poiché essi dimostrarono, indipendentemente, nel 1930 un caso particolare del predetto teorema.

Nel 1931 de Finetti si trasferì a Trieste, città in cui aveva accettato il lavoro di attuario presso le *Assicurazioni Generali*. Durante la permanenza a Trieste, sviluppò le ricerche avviate a Roma ed ottenne significativi risultati sia in Matematica finanziaria che attuariale nonché in Economia matematica. Fu molto attivo anche nella meccanizzazione di alcuni servizi attuariali, attività quest'ultima che – con tutta probabilità – lo rese uno dei primi matematici in Italia in grado di risolvere problemi di analisi tramite l'uso di *computer*.

In tre Note lincee, e principalmente nel celeberrimo lavoro (13) del 1937, de Finetti estese il teorema di rappresentazione per eventi scambiabili al caso di variabili aleatorie scambiabili che formulò in assenza dell'ipotesi di additività completa. Nella formulazione moderna, il teorema appare in letteratura con l'ipotesi di σadditività e recita: la successione di variabili aleatorie $(x_n)_{n\geq1}$ è scambiabile se e solo se esiste una misura di probabilità aleatoria p tale che, data p, le variabili aleatorie della successione sono condizionalmente indipendenti con la stessa legge di probabilità p. È questo risultato che ha aperto la via alla soluzione di problemi oggi alla frontiera della Statistica con la denominazione di "problemi inferenziali non parametrici".

Alla teoria della "rovina del giocatore", de Finetti dedicò un contributo (14) seguendo il punto di vista di Lundberg. Questo contributo, oltre alla introduzione di alcune nozioni tipiche del mondo assicurativo (ad esempio, il *livello di rischiosità* di un capitale iniziale) contiene anche collegamenti con una interessante identità scoperta qualche anno dopo da Wald.

De Finetti partecipò autorevolmente anche alle discussioni che seguirono la formalizzazione della teoria dell'utilità attesa (e il principio di D. Bernoulli) da parte di von Neumann e Morgenstern. Non ebbe, tuttavia, il dovuto rilievo il suo importante contributo con cui introdusse nel 1952 (15) la misura dell'avversione al rischio, nota poi con il nome di Arrow-Pratt. Questa misura fu introdotta da de Finetti, così come pure da Arrow e Pratt (1964) considerando lotterie monetarie i cui possibili esiti sono poco diversi tra loro, e quindi con una analisi locale dell'avversione al rischio, e definendo avverso al rischio il decisore per cui il valore di una lotteria è minore del suo valore medio. Si trattava di concepire allora un indice di concavità della funzione di utilità atto a misurare l'avversione al rischio. De Finetti la indicò nel rapporto $-u''/2u'$, essendo u la funzione di utilità, e la giustificò con considerazioni molto più articolate di quelle poi utilizzate da Arrow e Pratt. Ancora una volta de Finetti aveva anticipato analisi e risultati successivi!

A Trieste, de Finetti iniziò anche la sua carriera accademica con gli insegnamenti di Matematica finanziaria, Probabilità, Analisi matematica. Ottenne la cattedra in Matematica finanziaria nel 1947 a Trieste, sebbene fosse risultato vincitore di concorso già nel 1939. Nel 1954, si trasferì all'Università di Roma alla Facoltà di Economia e nel 1961 raggiunse la Facoltà di Scienze, quale professore di Teoria della probabilità, in cui rimase fino al 1976. Ebbe contatti scientifici con molti studiosi italiani e stranieri. In particolare ebbe l'opportunità di incontrare molti eminenti matematici, probabilisti e statistici (F. P. Cantelli, G. Castelnuovo, M. Fréchet, A. Khinchin, P. Levy, J. Neyman, R. A. Fisher, G. Pólya, J. Savage). Con Fréchet, prima ancora delle sue principali pubblicazioni sui fondamenti della probabilità, mantenne un importante carteggio che ebbe inizio dal lavoro (6). Per una discussione su questo e altri punti dell'attività di de Finetti si può consultare il lavoro "de Finetti contribution to Probability and Statistics" in Statistical Science (1996) di D. M. Cifarelli e E. Ragazzini. Per una bibliografia completa dell'opera di de Finetti, si può consultare L. Daboni, "Bruno de Finetti" (Boll. Unione Matematica, 1987).

Le innovative idee di de Finetti sulla probabilità hanno trovato organica e magistrale collocazione nei due volumi "Teoria della Probabilità" editi da Einaudi nel 1970 e tradotti in Inglese nel 1975.

Alla sua scomparsa, avvenuta il 20 luglio 1985, de Finetti era membro onorario della *Royal Statistical Society*, membro dell'*International Statistical Institute* e dell'*Institute of Mathematical Statistics*. Nel 1974, fu eletto membro corrispondente (e successivamente effettivo) dell'*Accademia dei Lincei*.

Lavori citati di B. de Finetti

(1) B. de Finetti, Considerazioni matematiche sull'ereditarietà mendeliana, Metron, 1926

(2) B. de Finetti, Probabilismo, Saggio critico sulla probabilità e sul valore della Scienza. Logos Biblioteca filosofica, Perrella, Napoli, 1931

(3) B. de Finetti, Sul significato soggettivo della probabilità, Fondamenta Mathematicae, 1931

(4) B. de Finetti, A proposito dell'estensione del teorema delle probabilità totali alle classi numerabili, Rend. Reale Ist. Lombardo di Sc. e Lett., 1930

(5) B. de Finetti, Ancora sull'estensione alle classi numerabili del teorema delle probabilità totali, Rend. Reale Ist. Lombardo di Sc. e Lett., 1930

(6) B. de Finetti, Sui passaggi al limite nel calcolo delle probabilità, Rend. Reale Ist. Lombardo di Sc. e Lett., 1930

(7) B. de Finetti, Sulle funzioni ad incremento aleatorio, Atti Acc. Nazion. dei Lincei, 1929

(8) B. de Finetti, Sulla possibilità dei valori eccezionali per una legge ad incrementi aleatori, Atti Acc. Naz. dei Lincei, 1929

(9) B. de Finetti, Integrazione delle funzioni ad incremento aleatorio, Atti Reale Acc. Naz. Lincei, 1929

(10) B. de Finetti, Le funzioni caratteristiche di leggi istantanee, Atti Reale Acc. Naz. Lincei, 1930

(11) B. de Finetti, Funzioni aleatorie, Atti del 1° Congresso UMI, 1938

(12) B. de Finetti, Sul concetto di media, G. Ist. It. Att.. 1931

(13) B. de Finetti, La prevision: ses lois logistiques, ses sources subjectives, Ann. Inst. H. Poincaré, 1937

(14) B. de Finetti, Teoria del rischio e il problema della rovina dei giocatori, G. Ist. Ital. Att., 1939

(15) B. de Finetti, Sulla preferibilità, Giorn. degli Econ., 1952

Un matematico impegnato

di Gian Italo Bischi

Sempre concreto e vivo fu l'impegno di de Finetti nella didattica della matematica, testimoniato dalla pubblicazione di trattati, manuali, note didattiche e articoli divulgativi, nonché da una intensa attività organizzativa.

Fu Presidente della Mathesis *dal 1970 al 1981 e, nello stesso periodo, fu direttore del* Periodico di Matematiche *dove pubblicò numerosi contributi in cui sostenne con decisione la necessità di render intuitiva la matematica e si schierò contro le posizioni bourbakiste nell'insegnamento. Nel 1962 istituì a Roma le prime gare matematiche fra studenti, sulla scia di analoghe precedenti esperienze già avviate da Giovanni Prodi a Trieste, che si svilupparono successivamente nell'ambito del Club Matematico, fondato da Giandomenico Majone nel 1964 per attivare seminari su problemi di didattica.*

Numerose furono le sue denunce contro la situazione dell'insegnamento della matematica in Italia, talvolta anche in forma provocatoria e ironica, come testimoniato dal seguente passo, riferito alla prova scritta di matematica per il Liceo scientifico: "si tratta di un esempio insuperabilmente patologico di aberrazione intesa a favorire l'incretinimento sistematico e totale dei giovani [...]. Da tempo immemorabile (almeno da decenni) avviene precisamente che questa famigerata prova scritta ripeta con qualche variante sempre lo stesso problema stereotipato (equazione di 2° grado, o trinomia, con un parametro: da ciò il termine di "trinomite" per indicare l'eccessiva insistenza su questo solo particolare argomento): problema che ha soprattutto la disgrazia di poter essere ridotto a uno schema macchinale, formale, pedestre, che va sotto il nome di un certo Tartinville. Per mio conto appresi purtroppo in ritardo a conoscere e detestare Trinomite e Tartinvillite: non avevo preso sul serio le informazioni negative ma espressemi in forma generica da qualche collega circa la matematica del Liceo scientifico al momento della scelta per mia figlia" *o dal seguente intervento al Convegno della*

C.I.I.M. a Viareggio, nell'ottobre 1974: "ogni scelta appropriata e meditata dei docenti è resa impossibile e inconcepibile da tutta l'impalcatura di norme che affliggono, in Italia, l'Università (come tutta la Scuola e più in generale tutta la Pubblica Amministrazione), norme che possono ben dirsi burofreniche (in Francia si è usato un termine anche più crudo: burosadiche) e giuridicole (sintesi dei due termini, per 3/4 coincidenti, giuridico e ridicolo)".

Infine, non si può fare a meno di menzionare l'impegno di de Finetti nelle questioni politiche e economiche. Fu sempre un attento e critico osservatore dei fatti sociali, che analizzava con la purezza della ragione dell'uomo di scienza, ponendo spesso in evidenza storture e ingiustizie e sostenendo l'importanza della libertà individuale e della democrazia. Nell'ambito della vita universitaria, sostenne l'opportunità di consentire a cittadini stranieri di accedere alle cattedre delle Università italiane, cosa impossibile fino agli anni '70. Inoltre, in molti scritti compare la sua sprezzante e lucida critica alle contraddizioni dell'attuale sistema economico e sociale, espressa senza mezzi termini fino ad arrivare spesso a toni provocatori. Ad esempio, in Dall'utopia all'alternativa *enuncia, come scopo dell'Economia matematica, la ricerca di* "situazioni a favore del livello di vita delle popolazioni" *mentre invece* "le sole questioni che vengono impostate sono a livello aziendale, e hanno come obiettivo non il migliore e meno costoso servizio per i consumatori bensì il massimo profitto dell'impresa". *Denuncia l'atteggiamento acritico di economisti, matematici e politici che accettano come assiomi i principi del sistema attuale e* "con il medesimo costrutto in altri tempi avrebbero con pari sicumera sentenziato che la schiavitù esiste e quindi deve esistere, o che il prezzo delle indulgenze va commisurato al numero di anni di purgatorio". *Stabilisce, come beni primari,* "la qualità della vita, la difesa della natura e dell'ambiente, l'educazione e l'istruzione, la valorizzazione e conservazione dei beni culturali, la salute pubblica"; *denuncia che* "ogni libertà, a cominciare da quella di stampa, è di fatto effettiva solo per chi ha i mezzi per stravolgerla"; *per rendere più efficaci certe critiche, arriva a coniare nuove parole come* "burofrenico" *o* "giuridicolo", *o* "stampa di deformazione"; *parla del denaro come* "merda del diavolo" *arrivando al proverbio triestino* "il diavolo caca sul mucchio più grande".

Notevole e lungimirante fu poi il suo impegno sui problemi ambientali, che lo portano ad affermare che "ai comandamenti tradizionali occorre ora aggiungere – con la consapevolezza di minacciosi danni futuri – quelli di «non inquinare», «non sprecare», «non distruggere», «non alterare gli equilibri ecologici»".

Dagli ultimi anni '70, aderì al Partito Radicale di Marco Pannella e accettò di ricoprire il ruolo di direttore responsabile della testata giornalistica Notizie radicali. *Questo lo portò anche ad essere arrestato, a causa della pubblicazione, su* Notizie Radicali, *di articoli in difesa degli obiettori di coscienza. Fece molto scalpore il suo ingresso al carcere di* Regina Coeli *dove fu però scarcerato ancor prima di entrare in cella, in virtù della immediata revoca del mandato di cattura.*

(tratto da lettera matematica pristem *n. 61, febbraio 2007).*

Andrej Nikolaevič Kolmogorov

Le basi delle probabilità.
Ma non solo...

di **Guido Boffetta**
   Angelo Vulpiani

Il 25 aprile 2003 è stato celebrato il centenario della nascita di Andrej Nikolaevič Kolmogorov, probabilmente il maggior matematico sovietico del secolo. Nato da padre naturale – il cognome è infatti ereditato dal nonno materno – e orfano di madre dalla nascita, viene allevato da una zia materna che gli trasmette, nelle sue parole e nel suo ricordo, un forte senso di responsabilità individuale e di indipendenza di pensiero. Dopo le scuole, lavora per qualche tempo come conduttore di tram fino a che entra nell'università di Mosca nel 1920. Erano gli anni duri della nuova URSS: quando scopre che gli studenti del secondo anno ricevono, oltre al misero salario, una razione aggiuntiva mensile di 16 kg di pane e 1 kg di strutto, sostiene subito gli esami per passare all'anno successivo.

Andrej Nikolaevič si rivela subito molto precoce. Al momento della laurea in matematica, nel 1925, ha già all'attivo diverse pubblicazioni scientifiche, tra le quali un fondamentale lavoro del 1922 in cui costruisce una funzione integrabile con serie di Fourier divergente quasi ovunque, che lo rende noto a livello internazionale.

Alla fine del dottorato, a 26 anni, ha già gettato le basi della moderna Teoria delle probabilità. Nel 1933 appare, in tedesco, la sua monografia "Concetti fondamentali della Teoria delle probabilità", che è forse il contributo più importante della prima fase della ricerca di Kolmogorov: la fondazione della Teoria delle probabilità su una base assiomatica, che supera la storica disputa tra frequentisti e soggettivisti. Non è esagerato sostenere che il libro ha avuto, per il Calcolo delle probabilità, lo stesso ruolo degli *Elementi di Euclide* per la geometria.

Andrej Nikolaevič Kolmogorov

Dopo il dottorato, Andrej Nikolaevič parte in vacanza con barca e tenda (messi a disposizione dalla *Società per il Turismo e le Escursioni Proletarie*) lungo il Volga, fino al Mar Caspio e il Caucaso, in compagnia del matematico Aleksandrov: mesi tra fiumi, laghi e montagne (ma anche lavoro matematico sui processi di Markov) da cui nascerà un'amicizia che durerà per tutta la vita. Nel 1931, Kolmogorov è nominato professore all'università di Mosca. Qui svolgerà tutta la sua attività scientifica (salvo brevi periodi in Francia e in Germania).

La sua attività scientifica è stata così vasta ed articolata che è praticamente impossibile riassumerla in poche pagine. Le sue ricerche in matematica vanno dalla logica ai processi stocastici, dall'analisi alla teoria degli automi. In tutti i suoi contributi – anche in quelli più brevi – Kolmogorv non ha mai toccato problemi isolati, ma al contrario ha gettato luce su aspetti fondamentali e su nuovi campi di ricerca. Proprio per la vastità delle sue ricerche, diversi studiosi – anche esperti matematici – conoscono Kolmogorov solo per alcuni particolari aspetti della sua multiforme attività. Ricorda, con una certa ironia, il suo allievo V.I. Arnol'd: "nel 1965 Fréchet mi disse «Kolmogorov, non è quel brillante giovane che ha costruito una funzione integrabile con serie di Fourier divergente quasi ovunque?» Tutti i successivi contributi di Andrej Nikolaevič – in Teoria della probabilità, Topologia, Analisi funzionale, Teoria della turbolenza, Teoria dei sistemi dinamici- erano di minor valore agli occhi di Fréchet".

Ci limiteremo allora, quasi necessariamente, a toccare alcuni aspetti dell'influenza di Kolmogorov su moderni settori di ricerca (non solo strettamente matematici): caos, turbolenza, complessità, descrizione matematica di fenomeni biologici e chimici.

L'interesse di Kolmogorov nella teoria delle probabilità non si è limitato al solo livello tecnico e formale: getterà, infatti, le basi della teoria dei processi stocastici che lo porterà, negli anni Quaranta e Cinquanta, a interessarsi di diversi problemi fisici e biologici. In molti di questi lavori il suo contributo ha addirittura rivoluzionato la nostra visione del problema, come nel caso dello studio della turbolenza, dove i suoi lavori rimangono ancora, dopo sessant'anni, uno dei pochi punti certi della nostra comprensione – a tutt'oggi non completa – di questo complesso fenomeno.

Proprio il problema della turbolenza sviluppata (cioè del moto irregolare dei fluidi ad alti *numeri di Reynolds*) dà un'idea della straordinaria versatilità di Kolmogorov. Allo studio formale matematico del problema alterna l'analisi statistica dei dati sperimentali di turbolenza atmosferica. Scrive Ya. G. Sinai, nella prefazione a un recente volume: "quando Kolmogorov aveva circa 80 anni gli chiesi della sua scoperta delle leggi di scala. Mi diede una risposta stupefacente dicendomi che per circa mezzo anno aveva studiato i risultati delle misure sperimentali".

La sua descrizione teorica della turbolenza sviluppata è stata di vastissima generalità: l'introduzione del concetto di invarianza di scala è, infatti, alla radice del metodo del gruppo di rinormalizzazione sviluppato negli anni Settanta. Un secondo fondamentale contributo alla turbolenza, agli inizi degli anni Sessanta, stimolato da precise misure sperimentali e da un'osservazione del grande fisico teorico Lev D. Landau sulle fluttuazioni intermittenti dell'energia dissipata, è stato il punto di partenza di studi (ancora in corso) sulle fluttuazioni anomale a piccola scala. La sua *teoria lognormale* per la turbolenza, anche se in parte tecnicamente superata, è alla base dei processi stocastici intermittenti (*multiaffini* o *multifrattali*) che trovano oggi applicazioni dalla finanza alla geofisica.

Alla fine degli anni '30, Kolmogorov – in collaborazione con Petrovskij e Piskunov – studia l'evoluzione spaziale di specie biologiche introducendo un sistema di equazioni matematiche che è il punto di partenza dei moderni studi sui sistemi di reazione-diffusione. Da questo studio pionieristisco è nato il settore dei sistemi di equazioni alle derivate parziali con reazione-diffusione, che ha applicazioni che vanno dalla diffusione di epidemie all'evoluzione di complessi processi chimici come il bilancio dell'ozono e la combustione. Occupandosi di problemi biologici nell'Unione Sovietica stalinista, Kolmogorov si trova coraggiosamente a contrastare il potente accademico Lysenko (che sosteneva una violenta campagna contro la Genetica di Mendel, a suo avviso non conforme al materialismo dialettico): una disputa scientifica che diversi eminenti biologi sovietici del periodo pagano a durissimo prezzo.

Un altro campo di ricerca moderno indissolubilmente legato al nome di Kolmogorov è la teoria dei sistemi hamiltoniani quasi integrabili. Già Poincaré alla fine dell'800 aveva mostrato, studiando il cosiddetto problema dei tre corpi della meccanica celeste (ovvero il moto di due pianeti attorno al sole oppure del sistema sole-terra-luna) che, aggiungendo una piccola perturbazioni a un sistema hamiltoniano integrabile, il moto in genere non è più integrabile e può avere un comportamento caotico. Nella trattazione di questo problema, Kolmogorov formula un teorema fondamentale, perfezionato in seguito da V.I. Arnol'd e da J. Moser (teoria KAM), che porta ad un ripensamento su alcune consolidate (ma erronee) convinzioni (per esempio sulla generica ergodicità dei sistemi hamiltoniani). Nonostante la non esistenza di integrali primi non banali, se la perturbazione è piccola – sotto opportune ipotesi – sopravvivono tori invarianti (che sono deformazioni di quelli imperturbati) in un insieme la cui misura tende ad 1 nel limite integrabile. La teoria KAM è ora un fiorente settore della fisica matematica che trova applicazioni dalla meccanica celeste, all'instabilità in fisica dei plasmi ai fondamenti della meccanica statistica.

Altri contributi di Kolmogorov allo sviluppo della scienza del '900, che vogliamo ricordare, riguardano la teoria dell'informazione e la definizione di complessità.

Kolmogorov è stato tra i pochi matematici a comprendere immediatamente la rilevanza concettuale, e non solo pratica, della teoria di Shannon: "ricordo che anche al *Congresso Internazionale dei Matematici di Amsterdam* del 1954 i miei colleghi americani, in particolare gli esperti di probabilità, vedevano il mio interesse per il lavoro di Shannon come qualcosa di eccessivo in quanto la tematica sarebbe stata di rilevanza tecnologica ma non matematica". Oggi queste opinioni non meritano neanche una risposta. La sistematizzazione matematica della teoria dell'informazione avviene nella seconda metà degli anni '50 principalmente per opera di Khinchin, Gel'fand e Yaglom, oltre che dello stesso Kolmogorov. Particolarmente significativo è stato l'utilizzo di concetti della teoria dell'informazione nell'ambito dei sistemi dinamici, con l'introduzione di quella che oggi è chiamata *entropia di Kolmogorov-Sinai*. Questa quantità intrinseca (cioè indipendente dalla variabili usate) misura l'informazione generata nell'unità di tempo nei sistemi caotici.

Nel 1965, Kolmogorov propone una misura (non ambigua e matematicamente ben fondata) della complessità di un oggetto (per esempio una sequenza di *bit*) come la lunghezza del minimo programma necessario per riprodurre la sequenza. La tematica, inizialmente legata ad un contesto molto particolare (un'apparente "manchevolezza" della teoria della probabilità che assegna ad ogni successione di 0 ed 1, generati dal lancio di una moneta non truccata, la stessa probabilità), si è poi sviluppata dando luogo ad un prolifico settore di ricerca: la complessità algoritmica. Il settore si è rivelato estremamente generale e importante per le sue connessioni con il caos, il teorema di Gödel e l'applicazione ai problemi più disparati, dalla linguistica, allo studio delle sequenze di DNA, all'analisi delle serie finanziarie.

Queste poche pagine non bastano certo a rendere conto in modo completo della personalità scientifica ed umana di Kolmogorov. Da grande teorico, ha saputo trattare in modo profondo problemi "pratici" (quali la turbolenza e i fenomeni biologici) aprendo nuovi filoni matematici. Analogamente, a partire da tematiche fondamentali (come la complessità), ha contribuito a sviluppare un settore di ricerca che trova oggi applicazioni pratiche nelle scienze informatiche. La sua attività è forse la migliore prova del fatto che non esiste una scienza fondamentale e una applicata, bensì la scienza e le sue applicazioni.

Kolmogorov è stato anche estremamente attivo come divulgatore, scrivendo oltre cento voci per la *Grande Enciclopedia Sovietica*, e come insegnante. Era interessato in particolare all'educazione matematica degli adolescenti quando, a suo avviso, il sistema scolastico non li aveva ancora convinti dell'inutilità della scienza. Ha avuto oltre 60 studenti di dottorato (tra i quali molti futuri importanti scienziati) con i quali amava passare almeno un paio di giorni alla settimana nella sua dacia a Kamarovka, vicino Mosca, a discutere di matematica e a competere in sci, corsa e "specialmente amavamo nuotare nei fiumi in disgelo: io solo per piccole distanze, mentre Aleksandrov nuotava molto più a lungo".

Oltre la matematica, Kolmogorov ebbe molti interessi in particolare per la storia, la linguistica e la letteratura (si interessò alla forma e struttura della poesia di Puškin) pubblicando anche articoli su riviste specializzate.

Il suo entusiasmo per tutti gli aspetti della scienza lo portò a partecipare (quasi settantenne) a due campagne oceanografiche di diversi mesi (Baltico, Atlantico, canale di Panama, Pacifico e ritorno a Mosca in Transiberiana). Muore a Mosca nel 1987 dopo aver ricevuto numerosi premi e onoreficenze ma, sopratutto, lasciando una eredità scientifica che sopravviverà a lungo.

V.M. Tikhomirov, A.N. Kolmogorov e S. Sadikova-Prokhorova

Bourbaki

Un matematico dalla Poldavia

di **Giorgio Bolondi**

Francia, anni Trenta. Nonostante siano passati ormai molti anni, il Paese vive ancora sotto lo choc del grande massacro che ha sconvolto l'Europa dal 1914 al 1918. Un milione e trecentomila morti, tre milioni di mutilati e feriti; ottocentomila vedove, quasi un milione di orfani. Una tragedia del genere non può non avere conseguenze su tutti gli aspetti della vita di un Paese. La riproduzione generazionale, naturale, della matematica francese (e più in generale della scienza) viene interrotta drammaticamente dalla Grande Guerra. Negli atri delle *Grandes Écoles* troneggiano enormi lapidi con le lunghissime liste degli allievi e degli insegnanti morti in trincea. Una intera generazione viene spazzata via: di 211 normalisti iscritti ai corsi del 1914, 107 morirono in guerra.

Nel 1930, della grande matematica francese d'inizio secolo – quella di Poincaré, Lebesgue, Fatou – resta poco: anche i grandi nomi ancora viventi hanno perso gran parte dei propri allievi. L'insegnamento ristagna e i manuali in uso sono ancora in gran parte quelli anteguerra.

Due giovani e brillantissimi professori d'università, appena nominati, si confidano l'insoddisfazione per il libro universalmente adottato nei corsi di analisi, il "Cours d'Analyse" di Edouard Goursat, un testo che ritengono ormai obsoleto e, soprattutto, poco rigoroso. Decidono allora di redigere un nuovo trattato, avendo come obiettivo il massimo rigore possibile.

Il Generale Bourbaki

Inizia così l'avventura di Bourbaki, una rivoluzione destinata a segnare la storia della matematica del XX secolo; una rivoluzione che, come tutte le rivoluzioni, ambirà ben presto a superare le frontiere della Francia e che diventerà, nel giro di qualche decennio, *establishment*.

I due giovani erano André Weil e Henri Cartan, che cominciarono a riunire in un ristorante del boulevard Saint-Michel, a Parigi, un gruppo di compagni ex-normalisti con l'obiettivo di redigere un nuovo testo collettivo di analisi.

Dopo i primi incontri, fu presto evidente che era necessario lavorare insieme e con più calma. Il primo "Congresso" di Bourbaki fu tenuto durante le vacanze estive del luglio 1935, a Besse-en-Chandesse (un piccolo paese, a meno di 50 km da Clermont-Ferrand). Vi parteciparono Henri Cartan, Claude Chevalley, Jean Dieudonné, Jean Delsarte, Szolem Mandelbrojt, René de Possel e André Weil (qualcuno cita anche Charles Ehresmann). Lo pseudonimo di Nicolas Bourbaki fu scelto quasi subito e quasi subito iniziarono le azioni di divertito depistaggio da parte dei fondatori, per circondare di aneddoti e mistero la storia del gruppo. Complice fu Élie Cartan: al momento di presentare ai *Comptes Rendus* dell'*Accademia delle Scienze* di Parigi una *Nota* del gruppo occorreva un nome, ma soprattutto un socio presentatore e una biografia dell'autore. Il presentatore fu appunto Élie Cartan, padre di Henri, che convinse i membri dell'*Accademia* del valore di questo sconosciuto matematico di origine poldave (la Poldavia era il Paese immaginario in cui si ambientavano la maggior parte degli scherzi degli allievi dell'*École Normale*). Anche per questo Élie Cartan fu considerato il padrino di Bourbaki.

Il secondo Congresso, che avrebbe dovuto svolgersi in Spagna, si tenne a casa della madre di Chevalley a Chancais, a causa della guerra civile spagnola, e segnò la svolta nei progetti del gruppo. Per poter scrivere in maniera rigorosa il testo di analisi, era necessario scrivere prima un trattato che contenesse in maniera sistematica i teoremi e i risultati preliminari alla trattazione di tutte le teorie matematiche esistenti (e future). Fu così che nacque l'impresa degli "Éléments de Mathématique", in cui già il titolo – matematica è una parola che in francese è solitamente al plurale: *mathématiques* – lancia un proclama di unità della disciplina.

Questa dell'unità della matematica è stato, in fin dei conti, il grande sogno di Bourbaki. Costruire tutto a partire da una radice comune, una radice che andava ricercata nelle gerarchia delle strutture (algebriche, di ordine, topologiche), partendo dalle più generali e astratte e procedendo con un'esposizione assiomatica. Si è spesso parlato di Hilbert come del padre spirituale di Bourbaki. Sicuramente i riferimenti alla scuola tedesca non mancano: a Emmy Nöther, per esempio, ma anche al matematico olandese van der Waerden (e al suo modo strutturale di scrivere

"Moderne Algebra"). "L'architecture des mathématiques", pubblicato nel 1947 dallo stesso Bourbaki rimane comunque il manifesto ideologico del gruppo. Come ha scritto Jean-Pierre Kahane, la storia della matematica ha dimostrato che l'unità della disciplina va ricercata piuttosto nell'intreccio dei rami, che non nell'unicità della radice, ma questo non toglie che l'impresa bourbakista abbia cambiato profondamente il modo di fare (e scrivere) matematica.

Il metodo di lavoro del gruppo era veramente collettivo: si sceglieva il tema e si discuteva animatamente l'impostazione del lavoro (mentre uno "scriba" – solitamente Dieudonné, in seguito Cartier – prendeva appunti); un incaricato stendeva poi una prima versione che veniva inviata a tutti i membri. Al Congresso successivo, si decideva cosa fare di questo materiale: accettarlo, rielaborarlo o cestinarlo. Gli archivi parigini di Bourbaki contengono migliaia di pagine di matematica che ancora non hanno visto la luce.

Una regola, che fu decisa fin dal secondo Congresso, fu il limite d'età: i membri di Bourbaki si impegnavano a uscirne al compimento dei cinquanta anni (di fatto, Bourbaki stesso non ha pubblicato nulla dopo il compimento dei suoi cinquanta anni).

Anche grazie a questo continuo ricambio generazionale, i membri di Bourbaki non hanno mai superato – di volta in volta – la dozzina. Con queste regole, questo entusiasmo e queste ambizioni, la prima generazione di Bourbaki è arrivata a scrivere un certo numero di volumi degli *Eléments*, avendo ben presente che si trattava di un'opera rivolta al matematico professionista. Come hanno più volte ripetuto gli stessi bourbakisti, bisogna pensare agli *Eléments* come a una enciclopedia: se si prendono come libro di testo, è un disastro.

Il valore matematico dei membri di Bourbaki (tra di loro vi sono stati alcuni dei più grandi matematici del secolo: Laurent Schwartz, Jean-Pierre Serre, Alexander Grothendieck, Alain Connes, Jean-Christophe Yoccoz sono tutti bourbakisti che hanno vinto la *Medaglia Fields*), con il valore aggiunto che derivava dal peso "collettivo", ha in realtà finito per imporsi alla Matematica di tutto il mondo. Bourbaki è, di fatto, il matematico che ha più influenzato la formazione, il modo di lavorare, e quello di scrivere della maggior parte dei matematici. È Bourbaki che ha introdotto il simbolo $\emptyset$, per indicare l'insieme vuoto. È ancora Bourbaki che parla per la prima volta di corrispondenze iniettive, suriettive, biiettive; di filtro e di ultrafiltro; di germe; di spazi separati e paracompatti, ecc. Il bourbakismo è diventato, a partire dagli anni Cinquanta, l'impostazione (o l'ideologia, a seconda dei punti di vista) dominante nella matematica di molti Paesi, soprattutto in Francia (come è ovvio). Al disinteresse di Bourbaki per le applicazioni, viene per esempio ricondotto di solito il ritardo dello sviluppo della matematica applicata in Francia.

Ad opera soprattutto di Jean Dieudonné è stato portato avanti anche un tentativo di trasformazione in senso bourbakista dell'insegnamento della matematica. Il suo urlo *"Abbasso Euclide!"* è rimasto famoso, per indicare la volontà di fare a meno dell'insegnamento della geometria, delle figure, dell'intuizione (ma ugualmente famosa rimane la reazione di molti altri matematici, a partire da René Thom, in favore dell'importanza didattica dell'intuizione geometrica). L'introduzione dell'*insiemistica* nelle scuole è figlia del bourbakismo. Figlia legittima? Alcuni hanno parlato di una degenerazione, che ha fatto ritenere che nel "vocabolario" e nelle definizioni consistesse l'essenza della matematica. Altri ritengono che Bourbaki abbia precise responsabilità in questa "riforma" dell'insegnamento, anche se poi ha cercato di "tirare indietro la mano".

A partire dalla fine degli anni Sessanta, con il ricambio generazionale, l'azione di Bourbaki si fa più confusa. Diventa più difficile, passato il periodo "fondazionale", trovare degli obbiettivi condivisi. Personalità come Grothendieck lasciano tempestosamente e rancorosamente il gruppo. Altri matematici (grandi e piccoli) imparano a scrivere come Bourbaki, mentre appaiono più evidenti le lacune (Logica matematica, Analisi numerica, Combinatorica, Fisica matematica, Probabilità...). Inoltre, Bourbaki si trova impegolato in una lunghissima causa con il proprio editore, alla fine della quale i suoi membri si trovano senza accordi sulla direzione da prendere. Di fatto, dal 1983 non appare più nulla.

Sappiamo quindi quando è nato Bourbaki e come è vissuto. Ma adesso è ancora vivo, visto che da più di vent'anni non pubblica nulla?

Già nel 1968 Jacques Roubaud, matematico e scrittore membro dell'*Oulipo*, ne aveva annunciato la morte e l'inumazione al cimitero delle funzioni aleatorie, *metro Markov e Gödel*, con la messa funebre che sarebbe stata celebrata nella chiesa di *Notre-Dame-dei-problemi universali.*

Secondo Pierre Cartier, che fu per circa trent'anni uno dei pilastri di Bourbaki, il gruppo aveva raggiunto i propri limiti fisiologici. Anche il progetto matematico aveva esaurito la propria ragion d'essere, senza aver del resto raggiunto i propri obiettivi. Era una visione dogmatica della matematica, figlia del secolo delle ideologie (sono parole di Cartier), autosufficiente (non ci sono citazioni, a parte i riferimenti interni): una grandissima impresa matematica, la più grande del ventesimo secolo, ma forse non abbastanza per essere – come voleva – il nuovo Euclide, il testo di riferimento per i prossimi millenni. La Matematica aveva in serbo altre sorprese, altre rivoluzioni, che neppure Bourbaki poteva immaginare.

Les familles Cantor, Hilbert, Nœther ;
Les familles Cartan, Chevalley, Dieudonné, Weil ;
Les familles Bruhat, Dixmier, Godement, Samuel, Schwartz ;
Les familles Cartier, Grothendieck, Malgrange, Serre ;
Les familles Demazure, Douady, Giraud, Verdier ;
Les familles Filtrantes à Droite et les Epimorphismes Sricts ;
Mesdemoiselles Adèle et Idèle,

ont la douleur de vous faire part du décès de Monsieur

Nicolas BOURBAKI

Leur père, frère, fils, petit-fils, arrière-petit-fils et petit-cousin respectivement.

Pieusement décédé le 11 Novembre 1918 (jour anniversaire de la Victoire), en son domicile de Nancago.

L'inhumation aura lieu le Samedi 23 Novembre 1968, à 15 heures, au cimetière des Fonctions Aléatoires (Métros Markov et Gödel).

On se réunira devant le bar Aux Produits Directs, carrefour des Résolutions Projectives (anciennement place Koszul).

Selon le vœu du défunt, une messe sera célébrée en l'église Notre-Dame-des-Problèmes-Universels par S.E. le Cardinal Aleph 1, en présence des représentants de toutes les classes d'équivalence et des corps (algébriquement clos) constitués. Une minute de silence sera observée par les élèves des Ecoles Normales Supérieures et des classes de Chern.

Ni fleurs ni wreath products.

« Car Dieu est le compactifié d'Alexandrov de l'univers. » Groth. IV. 22.

Il "necrologio" Bourbaki

Bourbaki - I libri

Ecco l'elenco dei libri, finora pubblicati negli "Èlements de Mathématique":

1) Teoria degli insiemi;
2) Algebra;
3) Topologia generale;
4) Funzioni di una variabile reale;
5) Spazi vettoriali topologici;
6) Integrazione;
7) Algebra commutativa;
8) Varietà differenziali e analitiche;
9) Gruppi e algebre di Lie;
10) Teorie spettrali.

Le generazioni

Ecco le prime quattro generazioni di Bourbaki, secondo Pierre Cartier.
I padri fondatori: Henri Cartan, Claude Chevalley, Jean Delsarte, Jean Dieudonné, André Weil (a cui presto si aggiungono Jean Coulomb, Charles Ehresmann, Szolem Mandelbrojt e René de Possel).
La generazione della guerra: Jacques Dixmier, Samuel Eilenberg, Roger Godement, Jean-Louis Koszul, Pierre Samuel, Laurent Schwartz, Jean-Pierre Serre.
La terza generazione: Armand Borel, François Bruhat, Pierre Cartier, Alexander Grothendieck, Serge Lang, John Tate.
La quarta generazione: Atiyah, Boutet de Monvel, Demazure, Douady, Malgrange, Verdier...
Il dubbio: c'è mai stata una donna Bourbaki?

Il "vero" Bourbaki

Un generale francese di origine greca, Charles-Denis Sauter Bourbaki visse dal 1816 al 1897. Partecipò alla guerra di Crimea (dove riportò alcune vittorie) e alla guerra franco-prussiana del 1870 (dove fu sconfitto). Il suo nome circolava negli scherzi della

"Ècole Normale" fin dal 1880, quando un allievo si presentò sotto il falso nome di Bourbaki per compiere una ispezione della scuola.

Secondo quanto racconta André Weil nella sua autobiografia, nel 1948 un diplomatico greco di nome Nicolaides Bourbaki si presentò a Henri Cartan e dimostrò di appartenere alla famiglia del generale Charles-Denis. Nella sua famiglia non c'erano mai stati matematici, ma fu da allora invitato alle cene finali dei Congressi del gruppo. Sarà vero?

I padri fondatori

Jean Dieudonné: lo scriba della prima generazione di Bourbaki – personalità fortissima e travolgente – era nato a Lilla nel 1906. Entrò all'Ècole Normale nel 1924 e nel 1928 si recò a Princeton con una borsa di studio. Prima della tesi (sostenuta a 25 anni), aveva già avuto modo di lavorare in giro per il mondo con matematici del calibro di Bieberbach e Pólya. Negli anni Sessanta, a sorpresa, lascia l'Institut des Hautes Ètudes Scientifiques (IHES) a Parigi e si trasferisce a Nizza, nella neonata (e fino ad allora completamente priva di matematici) Facoltà di Scienze: di fatto, questo ha spostato verso la Costa azzurra il baricentro della Matematica francese. Ha dedicato gli ultimi anni della sua vita alla Storia della matematica (in chiave bourbakista) e pubblicato uno dei libri di Matematica di maggior successo degli ultimi anni: "Pour l'honneur de l'esprit humain". È morto nel 1992; i suoi lavori hanno riguardato soprattutto gli spazi vettoriali topologici, la Topologia (è sua la nozione di "spazio paracompatto") e la teoria dei gruppi di Lie.

Jean Delsarte: forse il meno conosciuto tra i fondatori di Bourbaki, era nato nel 1903. I contatti con Cartan e Weil (allora a Strasburgo) nascono negli anni Trenta. Delsarte ha trascorso buona parte della propria vita professionale a Nancy, che deve a lui la propria posizione come importante centro di ricerca matematica (vi sono "cresciuti" Dieudonné, Schwartz e Godement). Di salute molto fragile, non ha retto agli eventi del '68, morendo d'infarto durante i moti del novembre.

Claude Chevalley: il più giovane dei fondatori di Bourbaki era nato nel 1909 a Johannesburg, figlio di un diplomatico. Per tutta la sua vita ha intrecciato gli interessi filosofici, vissuti come percorso personale, a quelli matematici: in contatto con l'epistemologia di Meyerson (che era un amico di suo padre), legato a Arnaud Dandieu nell'impresa del movimento "Ordre nouveau" (movimento anarchico e europeista), negli anni Trenta fu fondatore, con gli altri bourbakisti Alexander Grothendieck e Roger Godement, del movimento ecologista "Survivre et vivre" negli anni Sessanta.

I suoi contributi matematici più rilevanti sono in Teoria dei numeri (la teoria dei corpi di classi) e in Geometria algebrica; introdusse inoltre i termini "iniettivo" e "suriettivo". Alcuni suoi testi sono divenuti dei classici. È morto nel 1984.

André Weil: nato nel 1906, a soli 19 anni è già a Roma da Vito Volterra, per poi recarsi a Berlino, Gottinga e Stoccolma (entrando in contatto con Emmy Nöther e Mittag-Leffler). A soli 22 anni sostiene la tesi di dottorato. Nel 1937 sposa Eveline, già moglie di René de Possel (un altro dei partecipanti alle prime riunioni di Bourbaki). Le sue vicende personali durante la Seconda guerra mondiale sono state controverse: accusato di diserzione prima (scelta comunque legata ai suoi legami con le filosofie orientali) e di spionaggio a favore dell'Unione Sovietica dopo (cosa che sarebbe stata più difficile collegare al suo dharma), salvatosi dall'esecuzione grazie a Rolf Nevanlinna, dopo la guerra dovette in ogni caso subire il risentimento e l'incomprensione dei colleghi – come Jean Leray – che avevano vissuto direttamente il dramma della guerra e della prigionia. Weil si era potuto rifugiare negli Stati Uniti grazie al programma della Fondazione Rockefeller, lanciato per portare in salvo gli scienziati francesi. Dopo la guerra, l'opposizione esplicita di Leray gli impedì di rientrare alla Sorbona e restò a Princeton fino alla morte, avvenuta il 6 agosto 1998.

I suoi lavori in Teoria dei numeri e Geometria algebrica sono fondamentali e fondazionali. Dai risultati intorno all'ipotesi di Riemann agli studi sull'aritmetica delle curve ellittiche, i suoi contributi hanno ovunque aperto strade nuove alla Matematica. La congettura di Shimura-Taniyama-Weil è stata il punto cruciale della dimostrazione del teorema di Fermat data da Andrew Wiles.

Sua sorella, Simone Weil, ha partecipato ai primi incontri di Bourbaki e compare (unica donna) nelle prime foto del gruppo. Ricevette il premio Wolf nel 1979 (con Jean Leray!).

Henri Cartan: *nato l'8 luglio 1904 a Nancy, era figlio d'arte: suo padre, Élie Cartan, fu uno dei fondatori della moderna Geometria differenziale. Studiò all'École Normale Superieure, come tutti i fondatori di Bourbaki, e all'ENS ritornò presto (dopo l'inizio della carriera in provincia, a Caen, Lille e Strasburgo) per restarvi fino al 1965. Si sposò nel 1935 con Nicole Weiss, la figlia del fisico Pierre Weiss. Nel 1980 vinse il premio Wolf dividendolo con Kolmogorov.*

Sono fondamentali i suoi lavori sulle funzioni di più variabili complesse: ha introdotto nella Geometria degli spazi analitici la nozione di "fascio" (che era stata creata in Topologia algebrica da Jean Leray). Si deve a lui anche il concetto di "filtro" in Topologia.

È stato un pioniere degli sforzi per l'armonizzazione europea degli studi in Matematica: il suo obiettivo era quello di rendere realizzabili con facilità gli scambi di studenti da un Paese all'altro. Ha inoltre lavorato in profondità per ricucire la frattura che si era creata con la seconda guerra mondiale (come già era successo dopo la prima) tra i matematici tedeschi e quelli inglesi e francesi, nonostante eventi personali terribili come l'esecuzione da parte dei nazisti nel 1943 di suo fratello Louis Cartan, membro della resistenza.

Scrittura e matematica nell'opera di Raymond Queneau

di **Alessandra Ferraro**

È caduto pochi anni fa il centenario della nascita di Raymond Queneau, nato a Le Havre nel 1903, e diventato, dopo una laurea in filosofia alla *Sorbona*, scrittore e saggista, nonché, dal 1941, segretario generale della prestigiosa casa editrice parigina *Gallimard*, carica che occupò fino alla sua morte nel 1976. Autore del divertente "Zazie nel metro", romanzo scritto servendosi di una scrittura fonetica che illustrava i cambiamenti del francese, in Italia ha avuto traduttori di eccezione in Italo Calvino per "I Fiori Blu", Sergio Solmi per "Piccola cosmogonia portatile" ed Umberto Eco per gli "Esercizi di stile", usciti tutti per i tipi di Einaudi. Lettore infaticabile dalla cultura vastissima, Queneau si è trovato in contatto con i principali movimenti letterari e culturali presenti sulla scena parigina fin dagli anni Venti, dal *Surrealismo* di Breton all'*Esistenzialismo* di Sartre, senza mai aderire incondizionatamente a nessuno di essi. Questa indipendenza intellettuale ha dato luogo ad un'opera molteplice, composta da romanzi, poesie, racconti, saggi, sceneggiature di film, originale e alquanto inclassificabile. Soltanto recentemente la critica sta scoprendo la profonda unità della concezione poetica che ne sta alla base, dal primo romanzo, "Le chiendent" (Il pantano) del 1933, alle opere composte nell'ambito dell'*Oulipo*, il laboratorio di letteratura potenziale, gruppo di lavoro fondato nel 1960 con l'amico matematico François Le Lionnais.

Raymond Queneau

Disegno a china
di Maria Poggi, tratto
dal frontespizio del libro
di Alessandra Ferraro,
Raymond Queneau.
L'autobiografia impossibile

Scorrendo le note biografiche di Queneau, creatore di una delle opere letterarie più originali del secolo scorso, appare curioso il suo interesse costante per la matematica.

Eppure, che fosse più di un *divertissement*, lo si capisce dalla lettura del suo diario degli anni del liceo e dell'università. A 17 anni annota: "Sono andato con Leroux al Museo. Studio con furore la matematica"[1]. Ritroviamo tracce di questa passione in Roland Travy, protagonista dell'autobiografico "Odile" (1937). Nel 1921 il giovane Queneau annota ancora: "Scorrendo le mie carte mi accorgo che a 13 anni avevo scoperto l'algebra della logica"[2]. Lettore vorace di opere di scienza e conoscitore delle più recenti

---

[1] Raymond Queneau, *Journaux 1914-1965*, (a cura di Anne Isabelle Queneau), Gallimard, Paris, 1996, p. 51.
[2] *Ibidem*, p.73.

teorie scientifiche fin da adolescente, si iscrive alla Facoltà di filosofia, dove segue corsi di logica e matematica e privilegia letture
filosofiche correlate alla matematica. Già nel 1919, a 16 anni, nota
nel suo diario l'importanza della scoperta di Einstein: "Un certo
Einstein avrebbe fatto scoperte sensazionali (vedi il giornale del
10). Rutheford avrebbe scomposto l'azoto in idrogeno. Tentato di
leggere Proust: soporifero"[3]. Negli anni seguenti legge "Teoria dei
numeri transfiniti" di Cantor, "Teoria della relatività" di Einstein, "La
science et l'hypothèse" di Poincaré, per citare solo alcune delle
numerose letture scientifiche. Segue in quegli anni le lezioni di
Pierre-Léon Boutroux, professore di Calcolo integrale e di storia
della scienza al *Collège de France*. Questo interesse insieme probabilmente ad alcune bocciature agli esami di filosofia lo spinse-
ro ad iscriversi alla Facoltà di scienze con indirizzo matematica.
Ma i risultati accademici furono deludenti. Così Raymond
Queneau commenterà molti anni dopo il fallimento della sua carriera universitaria in campo matematico: "Là dove sbagliavo era
nel credere che avrei potuto colmare le lacune. [...] Me ne accor-
si perfettamente quando mi iscrissi al primo anno di matematica.
Dopo due o tre bocciature capii che non sarei mai passato. Per
esempio la meccanica era per me opaca. E anche le coniche (la
delizia, il *non plus ultra* della matematica per specialisti...)"[4].

Tuttavia, Queneau continuò a coltivare per tutta la vita una passione per la matematica che si espresse non soltanto attraverso
letture specifiche e una pratica costante, ma anche con la partecipazione ai seminari dei maggiori matematici operanti a Parigi.
Nel 1948 si iscrive alla *Société mathématique de France* e dal 1963
all'*American Mathematical Society*. Da quell'anno partecipa ai
seminari di ricerca operazionale e di calcolo dei grafi e consiglia
A. Kaufmann e R. Faure per il loro libro "Invitation à la recherche
opérationelle". Dal suo diario sappiamo che negli anni Cinquanta
partecipava alle riunioni di Bourbaki e che incontrava regolar-

---

[3] *Ibidem*, p.44.
[4] Anne Isabelle Queneau éd., *Album Raymond Queneau*, Gallimard, Paris,
2002, p.43-44.

mente a cena Georg Kreisel con cui discuteva delle principali innovazioni matematiche. Non si trattava di pura curiosità tanto che collaborò al libro "Elements de logique mathématique" che Kreisel e J.-L Krivine pubblicarono nel 1967[5].

Ma soprattutto, testimonianza di sue ricerche nel campo è la presentazione dei risultati di un suo lavoro sulla Teoria dei numeri interi all'*Académie des sciences* di Parigi nell'aprile del 1968[6]. In seguito questo lavoro sulle successioni s-additive, commentato da un altro grande matematico, Gian Carlo Rota, fu pubblicato nel *Journal of Combinatory Theory*[7].

Si tratta di un risultato considerevole per qualcuno che aveva inteso avvicinarsi alla matematica da dilettante, facendo ogni tanto delle incursioni periferiche nella materia, come indica il titolo del volume "Bords"[8], in cui l'autore raccoglie nel 1963 interventi su Hilbert, su Bourbaki o sul nipote di Victor Hugo, geometra ma folle. Si tratta di un'operazione analoga a quella compiuta in altri rami della scienza, della filosofia, della storia, della medicina, come testimoniano in maniera palese i resoconti di lettura che il lettore italiano potrà in parte trovare raccolti in "Segni, cifre e lettere e altri saggi"[9] e che sottende alla direzione della monumentale *Encyclopédie de la Pléiade* che occupò lo scrittore per diversi anni. Al di là di opere poetiche come "Piccola cosmogonia portatile", che si presenta come un inno alla scienza, o al "Canto dello Stirene", in cui viene narrata l'avventura chimica della creazione della plastica, queste competenze veramente eccezionali per un letterato in epoca contemporanea sono alla base, spesso nascoste, criptate, dissimulate, della maggior parte delle opere di Raymond Queneau.

---

[5] Georg Kreisel, J. L. Krivine, *Éléments de logique mathématique, théorie des modèles*, Dunod, Paris, 1967 (Monographies de la Société mathématique de France 3).

[6] Come da consuetudine fu un matematico, André Lichnerowicz, membro dell'*Académie des sciences* a farne la relazione che fu riportata nel *Bulletin de l'Académie des sciences.*

[7] Raymond Queneau, "Sur les suites s-additives", *Journal of Combinatory Theory*, 12, 1972, pp.31-71.

[8] Raymond Queneau, *Bords*, Hermann, Parigi, 1963.

[9] Raymond Queneau, *Segni, cifre e lettere e altri saggi*, (a cura di Italo Calvino), Einaudi, Torino, 1981.

Al di là del giudizio del critico sul valore del singolo romanzo o della singola raccolta di poesia ci sembra che l'elemento che rende l'opera di Queneau unica nel panorama contemporaneo e non solo francese sia il suo esser costruita su un "amalgama" tra scienza e letteratura senza che ciò appesantisca la narrazione che rimane divertente, leggera come nei "Fiori blu" o in "Zazie nel metro". Queneau ha saputo sperimentare nuove strutture letterarie e forme linguistiche inedite senza che nel testo rimanessero le tracce delle incertezze che spesso accompagnano lo sforzo creatore quando si allontana dal sentiero segnato.

L'immagine che Raymond Queneau sceglie per illustrare la sua poetica è quella della cipolla: ad ogni strato della buccia di questo ortaggio corrisponderebbe un livello di lettura possibile per l'opera, ognuno valido quanto gli altri. E lo strato della matematica è costante nella costruzione delle sue opere fin dall'inizio: nei testi teorici e nelle interviste lo scrittore sottolinea come ogni romanzo si basi su calcoli complicati, costruzioni rigorose: "Anche per dei romanzi lineari […] mi sono sempre costretto a seguire alcune regole che non avevano altra ragione che quella di soddisfare la mia passione per le cifre e altre fantasie strettamente personali"[10]. Riferendosi ai primi romanzi l'autore ribadisce: "Trovavo insopportabile lasciare al caso il compito di fissare il numero dei capitoli. È per questo che *Le Chiendent* si compone di 91 (7 x 13) sezioni, dato che 91 è la somma dei tredici primi numeri e la sua somma «1», dunque sia il numero della morte degli esseri che quello del loro ritorno all'esistenza, ritorno che allora non concepivo se non come perpetuità irresolubile dell'infelicità senza speranza"[11].

L'opera di Queneau più apertamente influenzata dalla matematica è però un saggio, composto nel 1942 con il titolo "Brouillon projet d'une atteinte à une science absolue de l'histoire" (Bozza progetto di un tentativo di giungere ad una scienza assoluta della storia) e pubblicato incompiuto nel 1966 con il tito-

---

[10] Raymond Queneau, "Conversation avec Georges Ribemont-Dessaignes", in *Bâtons, chiffres et lettres*, Gallimard, Paris, 1965, p.42.
[11] Raymond Queneau, *Technique du roman*, in *ibidem*, p. 29.

lo "Une histoire modèle". In esso Queneau si basa sugli studi di biomatematica di Vito Volterra[12] per tentare di proporre un modello applicabile all'evoluzione della storia umana.

Tra le opere di creazione letteraria possiamo citare gli "Esercizi di stile" del 1947, che raccontano in 99 maniere differenti lo stesso episodio banale. Al 1961 risale la pubblicazione di "Cent mille milliards de poèmes", libro singolare composto da dieci sonetti in cui ognuno dei rispettivi 14 versi, aventi le stesse rime e la stessa costruzione sintattica, è ritagliato su una striscia di carta. I versi possono essere combinati fino ad offrire appunto centomila miliardi di poesie.

Se certamente alla base di queste opere è riscontrabile la presenza di una certa "aritmomania", come riconosce lo stesso Queneau, in realtà esse rispondono ad un preciso intento poetico che privilegiava l'estetica della forma. La prima esperienza letteraria in seno al gruppo surrealista, che lo scrittore aveva cominciato a frequentare dal 1924 e da cui si era allontanato burrascosamente cinque anni dopo con altri transfughi illustri, l'aveva condotto ad elaborare una concezione della letteratura che si contrapponeva a quella surrealista di matrice romantica. Queneau rifiuta quindi l'idea che il poeta nel creare fosse guidato dall'inconscio, dall'automatismo, dall'ispirazione: per lui l'autentico creatore è colui che si impone delle regole coscienti. Come si può constatare, queste considerazioni risalenti agli anni Trenta costituiscono un preludio al programma dell'*Oulipo* che intendeva proporre agli scrittori delle strutture letterarie artificiali per favorirne il compito creativo.

---

[12] Vito Volterra, *Leçons sur la théorie mathématique de la lutte pour la vie*, Paris, Cahiers Scientifiques, 1931.

Da "Esercizi di stile" di Raymond Queneau

Versione originale
Sulla S, in un'ora di punta. Un tizio di circa 26 anni, indossa un cappello morbido con un cordone al posto del nastro; ha un collo troppo lungo, come se qualcuno glielo avesse tirato. La gente scende. Il tipo in questione si arrabbia con un altro passeggero. Lo accusa di urtarlo ogniqualvolta passa un altro. Usa un tono lamentoso che invece vorrebbe essere tagliente. Appena vede un posto libero, ci si butta sopra.

Versione numerica
Alle 12 e 17, su un autobus della linea S, lungo 10 metri, largo 2,1 metri, alto 3,5, a 3 Km e 6600 mt dal capolinea, e con 48 persone a bordo, un individuo di sesso maschile, di 27 anni, 3 mesi e 8 giorni, alto 1 mt e 72 cm, pesante 65 kg e con in testa un cappello di 35 cm, con la bombetta contornata da un nastro lungo 35 centimetri, si rivolge ad un uomo di 48 anni 4 mesi e 3 giorni, alto 1 mt e 68 cm, pesante 77 kg, con 14 parole che emette in 5 secondi, e che trattano di spostamenti involontari tra i 15 e i 20 millimetri. Si va poi a sedere a circa 2 mt e 10 cm di distanza.

Versione geometrica
In un parallelepipedo rettangolo che si muove lungo una linea retta d'equazione $84x+S=y$, un ovoide A che porta una calotta sferica contornata da due sinusoidi, al di sopra di una parte cilindrica di lunghezza $l>n$, presenta un punto di contatto con un ovoide banale B. Dimostrare che questo punto di contatto è un punto di regresso.
Se l'ovoide A incontra un ovoide simile C, allora il punto di contatto è un disco di raggio $R>1$. Determinare l'altezza h del punto di contatto in rapporto all'asse verticale dell'ovoide A...

Versione insiemistica
In un autobus S consideriamo l'insieme A dei passeggeri seduti, e l'insieme B dei passeggeri in piedi. Ad una certa fermata, si trova l'insieme P dei viaggiatori in attesa. Sia C l'insieme dei passeggeri che salgono; è un sottoinsieme di P ed è a sua volta l'unione

dell'insieme C' dei passeggeri che stanno in piedi e dell'insieme C″ dei viaggiatori che si vogliono sedere. Dimostrare che l'insieme C″ è vuoto.

Indichiamo con Z l'insieme dei maleducati , e con {z} l'intersezione di Z e C, che consiste di un solo elemento. In seguito alla suriezione dei piedi di z su quelli di y (elemento arbitrario purché distinto da z), si determina un insieme M di parole pronunciate da z. Poiché ora l'insieme C″ è diventato non vuoto, dimostrare che è costituito dal solo elemento z...

(traduzione di Claudio Bartocci)

John F. Nash Jr.
Il mito di Icaro

di **Roberto Lucchetti**

John F. Nash Jr. è stato probabilmente uno dei più brillanti matematici del ventesimo secolo. I suoi risultati sono unanimemente considerati di altissimo valore, ed hanno risolto problemi che gli esperti consideravano molto difficili. La sua attività di ricercatore è durata un tempo molto breve, meno di 10 anni. Poi, come vedremo, si è dovuta interrompere. In questo capitolo, voglio dapprima raccontare in modo semplice e succinto qualche aspetto della vita di Nash. La fonte delle notizie che scrivo è Nash stesso, precisamente la autobiografia che lui ha scritto in occasione della cerimonia del conferimento, del *premio Nobel* per l'Economia, a lui assegnato, assieme ad Harsany e Selten, nel 1994. In seguito, mi permetto di fare alcuni commenti personali sulla figura di questo genio, la cui figura mi ha affascinato da quando ne ho letto la biografia scritta da Sylvia Nasar (S. Nasar, *Il genio dei numeri*, Rizzoli, Milano, 1999). In un altro capitolo, cercherò di spiegare in parole semplici che cosa sia la teoria dei giochi, e ne richiamerò alcuni dei suoi primi risultati fondamentali, soprattutto quelli legati a Von Neumann e Nash.

La vita

L'esistenza "legalmente riconosciuta" di John F. Nash Jr. inizia il 13 Giugno 1928 a Bluefield, nel West Virginia. Il padre è un ingegnere elettrico, originario del Texas, veterano della prima guerra mon-

John Nash

diale, trasferitosi in Virginia per lavorare nella locale società di energia elettrica. La madre è originaria di Bluefield, e insegna Inglese ed a volte latino. Due anni dopo John, nasce sua sorella Marta. Fin da piccolo, John mostra grande interesse per le letture, e si sente piuttosto isolato in una comunità fatta soprattutto di uomini d'affari, avvocati, commercianti. Si interessa in particolare di matematica, di chimica, di elettricità. Dopo la scuola secondaria, si iscrive alla *Carnegie Mellon*, a Pittsbourgh, dove sceglie di frequentare ingegneria chimica. Molto presto però abbandona studi che gli paiono troppo rigidi e rivolge il suo interesse alla chimica. Tuttavia, poco dopo si accorge che anche in questa materia occorre fare analisi quantitative, dove conta poco l'originalità del pensiero, e serve invece avere una certa attitudine a fare lavori di laboratorio. Il dipartimento di matematica nel frattempo lo convince che anche un matematico ha buone possibilità di carriera in America, e quindi decide di passare a matematica, dove dimostra subito un innegabile talento. Qui termina i suoi studi, e ne riparte accompagnato da una lettera di presentazione del suo relatore di tesi, tanto succinta quanto efficace: *quest'uomo è un genio*. Questo gli procura qualche offerta di posti per un dottorato, in particolare ad Harvard e Princeton. Alla fine, dopo qualche titubanza, sceglie Princeton, che a suo dire gli fà un offerta più generosa, e perché così si ritrova più vicino a casa. Dopo essere stato piuttosto indeciso su che argomento concentrarsi per le sue ricerche, Nash ottiene il dottorato con una tesi di teoria dei giochi, che gli dà subito fama, almeno in ambiente accademico. Nell'autobiografia cui accennavo sopra, Nash a questo punto, racconta del suo incarico al *Massachusset Institute of Technology*, dei corsi tenuti ad Harvard, dei suoi risultati accademici. Ma ci sono anche altri aspetti importanti della vita che non cita: un lavoro presso la *RAND Corporation*, piccolo ma attivo centro di studi strategici in California, che ingaggia i migliori talenti della teoria dei giochi per incarico del governo e dalla marina degli Stati Uniti, e che si accaparra colui che veniva considerato il più grande giovane talento della sua generazione. Ma il suo rapporto con la RAND è tempestoso, oramai a lui interessa più la matematica cosiddetta pura piuttosto che la teoria dei giochi, per cui dopo qualche anno viene licenziato, tra l'altro con un accusa di comportamento immorale, essendo stato sospettato di omosessualità, a causa di un episodio mai chiarito. Ha anche un figlio da una donna frequentata saltuariamente, e che non riconoscerà mai, pur avendo con lui rapporti che, sia pure con pause più o meno lunghe, si sono mantenuti fino ad oggi. Nel 1956 si sposa con una sua ex-alunna del MIT, Alicia. Nel 1959 rassegna le dimissioni dal MIT, perché i disturbi mentali apparsi poco tempo prima si sono fatti troppo evidenti per essere nascosti. Nash è affetto da schizofrenia paranoide, una malattia della mente che rende impossibile il lavoro, e pressochè impossibili le relazioni sociali. È inutile ripercorrere qui i circa trent'anni passati da John tra ricoveri, per lo più coatti, alternati a periodi più sereni, in cui ha viaggiato e scritto anche alcuni lavori. Quel che conta, è che agli inizi degli anni Novanta colui che da tanto tempo veniva ormai chiamato *lo spettro*, comincia ad andare a qualche seminario, a scrivere qualche *mail*, a scambiare qualche parola con i colleghi. Piano piano, gli amici di sempre cercano di aiutarlo in questo processo di integrazione, e si danno da fare perché gli venga dato un riconoscimento pubblico come il *premio Nobel*, con un duplice intento: da una parte, si pensa che il fatto di avere quei riconoscimenti cui aveva sempre aspirato lo possa aiutare nel recupero, dall'altra, più prosaicamente, il premio è accompagnato da un importante assegno, e non bisogna dimenticare che per trent'anni Nash non ha avuto né posto di lavoro né tantomeno stipendio. Il resto è storia recente, il Nobel come dicevo, ma soprattutto articoli, la biografia della Nasar, il film *A beautiful mind* con Russell Crowe, basato sulla storia, in parte romanzata, della sua vita, che ha fatto diventare Nash una celebrità mondiale. Oggi Nash vive a Princeton e ogni tanto viaggia, in questo ostacolato dall'età che avanza e soprattutto dal fatto di dover assistere il figlio avuto da Alicia, e che soffre dello stesso male del padre.

Il mito di Icaro

Prendo il titolo di questo paragrafo da una frase detta da Syilvia Nasar al *Festivaletteratura* di Mantova nel settembre 2002, durante una magistrale conferenza da lei tenuta in quell'occasione. Il mito di Icaro rappresenta la storia di una incredibile ascesa verso le stelle e poi di una rovinosa caduta. La vita di Nash aggiunge qualcosa al mito: dopo un'ascesa irresistibile, e una caduta che sembrava irrimediabile, ecco il ritorno a una vita normale. Abbiamo visto prima che Nash a ventun'anni prende il dottorato con una tesi che gli dà subito una grande fama. Meritata del resto, visto che dopo 40 anni quei risultati gli sono valsi il più grande riconoscimento cui uno scienziato può aspirare. Eppure, la sua mente irrequieta lo porta verso altri problemi. Vuole affrontare tematiche più astratte, è ossessionato dall'idea di risolvere questioni complicate, così complicate che la loro soluzione gli darebbe la fama mondiale (almeno fra i matematici). Non gli interessa tanto specializzarsi in una teoria, magari alla moda, ma attaccare problemi che gli altri giudicano impossibili o quasi. Tanto è vero che va in giro a chiedere ad esperti riconosciuti che problemi suggeriscono, e insiste per sapere se sono problemi sufficientemente difficili. In poco tempo, ne risolve tre che gli varranno il rispetto e l'ammirazione della comunità matematica per sempre. Ha riconoscimenti che vanno al di fuori della comunità dei matematici, una rivista lo mette in copertina, indicandolo come uno degli scienziati più promettenti della sua generazione. Si sposa con una ragazza bellissima e intelligente, una delle tre (!) studentesse del MIT di quegli anni. Come nella vita di tutti, anche in quella di Nash ci sono episodi oscuri o frustranti. Subisce una forte delusione per il fatto che uno dei suoi risultati più prestigiosi era stato in realtà già dimostrato, sia pure in ipotesi leggermente meno generali, e soprattutto con tecniche diverse, da un altro grande matematico, Ennio De Giorgi, di cui parliamo in un'altra parte del libro. Abbiamo accennato precedentemente al suo rapporto difficile con la RAND, al fatto che abbia un figlio che non vuole riconoscere. È difficile e soprattutto inutile stabilire quali episodi abbiano scatenato la malattia, una malattia che probabilmente sarebbe esplosa comunque. La schizofrenia paranoide è una malattia abbastanza misteriosa ancora oggi. Nel caso di Nash, ma credo che sia un copione comune, soprattutto nei casi in cui la schizofrenia è accompagnata dalla paranoia, la malattia si manifesta agli altri quando la persona che ne è affetta comincia ad avere ossessioni rispetto a fatti che agli occhi di tutti sono casuali o del tutto normali: così Nash vede complotti in tutto, scopre messaggi, che a suo dire riceve da misteriose entità straniere, dove messaggi non ci sono, come per esempio numeri che appaiono casualmente nelle pagine dei giornali. Sente voci. Ma soprattutto, e questo è l'aspetto paranoide della malattia, soffre di manie di grandezza. In certe occasioni afferma di essere l'imperatore dell'Universo, e per questo trovandosi in Europa mette in subbuglio un certo numero di consolati perché pretende di rendere il suo passaporto statunitense; in altre sostiene di essere il piede sinistro di Dio. Tutto questo lo accompagna, come già detto, per trent'anni circa. Poi, qualcosa cambia. Perché , e soprattutto, come vive lui questi cambiamenti? Leggere la sua autobiografia, a questo proposito, è illuminante. Intanto, comincia col dire che decide di respingere, *intellettualmente*, alcune linee di pensiero delirante che avevano costituito le basi del suo modo di pensare. E poi continua: "Tuttavia, questo non è solo motivo di gioia, come accade a una persona che torna ad essere in forma dopo un periodo di incapacità fisica. Un aspetto del problema è che la razionalità di pensiero pone dei limiti alla concezione che un essere umano ha delle sue relazioni col cosmo". Sembrano le parole di una persona che *rimpiange* una parte importante delle emozioni, se non dei pensieri, che aveva durante la malattia. Certo non è come la storia raccontata in "Diario di una schizofrenica" (di M. A. Sechehaye, Giunti, Firenze, 2000), in cui la protagonista, che si è creduta anche la principessa delle Ande, è felice di *essere ritornata nella bella realtà*, e ripensa con orrore ai tempi della sua malattia. Nash insiste: "Per esempio, una persona che non aderisce alle teorie di Zarathustra potrebbe pensare a lui come ad un pazzo che ha trascinato milioni di ingenui a seguire il culto rituale dell'adorazione del fuoco. Ma senza la sua «follia» Zarathustra sarebbe solamente uno tra i milioni o miliardi di esseri umani che hanno vissuto e che poi sono stati dimenticati". Tutto questo, scritto per l'occasione solenne del ricevimento del *premio Nobel*! È chiaro che Nash ha da sempre l'ossessione di lasciare una traccia, è chiaro che le sue allucinazioni erano comunque legate a questo suo sogno, e che a lui rinunciare al suo delirio ha significato anche rinunciare a un sogno.

Il 19 Marzo 2003, J. Nash ha ricevuto la laurea *honoris causa* dall'Università "Federico II" di Napoli, abbastanza stranamente la sua prima laurea in Economia, visto che si tratta pur sempre di un *premio Nobel* nella disciplina. In quell'occasione, ha accettato di rispondere a qualche domanda. Mi hanno colpito in particolare due scambi di battute:

> *La gente dice che lei è un genio. Cosa ne pensa?*
> È difficile parlare di questo[1]. Se chiedi a qualcuno che potrebbe essere un genio se lo è davvero, lo metti in difficoltà. Se chiedi a Mozart perché lui è un genio e Haydn no, forse ti direbbe che non è affatto sicuro che Haydn non sia un genio.
> *Lei nella vita ha incontrato molti John Nash?*
> Ho conosciuto un altro J.F. Nash, ma ora non c'è più. Era mio padre. Conosco un altro J. Nash, ma non J.F. Nash, lui è J.C. Nash. È mio figlio. Non mi viene in mente nessun altro. Certo, J. Nash non è un nome comune, come potrebbe esser J. Smith.

---

[1] Nash ha ragione, è sempre difficile fare commenti su se stesso, soprattutto in risposta a domande non eccessivamente acute come questa e la prossima.

Credo che in queste sue risposte, che sembrano sempre un po' elusive (Nash non risponde mai direttamente alle domande a lui poste), si possa intravvedere il suo mito di sempre: *essere unico*, ed essere riconosciuto come tale agli occhi del mondo. Leggiamo ancora alcune parole scritte da Nash nella postfazione del libro "The essential John Nash", curato da Sylvia Nasar e Harold Kuhn, e tradotto da Zanichelli (John Nash, *Giochi non cooperativi*, 2004): "Il punto di vista di una persona il cui lavoro e la cui esperienza personale diventano argomenti di un libro è differente da quello dei lettori del libro stesso. Nell'esperienza globale di una persona non esiste «l'essenziale» e «il non essenziale». La cosa più bella è che un essere umano ha la possibilità di esistere e di vivere e che può sperare nella reincarnazione o di andare in paradiso quando la sua vita terrena sarà davvero arrivata alla fine e farà ormai parte della storia". Trovo quanto meno insolito che colui che ha definito un concetto matematico di razionalità che viene regolarmente applicato nelle scienze, nelle poche righe conclusive di un libro in cui si parla della sua vita e del suo *premio Nobel*, in cui si trovano i lavori scientifici che lo hanno reso famoso in tutto il mondo, si metta a parlare di reincarnazione e paradiso. Concludendo, io credo che J. Nash ha *scelto* di guarire. Certo, probabilmente l'avanzare dell'età (che ha persino qualche vantaggio) può aver rallentato quei processi *chimici*, come li ha definiti una volta il suo amico di sempre, H. Kuhn, responsabili della sua malattia. Così come possono averlo aiutato cure sempre più raffinate ed efficaci. Tuttavia resta il fatto che tanti indizi sembrano mostrare che c'è un legame profondo tra la sua malattia e i sogni, le aspirazioni, gli obbiettivi che si era proposto. Non solo, pur avendo ottenuto grande fama e molti onori, seppure tardivi, si sente in lui il rimpianto di non essere stato quel che avrebbe voluto, si sente la tragica disperazione di chi vuole con tutte le sue forze una fama immortale, e che pur avendo mezzi intellettuali eccezionali, non è bastato mai a se stesso. Certamente la vita per Nash è stato un compito particolarmente difficile da portare avanti, come lo è stato per le persone a lui più vicine. Come la moglie che, pur avendo ad un certo punto della vita chiesto il divorzio, soprattutto per cautelare il figlio, non lo ha mai abbandonato. Nash è stato un uomo eccezionale, ma purtroppo quel che è stato non gli è mai bastato e non gli basta.

La Teoria dei Giochi

In questo libro si parla di von Neumann e Nash, due giganti della matematica del ventesimo secolo, due caratteri, due storie, due vite completamente diverse, ma accomunate da molteplici circostanze. Non solo, naturalmente, dal fatto di aver condiviso un certo periodo all'Institute for Advanced Study di Princeton, uno dei templi della scienza in America, ma anche dal fatto che i loro contributi alla matematica, che si sono sviluppati in aree diverse, hanno una cosa fondamentale in comune: infatti entrambi sono considerati padri di una teoria nuova, che si chiama Teoria dei Giochi. Una parte della matematica talmente nuova che non è affatto scontato che persone anche curiose ed interessate alla scienza sappiano di preciso di che cosa tratti. Certo, si può fare la ragionevole ipotesi che si occupi di come giocare in maniera intelligente giochi popolari in tutto il mondo, dagli scacchi al poker, tanto per citare solo due esempi. E non è un caso che il primo celebre risultato fa riferimento agli scacchi, e la tesi di dottorato di Nash, lavoro per cui ha vinto il Nobel, contiene lo studio di un modello semplificato del poker. Sarebbe però fare un ovvio torto ad una teoria molto importante, e che ha sempre più applicazioni, pensare che possa essere utilizzata soltanto per analizzare giochi. In realtà, il modo giusto per capire di che cosa si occupi tale teoria è di domandarsi perché il gioco sia così importante. La risposta è molto semplice: il gioco è importante perché è un modo simbolico molto efficace per descrivere situazioni che la vita propone quotidianamente agli esseri viventi. In un gioco ci sono vari individui (giocatori, agenti) che devono fare scelte seguendo certe regole. L'insieme delle loro scelte genera un esito del gioco stesso, e gli agenti hanno delle preferenze sui vari esiti possibili. Se si descrive il gioco in questa maniera, allora si capisce bene che un gioco è quel che affrontiamo nella nostra vita, quando prendiamo decisioni per ottenere dei risultati che non dipendono solo dal nostro comportamento, ma anche da quello di altri. Studiare questi meccanismi significa cercare di gettare luce sul significato di comportamento razionale, cercare di capire i meccanismi economici, la teoria politica, la psicologia. Non solo, ipotizzando che esista una *forma di razionalità nel comportamento interattivo anche da parte di esseri che non sono definibili intelligenti, almeno dal punto di vista dell'intelligenza umana, diventa naturale pensare che questa teoria abbia applicazioni anche in altri ambiti, come quello biologico, genetico, informatico. Dicevo qualche riga sopra che l'ipotesi di partenza della teoria è che ci siano degli agenti che devono fare delle scelte, e che la combinazione delle scelte determina esiti possibili sui quali i giocatori hanno delle preferenze. Si ipotizza che i giocatori siano egoisti, e cioè che il loro esclusivo interesse sia quello di ottenere il massimo possibile per sé, e che siano razionali, cioè che sappiano in qualche modo capire quale sia il modo ottimale di comportarsi. Proprio quest'ultimo punto, apparentemente innocente, nasconde in realtà molti i problemi di interpretazione e rappresenta probabilmente il fascino maggiore della teoria, perché il problema di una definizione corretta della razionalità a ben vedere permea il pensiero umano da sempre... Fatta questa rapida premessa, nelle prossime righe racconto rapidamente quali sono stati i primi sviluppi della teoria, ponendo soprattutto l'accento sui contributi di von Neumann e Nash.*

Il primo notevole risultato attribuito a Zermelo, che pubblica nel 1913 un teorema sugli scacchi, in cui sostanzialmente dice, o gli fanno dire[1] che giochi che hanno la stessa struttura degli scacchi sono determinati[2]. Questo significa che almeno in situazioni che possono essere modellizzate come gli scacchi, abbiamo un'idea univoca di che cosa significhi essere razionali, dal momento che il risultato del gioco è prevedibile a priori. Gli scacchi sono un gioco a somma zero. Il che vuol dire semplicemente che i giocatori hanno interessi opposti, e questa è la situazione di gran

---

[1] Curiosamente, molto curiosamente, il teorema pubblicato da Zermelo, pur occupandosi di scacchi, non afferma assolutamente quanto gli viene attribuito da sempre, e dalle fonti più autorevoli.

[2] Non facile spiegare in poche righe che cosa questo significhi ed implichi. Un modo per dirlo è che ogni partita giocata da due giocatori perfettamente razionali finirebbe allo stesso modo. Notare che allo stesso modo non significa che vince sempre lo stesso. Significa che o pareggiano sempre, o che vince sempre lo stesso colore.

lunga più semplice da analizzare. Non a caso, i contributi successivi riguardano sempre questa tipologia di situazioni, ma in ipotesi più complicate. Per esempio, si capisce bene che un gioco come la morra cinese (carta, sasso, forbici) ha una natura differente da quello degli scacchi: in questo le mosse sono successive, e tutto lo svolgimento del gioco è conoscenza di entrambi, nella morra cinese ci sono mosse contemporanee, sicché un giocatore, quando agisce non sa che sta facendo l'altro, e viceversa. E in effetti, pensando ad una partita singola, sembra difficile poter affermare che tra due giocatori, sia pure perfettamente razionali, l'esito delle partire sia sempre lo stesso. Tuttavia, è abbastanza intuitivo che, soprattutto nel caso il gioco venga giocato ripetutamente, ci siano metodi più o meno efficaci ed intelligenti di giocarlo: ad esempio, se tiro sempre la mossa vincente contro quella fatta allo stadio precedente dal mio avversario, dopo un po' chi mi è contro lo capisce e riesce ad ottenere un ovvio vantaggio. Von Neumann allora introduce il concetto di strategie miste, e utilizza il concetto di utilità attesa per estendere l'idea di equilibrio anche a questi giochi. Infine, enuncia un risultato fondamentale, il cosiddetto teorema del minimax, che asserisce che ogni gioco finito a due persone a somma zero ammette equilibrio, in strategie miste. Anche un gioco senza apparente equilibrio - arguisce von Neumann - non va giocato a caso o cercando di capire la psicologia dell'avversario (questo era piuttosto l'idea di E. Borel, peraltro scettico sulla possibilità di ottenere un teorema di minimax). Infatti, come appunto asserisce il suo teorema, esiste una maniera "ottimale", per entrambi i giocatori, di scegliere una distribuzione di probabilità sulle strategie pure (cioè una strategia mista). Non solo: essendo razionali, i due giocatori sanno che entrambi conoscono la situazione e quindi un tale gioco risulta determinato: il suo esito è sempre inesorabilmente lo stesso. Naturalmente questo va inteso in senso probabilistico: se gioco con un altro giocatore razionale la morra cinese un numero sufficientemente elevato di volte, allora so che alla fine saremo sostanzialmente in parità, e l'unico modo intelligente di giocarlo è di affidarsi ad una scelta casuale, beninteso secondo certe probabilità. Che nel caso della morra significa che, per esempio, prendo un dado e se viene uno o due gioco carta, tre o quattro forbici, altrimenti sasso[3]. I giochi strettamente competitivi hanno due caratteristiche fondamentali. La prima è che i giocatori possono calcolare le loro strategie di equilibrio autonomamente: devono, certo, tenere conto che l'altro esiste, ma non hanno bisogno di sapere che fà, per arrivare al loro risultato ottimale. Di conseguenza, seconda caratteristica fondamentale, è che, se ci sono diverse configurazioni di equilibrio, qualunque sia quella cui fanno riferimento, anche se in testa ne hanno due differenti, il risultato delle loro azioni è un equilibrio. Per spiegare meglio, faccio riferimento ad un gioco[4] in cui questo non accade: se due amici vogliono passare la sera assieme ma uno preferisce l'opera e l'altra il cinema, è evidente che andare assieme all'opera o andare assieme al cinema siano due equilibri ma se i due agiscono autonomamente senza mettersi bene d'accordo, c'è il rischio che si ritrovino da soli e magari nel posto sbagliato! Il teorema di von Neumann è dunque un grande passo avanti nell'ambito della teoria delle decisioni interattive, forse il primo risultato sistematico in questo senso. Tuttavia, se pure finalmente un risultato di "ottimizzazione" viene ottenuto tenendo conto della presenza di più agenti, come accennavo prima il fatto di descrivere una situazione strettamente competitiva fa sì che essi possano agire senza coordinamento. Chiaramente la situazione strettamente competitiva non esaurisce tutte le possibili situazioni; al contrario, sono molto più frequenti le situazioni in cui i giocatori possono beneficiare entrambi, oppure perdere entrambi, facendo certe mosse congiunte[5]. Per questo von Neumann medita un'estensione della teoria che porta alla pubblicazione del libro – in collaborazione con l'economista austriaco Morgenstern – Theory of Games and

---

[3] Secondo Einstein, Dio non gioca a dadi. Secondo chi si occupa di teoria dei giochi, Dio gioca a dadi, ma in maniera intelligente.
[4] Ovviamente non a somma zero, basta osservare che sono possibili esiti più o meno buoni per entrambi contemporaneamente.
[5] Se questo magari non è chiaro nei giochi da tavolo, almeno quelli a due giocatori, dovrebbe essere evidente in tanti esempio presi dall'economia, a cominciare dall'esempio degli unici due bar del paese che devono decidere il prezzo del cappuccino: ad entrambi conviene tenere il prezzo alto, ma se uno abbassa il prezzo ci guadagna perché ruba clienti all'altro...

Economic Behaviour, che molti considerano l'opera che segna la data di nascita della Teoria dei Giochi, ed in cui, assieme alla sistemizzazione dei risultati dei giochi strettamente competitivi, viene affrontato lo studio dei giochi non (necessariamente) a somma zero con un approccio totalmente nuovo. L'idea sviluppata parte dalla constatazione che un gioco spesso può essere descritto attraverso il comportamento delle coalizioni che si possono formare fra i partecipanti. Molti esempi possono avvalorare questa idea: un sindacato, un partito, un associazione si formano proprio con lo scopo di ottenere dei vantaggi per gli iscritti. Una volta formalizzato il gioco definendolo come una funzione che ad ogni possibile coalizione associa un insieme di utilità che i giocatori della coalizione stessa possono ottenere coalizzandosi, viene formulato un concetto di soluzione, cioè di spartizione delle utilità fra i singoli partecipanti. Si parla in questo caso di approccio cooperativo alla teoria, anche se bisogna chiarire subito che la cooperazione non nasce da un attenuazione delle ipotesi di egoismo dei giocatori. Semplicemente, si ipotizza che accordi, vincolanti per qualche motivo, siano stipulati perché convenienti per tutti. Il concetto di soluzione, proposto da von Neumann e Morgenstern, è alquanto complicato: esistono molti esempi in cui una soluzione è un insieme (non ridotto ad un singolo vettore di distribuzione delle utilità) e ci sono più soluzioni (rendendo difficile l'interpretazione a posteriori del concetto stesso di soluzione), né gli autori sono in grado di stabilire se esistono giochi senza soluzione (la risposta affermativa arriverà anni dopo). Siamo agli inizi degli anni '50, quando irrompe sulla scena Nash, studente all'Institute for Advanced Study di Princeton, in cerca di un buon argomento per la tesi di dottorato e sicuramente affascinato dal carisma che accompagna la figura di von Neumann. Egli non esita a proporre un modello alternativo a quello di Von Neumann. Che lui stesso definisce non cooperativo, e in cui i dati primitivi sono gli spazi delle strategie per i giocatori, a ciascuno dei quali è anche assegnata una funzione di utilità, che dipende dalle scelte di tutti i giocatori.

Contemporaneamente, Nash propone un nuovo concetto di soluzione, o di equilibrio, o anche di idea di razionalità, che oggi viene chiamato equilibrio di Nash: una multistrategia, cioè una combinazione di strategie fra i vari giocatori, è di equilibrio se ognuno, informato che gli altri intendono giocare la multistrategia proposta, non hanno interesse a deviare dalla strategia proposta loro. In altre parole, se un arbitro dice a Chiara: tu scegli la strategia A e a Camilla: tu scegli la B, Camilla non ha interesse a cambiare la sua strategia B, assumendo che Chiara effettivamente giochi la strategia A. E viceversa, naturalmente. Nello stesso lavoro, Nash dimostra poi un teorema di esistenza. Come del resto Nash dice chiaramente nella sua tesi, la sua idea di equilibrio non è del tutto nuova, essendo stata già utilizzata, senza essere formalizzata ed in un caso particolare, da Cournot molto tempo prima. Comunque, il contributo eccezionale di Nash sta nell'aver formulato un modello e nell'aver formalizzato il concetto di equilibrio all'interno di questo. Dopo aver pubblicato la sua tesi ed i risultati in essa ottenuti, ed aver sviluppato quasi in contemporanea un modello di contrattazione fra due agenti, Nash sostanzialmente si disinteressa di teoria dei giochi. Von Neumann invece, pur non occupandosi in maniera sistematica di giochi dopo l'uscita del suo libro, continua a pensare alla teoria, seppure in modo non sistematico, ed a dimostrare grande considerazione per la disciplina. Tra l'altro, stimola molto le ricerche di Dantzig, che studia come trattare problemi su larga scala di programmazione lineare, che lo porteranno a formulare il famoso metodo del simplesso. Del resto, l'ho scritto anche parlando della vita di von Neumann, egli pensava al calcolatore come ad uno strumento utilissimo per risolvere i problemi complessi che la teoria dei giochi propone. Bisogna anche osservare che von Neumann comunque non accoglie con favore il modello di Nash: il suo commento, per lo meno poco generoso, è che non si tratta d'altro che di un nuovo teorema di punto fisso. Lo sviluppo successivo della teoria darà invece pienamente ragione a Nash: non c'è dubbio che l'approccio non cooperativo sia oggi prevalente in maniera schiacciante, soprattutto nei settori classici di applicazione, primo fra tutti l'economia. Da allora la teoria ha fatto, fino ad oggi, passi da gigante. Non solo, è entrata a far parte dell'elite della scienza, fatto testimoniato dall'assegnazione di due premi Nobel (1994, 2005) a cultori di questa disciplina. Fatto più importante, c'è stata una presa di coscienza più matura del suo valore e dei suoi limiti. Forse, l'entusiasmo con cui sono stati salutati i primi risultati, l'eccessivo ottimismo su quello che ci avrebbe potuto far ottenere l'applicazione sistematica di questa disciplina oggi non hanno più spazio. Non è un male. La teoria, come ogni buona teoria, spiega qualcosa, e spesso apre interrogativi più profondi ed interessanti dei problemi che risolve. Credo sia il destino della scienza. Oggi altre teorie, che forse non sarebbero nate senza la teoria dei giochi, hanno assunto grande importanza, e si confrontano fra loro in un utile dibattito. Un esempio per tutti, la cosiddetta behavioral economics. È evidente che l'ipotesi di partenza, di perfetta razionalità da parte dei giocatori, è un'astrazione notevole: questo per alcuni potrebbe significare un limite molto serio all'applicabilità di tutta la teoria. In realtà, non è così. Oggi i filosofi della scienza sono inclini a pensare che il contributo più prezioso della teoria dei giochi sia quello di costituire un riferimento per valutare quanto i comportamenti degli agenti possano deviare da un comportamento ottimale.

Riferimento senza il quale sarebbe difficile fare analisi approfondite, e che escano dai confini di considerazioni puramente qualitative. Concludo dicendo che il paradigma di razionalità definito dal concetto di equilibrio di Nash solleva non pochi interrogativi, e non pochi dilemmi logici e filosofici. Buon segno, secondo me. Le idee più feconde non sono quelle che risolvono un qualche problema, sia pure complicato, ma quelle che pongono nuovi interrogativi ed aprono nuovi orizzonti.

Ennio De Giorgi
Intuizione e rigore

di **Gianni Dal Maso**

Ennio De Giorgi nacque a Lecce l'8 febbraio 1928. Suo padre Nicola, insegnante di Lettere alle magistrali di Lecce, era un cultore di lingua araba, storia e geografia, mentre sua madre Stefania Scopinich proveniva da una famiglia di navigatori di Lussino. Il padre morì prematuramente nel 1930; la madre, cui Ennio era particolarmente legato, visse fino al 1988.

Dopo la maturità classica a Lecce, nel 1946 De Giorgi si iscrisse a Ingegneria all'Università di Roma. L'anno successivo passò a Matematica, laureandosi nel 1950 con Mauro Picone. Subito dopo divenne borsista presso l'*Istituto per le Applicazioni del Calcolo* e dal 1951 fu assistente di Picone all'Istituto di Matematica dell'Università di Roma.

La teoria dei perimetri e il XIX problema di Hilbert

Negli anni 1953-55 De Giorgi ottenne i suoi primi risultati matematici di rilievo nella teoria dei perimetri, una nozione di misura (n-1)-dimensionale per frontiere orientate di insiemi n-dimensionali introdotta da Renato Caccioppoli. Questi risultati portarono alla dimostrazione della diseguaglianza isoperimetrica, pubblicata da De Giorgi nel 1958: tra tutti gli insiemi di perimetro assegnato, l'ipersfera ha il massimo volume n-dimensionale.

Ennio De Giorgi

Nel 1955 De Giorgi pubblicò un controesempio all'unicità di soluzioni regolari del problema di Cauchy per un'equazione differenziale lineare alle derivate parziali con coefficienti regolari, un problema che era aperto da oltre mezzo secolo. Questo articolo di poche pagine, privo di ogni riferimento bibliografico, ebbe un'eco notevole nel mondo matematico, suscitando in particolare l'interesse di Torsten Carleman e l'ammirazione di Jean Leray. Quest'ultimo nel 1966 costruirà alcuni altri *contre-examples du type De Giorgi*.

Il più importante risultato ottenuto da De Giorgi è la dimostrazione della continuità hölderiana delle soluzioni di equazioni ellittiche con coefficienti misurabili e limitati (anche in presenza di discontinuità dei coefficienti). Questo risultato, ottenuto nel 1955 e pubblicato in forma completa nel 1957, è l'ultimo – e forse il più difficile – passo nella risoluzione del XIX problema posto da Hilbert nel 1900 – se le soluzioni di problemi di minimo regolari del calcolo delle variazioni per integrali multipli sono regolari, e addirittura analitiche nel caso di dati analitici.

La vicenda del teorema di regolarità, raccontata da Enrico Magenes durante la commemorazione di De Giorgi all'*Accademia dei Lincei*, ebbe uno svolgimento folgorante. Nell'agosto 1955, durante una camminata nei pressi del Passo Pordoi, De Giorgi fu informato da Guido Stampacchia sui risultati parziali riguardanti il XIX problema di Hilbert. Egli dovette subito vedere la possibilità di applicarvi i risultati delle sue ricerche sui perimetri, in particolare la proprietà isoperimetrica dell'ipersfera, dal momento che in meno di due mesi fu in grado di presentare al *Congresso dell'Unione Matematica Italiana* la sua dimostrazione del teorema di regolarità basata su questi strumenti.

Questa storia mette in luce uno degli aspetti della personalità scientifica di De Giorgi: un'intuizione fulminea unita ad una capacità eccezionale di far seguire ad essa una dimostrazione curata nei minimi dettagli. L'altro aspetto della personalità di De Giorgi mostrato da questa vicenda è la sua capacità a impegnarsi in problemi di grande difficoltà in un pressoché totale isolamento.

Il risultato di *regolarità hölderiana* ebbe un influsso notevole sulla teoria delle equazioni ellittiche non lineari. Lo stesso risultato per equazioni paraboliche fu dimostrato in quegli stessi anni da John F. Nash Jr. con metodi completamente diversi.

Alcuni anni dopo, nel 1968, De Giorgi tornò sull'argomento, mostrando con un controesempio che lo stesso risultato non vale per sistemi uniformemente ellittici con coefficienti discontinui. Quindi la questione sollevata da Hilbert nel XIX problema ha una risposta negativa, se viene estesa alle funzioni vettoriali.

Ipersuperfici di area minima

Nel 1958 De Giorgi divenne professore di Analisi matematica all'Università di Messina. L'anno successivo, su proposta di Alessandro Faedo, venne chiamato alla *Scuola Normale* di Pisa, dove ebbe per quasi quarant'anni la Cattedra di Analisi matematica, algebrica e infinitesimale. A Pisa De Giorgi teneva ogni anno due corsi, solitamente il martedì e il mercoledì dalle 11 alle 13. Il tono di queste lezioni era molto rilassato, con frequenti interventi da parte degli ascoltatori. A volte la lezione si interrompeva a metà per una ventina di minuti, e l'intera classe si trasferiva in un vicino caffè. Anche se poco curate nei dettagli, le sue lezioni riuscivano affascinanti.

Nel 1960 l'*Unione Matematica Italiana* gli conferì il Premio Caccioppoli, appena istituito. Negli anni '60 la sua attività scientifica si rivolse soprattutto alla teoria delle ipersuperfici di area minima. Il suo principale risultato fu la dimostrazione dell'analiticità quasi ovunque delle frontiere minimali in spazi euclidei di dimensione arbitraria. Questo è un esempio notevole delle grandi opportunità offerte dall'uso della teoria dei perimetri nel Calcolo delle variazioni. Il risultato di regolarità delle frontiere minime era considerato da De Giorgi come la vittoria ottenuta nella più audace delle sue sfide scientifiche.

La sua tecnica di dimostrazione fu immediatamente adattata da William K. Allard e Frederick J. Almgren allo studio della regolarità parziale per oggetti geometrici più generali ed è ora di uso comune anche in contesti molto lontani da quello iniziale: equazioni e sistemi non lineari di tipo ellittico e parabolico, mappe armoniche, problemi di evoluzione geometrica, ecc.

Nel 1965 De Giorgi ottenne un'estensione del *teorema di Bernstein* alla dimensione tre: le uniche soluzioni dell'equazione delle superfici minime definite su tutto lo spazio euclideo tridimensionale sono necessariamente affini. Questo risultato fu subito esteso a dimensioni fino a sette da James Simons, che costruì anche un cono localmente minimo in dimensione otto. De Giorgi poi dimostrò, nel 1969, con Enrico Bombieri e Enrico Giusti, che il cono di Simons è anche globalmente minimo. Inoltre, usando questo cono, essi costruirono una soluzione non affine dell'equazione delle superfici minime definita nell'intero spazio euclideo di dimensione otto. Questo risultato sorprendente mostra che il teorema di Bernstein non può essere esteso a spazi di dimensione maggiore di sette. Nello stesso anno De Giorgi dimostrò, con Enrico Bombieri e Mario Miranda, l'analiticità delle soluzioni dell'equazione delle superfici minime in ogni dimensione spaziale.

Tra il 1966 e il 1973 De Giorgi accettò con entusiasmo la proposta di Giovanni Prodi di prestare il suo servizio di insegnante presso una piccola Università dell'Asmara gestita da suore italiane, trascorrendovi un mese ogni anno.

Nel 1971, insieme a Lamberto Cattabriga, De Giorgi dimostrò che, in dimensione due, ogni equazione differenziale alle derivate parziali con coefficienti costanti e termine noto analitico reale ha una soluzione analitica reale, mentre in dimensione maggiore ci sono esempi di equazioni, anche molto semplici come quella del calore, per cui questa proprietà non è vera.

Nel 1973 l'*Accademia dei Lincei* gli conferì il Premio del Presidente della Repubblica.

G-convergenza

Nel periodo 1973-1985 De Giorgi sviluppò la teoria della G-convergenza, concepita per dare una risposta unificata alla seguente domanda, che si presenta in molti problemi teorici e applicativi: data una successione F_k di funzionali, definiti in un opportuno spazio di funzioni, esiste un funzionale F tale che le soluzioni dei problemi di minimo per F_k convergano verso le soluzioni dei corrispondenti problemi di minimo per F?

Il punto di partenza fu la nozione di G-convergenza di operatori ellittici, introdotta da Sergio Spagnolo nel 1967-68 e definita originariamente in termini di convergenza delle soluzioni delle corrispondenti equazioni. Nel 1973 De Giorgi e Spagnolo riconsiderarono questa nozione dal punto di vista variazionale, mettendo in luce il suo legame con la convergenza dei funzionali dell'energia.

In un importante articolo pubblicato nel 1975 De Giorgi passò dalla nozione "operazionale" di G-convergenza ad una nozione puramente "variazionale". Invece di una successione di equazioni differenziali, considerò una successione di problemi di minimo per funzionali del Calcolo delle variazioni. Senza scrivere i corrispondenti operatori di Eulero, De Giorgi stabilì cosa fosse da intendersi come il limite variazionale di questa successione di problemi, e ottenne al tempo stesso un risultato di compattezza. Questo fu l'inizio della G-convergenza.

La definizione formale di questa nozione, insieme alla dimostrazione delle sue principali proprietà, comparve alcuni mesi dopo in un articolo con Tullio Franzoni. Nei dieci anni successivi De Giorgi si impegnò a sviluppare le tecniche della G-convergenza ed a promuovere il suo impiego in diversi problemi asintotici del calcolo delle variazioni, quali i problemi di omogeneizzazione, di riduzione di dimensione, di transizione di fase, ecc. De Giorgi stesso, solitamente molto sobrio quando parlava dei suoi risultati, andava fiero di questa creazione, reputandola uno strumento concettuale di grande importanza.

Una caratteristica del suo lavoro in questo periodo fu di animare un vivace gruppo di ricerca, introducendo idee feconde e tecniche originali, e lasciando spesso ad altri il compito di svilupparle autonomamente in vari problemi specifici.

Nel 1983 De Giorgi tenne una conferenza plenaria al *Congresso Internazionale dei Matematici* di Varsavia. Erano gli anni di Solidarnośċ di Jaruzelski, e il *Congresso*, già rinviato di un anno, si svolgeva in un clima molto pesante. De Giorgi iniziò la sua conferenza sulla G-convergenza manifestando grande ammirazione per la Polonia. In quella stessa occasione espresse pubblicamente una delle sue convinzioni più profonde, dichiarando che la sete di conoscenza dell'uomo era a suo avviso il "segno di un desiderio segreto di vedere qualche raggio della gloria di Dio".

Equazioni di evoluzione e problemi con discontinuità libera

All'inizio degli anni '80, in una serie di lavori con Antonio Marino e Mario Tosques, De Giorgi propose un nuovo metodo, basato sulla nozione di pendenza, per lo studio di equazioni di evoluzione del tipo del flusso del gradiente. Tale metodo è stato applicato a molti problemi di evoluzione con vincoli non convessi e non differenziabili.

Nel 1983, nel corso di una solenne cerimonia alla *Sorbona*, De Giorgi fu insignito della Laurea *honoris causa* in matematica dell'Università di Parigi.

Nel 1987 De Giorgi propose, in un articolo con Luigi Ambrosio, una teoria molto generale per lo studio di una nuova classe di problemi variazionali caratterizzata dalla minimizzazione di energie di volume e di superficie. In un lavoro successivo egli chiamò questa classe "problemi con discontinuità libere", alludendo al fatto che l'insieme dove sono concentrate le energie di superficie non è fissato a priori ed è sovente rappresentabile mediante l'insieme dei punti di discontinuità di un'opportuna funzione ausiliaria. Sorprendentemente, in quegli stessi anni David Mumford e Jayant Shah proposero, nell'ambito di un approccio variazionale al riconoscimento di immagini, un problema al quale la teoria di De Giorgi si adatta perfettamente. L'esistenza di soluzioni di questo problema fu dimostrata da De Giorgi nel 1989, in collaborazione con Michele Carriero e Antonio Leaci.

A partire dalla fine degli anni '80 De Giorgi si occupò di diversi problemi di evoluzione geometrica del tipo dell'evoluzione per curvatura media, in cui si richiede che la velocità normale a una superficie sia in ciascun punto proporzionale alla sua curvatura media, e propose diversi metodi per definire soluzioni deboli del problema e per calcolare soluzioni approssimate; le sue idee sono state poi sviluppate da diversi matematici.

Nel 1990 De Giorgi ricevette a Tel Aviv il prestigioso *Premio Wolf*.

I Fondamenti della matematica

A partire dalla metà degli anni '70, De Giorgi riservò il corso del mercoledì ai fondamenti della matematica, continuando a dedicare l'altro corso al calcolo delle variazioni o alla teoria geometrica della misura. Nel suo approccio ai fondamenti, di carattere non riduzionista, era essenziale individuare ed analizzare alcuni concetti da prendere come fondamentali, senza però dimenticare che l'infinita varietà del reale non si può mai cogliere completamente, in accordo con l'ammonimento "ci sono più cose fra cielo e terra di quante ne sogni la tua filosofia", che l'Amleto di Shakespeare dà ad Orazio, e che De Giorgi aveva eletto a sintesi della propria posizione filosofica. Per il suo lavoro sui fondamenti l'Università di Lecce gli conferì, nel 1992, la Laurea *honoris causa* in filosofia, di cui andava particolarmente fiero.

L'impegno sociale e i rapporti con i matematici italiani

Fra gli impegni sociali di Ennio De Giorgi, il più sentito fu indubbiamente quello per la difesa dei diritti umani. Questo impegno, che si protrasse fino agli ultimissimi giorni della sua vita, iniziò verso il 1973 con la campagna in difesa del dissidente ucraino Leonid Plioutsch, rinchiuso in un manicomio di stato a Dniepropetrovsk. Grazie agli sforzi di molti scienziati di tutto il mondo, come Lipman Bers, Laurent Schwartz e lo stesso De Giorgi, Plioutsch divenne un simbolo della lotta per la libertà di opinione, e infine, nel 1976, venne liberato. In Italia, De Giorgi riuscì a coinvolgere in questa battaglia centinaia di persone di idee politiche diverse. In seguito continuò la sua opera in difesa di moltissimi perseguitati politici o religiosi, divenendo membro attivo di "Amnesty International", e cogliendo ogni occasione per illustrare e diffondere la Dichiarazione Universale dei Diritti dell'Uomo.

In Italia, De Giorgi aveva amici e allievi un po' ovunque. Frequenti erano le sue trasferte per seminari o convegni, specie a Pavia, Perugia, Napoli, Trento, oltre che ovviamente a Roma e a Lecce. Fu un assiduo partecipante dei Convegni di Calcolo delle variazioni dell'Isola d'Elba e di Villa Madruzzo, a Trento, dove si sentiva particolarmente a suo agio. In queste occasioni appariva instancabile, promuovendo interminabili discussioni scientifiche e lanciando sempre nuove idee o congetture.

Anche se era circondato dalla profonda ammirazione di colleghi, amici e allievi, rimase sempre una persona molto modesta. Il suo studio era sempre aperto a chi volesse discutere con lui qualche problema matematico. In queste occasioni spesso sembrava un ascoltatore distratto, ma era sempre in grado di cogliere il nocciolo della questione e di suggerire nuove vie per affrontare il problema, che si rivelavano efficaci.

Fu socio delle più importanti istituzioni scientifiche, in particolare dell'*Accademia dei Lincei* e dell'*Accademia Pontificia* dove svolse fino all'ultimo un ruolo attivo. Nel 1995 venne chiamato a far parte della *Académie des Sciences* di Parigi e della *National Academy of Sciences* degli Stati Uniti.

Era una persona profondamente religiosa. Il suo atteggiamento di continua ricerca, la sua naturale curiosità, la sua apertura verso tutte le idee, anche le più lontane dalle sue, rendevano facile e costruttivo il suo dialogo con gli altri anche su questi temi.

A partire dal 1988, quando cominciarono a manifestarsi i primi problemi di salute, De Giorgi usava trascorrere, specie durante l'estate, lunghi periodi a Lecce in compagnia della sorella Rosa, del fratello Mario, e dei loro figli e nipoti, ritrovando le gioie della vita familiare. Nel settembre del 1996 fu ricoverato all'ospedale di Pisa. Dopo aver subito vari interventi chirurgici, si spense il 25 ottobre dello stesso anno.

Un ricordo personale

Io cominciai a lavorare sotto la guida di Ennio De Giorgi per la tesi di laurea nel 1976. Ho avuto lo straordinario privilegio di fare i primi passi nella ricerca scientifica, sotto la guida di un tale Maestro, proprio nel momento in cui egli stava sviluppando le sue idee sulla G-convergenza. Mi sono così venuto a trovare nell'invidiabile posizione di chi, senza alcun merito e ancora del tutto inesperto, può osservare da vicino un'impresa così esaltante come lo sviluppo di un nuovo ramo del Calcolo delle variazioni.

Quanto dico è vero a maggior ragione, in quanto De Giorgi aveva l'abitudine di confidare ai suoi allievi, anche ai più giovani, gli obiettivi a breve e a lungo termine delle sue ricerche, e di discuterli a lungo, spiegando con pazienza, a noi che faticavamo a volte a seguirlo, i motivi di una sua congettura o le tecniche che riteneva più idonee a dimostrarla.

Nel suo stile di lavoro De Giorgi, infatti, privilegiava il momento della discussione. Non solo come metodo per giudicare la validità delle motivazioni di un problema, o per vagliare l'attendibilità di una congettura. Nel suo modo di concepire l'attività del matematico, la discussione informale, tra amici, dei risultati ottenuti costituiva una parte importantissima del lavoro scientifico.

Lo scritto era per lui come qualcosa di privo di vita, necessario, certo, a fissare in forma definitiva i risultati, e a renderli pubblicamente accessibili, ma non così efficace a diffonderli come può esserlo solo la discussione informale tra persone unite da un vivo interesse per gli stessi problemi scientifici.

Lavorando in stretto contatto con De Giorgi ho avuto esperienza diretta del significato più alto dell'espressione "scuola scientifica": una comunità di ricercatori animati da comuni interessi scientifici, pronti a discutere tra loro i risultati ottenuti ed a scambiarsi opinioni sulle tecniche da usare per affrontare i problemi aperti, una comunità in cui le conoscenze e l'esperienza dei più anziani vengono trasmesse ai più giovani non solo attraverso il momento formale dei corsi e dei seminari, ma soprattutto mediante la discussione informale ed il lavoro in collaborazione.

Nel periodo in cui fui studente e poi perfezionando a Pisa, la scuola di De Giorgi comprendeva, oltre a noi suoi allievi, diversi docenti dell'Università di Pisa, cui si deve aggiungere un gran numero di collaboratori di altre università che svolgevano la loro attività di ricerca in stretto contatto con lui e che venivano spesso a discutere con lui i loro risultati.

Ricordo che, per noi che costituivamo, per così dire, il nucleo pisano della sua scuola, l'appuntamento fondamentale erano le lezioni del martedì, in cui ogni anno veniva trattato un tema diverso, sempre legato a stimolanti problemi aperti, che, in quegli anni, avevano spesso a che fare con la G-convergenza. Erano lezioni di tipo molto particolare, in cui l'esposizione dei risultati già noti costituiva la parte meno importante, ed era sempre funzionale all'acquisizione di tecniche per la risoluzione dei problemi aperti. Questi costituivano il nucleo fondamentale attorno a cui ruotava il corso. La parte più stimolante erano le congetture, di solito molto dettagliate, che De Giorgi faceva riguardo ai passi necessari alla risoluzione dei problemi aperti.

Si può dire che, mentre frequentavamo gli altri corsi per avere informazioni sui più importanti risultati del passato, frequentavamo il corso di De Giorgi per avere suggerimenti riguardo al futuro. I problemi sollevati durante il suo corso erano spesso ripresi nelle discussioni con lui che si svolgevano, a piccoli gruppi, nel suo studio. Lì aveva modo, in maniera più informale, di spiegare i dettagli delle sue congetture, e di chiarire, a grandi linee, i motivi per cui le riteneva plausibili. Ricordo che, in ogni caso, non escludeva mai la possibilità che fossero false, limitandosi a osservare che una delle parti più importanti del lavoro di un matematico, forse la più difficile, consiste proprio nell'individuare delle proposizioni significative, la cui verità, o eventuale falsità, abbia conseguenze di rilievo all'interno di una certa teoria.

In realtà la gran parte delle congetture di De Giorgi su cui si è giunti in seguito ad un risultato definitivo si sono rivelate vere. Queste congetture erano preziosissimi suggerimenti che De Giorgi usava dare a tutta la sua scuola. Molto spesso egli preferiva non occuparsi della dimostrazione, lasciando questo compito ad altri, sia perché non aveva il tempo materiale di seguire personalmente tutte le dimostrazioni, a volte molto complicate, cui le sue molteplici idee davano origine, sia perché riteneva che per lui fosse un compito assai più importante quello di indicare la direzione da seguire nella ricerca scientifica.

De Giorgi era sempre molto disponibile ad ascoltare gli altri matematici, sia i suoi allievi, sia i membri più anziani della sua scuola che venivano ad informarlo dei loro risultati e dei loro progetti, e gli chiedevano consiglio su come proseguire le loro ricerche, sia i tanti visitatori che volevano parlargli, e che andavano dai più famosi matematici del mondo ai semplici borsisti desiderosi di avere un consiglio da lui. Non ricordo che abbia mai negato un colloquio a qualcuno.

In realtà queste discussioni con altri matematici erano anche un modo di tenersi aggiornato sui progressi altrui, senza bisogno di passare lunghe ore in biblioteca a consultare le riviste. Spesso gli bastava un cenno a un nuovo risultato, di cui non aveva mai letto la dimostrazione, per poterla ricostruire rapidamente in una forma molto personale, che a volte metteva in luce alcuni aspetti che l'autore stesso della ricerca non aveva notato.

Molto spesso sembrava ascoltare distrattamente l'esposizione dei risultati altrui, anche se, in realtà, non si lasciava mai sfuggire i dettagli più significativi. La parte interessante del colloquio con lui iniziava di solito dopo che uno aveva terminato di esporgli i risultati fin qui ottenuti. A quel punto, anche se prima era sembrato distratto, De Giorgi si animava improvvisamente e iniziava subito a fornire interessanti indicazioni su nuovi risultati che si sarebbero potuti dedurre da quelli appena ottenuti. Se uno non fosse stato al corrente delle sue abitudini, avrebbe potuto trarre la conclusione che egli apprezzasse poco il lavoro fatto. In realtà non era così, e De Giorgi aveva lo stesso atteggiamento anche nei confronti del proprio lavoro: quando aveva ottenuto un risultato, questo continuava a interessarlo solo se poteva essere usato come punto di partenza per studiare dei problemi nuovi rimasti ancora insoluti.

De Giorgi ebbe un'enorme influenza nella formazione di varie generazioni di allievi, che hanno appreso dal suo insegnamento e dal suo esempio un modo particolare di "fare matematica", che prende le mosse da problemi modello significativi, suggeriti spesso (ma non sempre) da questioni applicative e dotati in ogni caso di stimolanti difficoltà matematiche, e li risolve inquadrandoli in un più ampio contesto teorico, che non faccia mai perdere di vista il problema concreto e sia però in grado di spiegarne in maniera soddisfacente gli aspetti matematici.

Bibliografia

Ambrosio, L.; Dal Maso, G.; Forti, M.; Miranda, M.; Spagnolo, S.: Ennio De Giorgi. *Boll. Un. Mat. Ital.* (8) 2-B (1999), 1-31

Università di Lecce: Per Ennio De Giorgi, Liguori Editore, Napoli, 2000

Bassani, F., Marino, A., Sbordone C.: Ennio De Giorgi. Anche la scienza ha bisogno di sognare. Gli orizzonti scientifici e spirituali di un grande matematico. Edizioni Plus, Pisa, 2001

Ennio De Giorgi: Selected Papers. Pubblicato con il sostegno dell'Unione Matematica Italiana e della Scuola Normale Superiore. Ambrosio, L.; Dal Maso, G.; Forti, M.; Miranda, M.; Spagnolo, S. (Eds.). Springer, Berlin, 2006

Laurent Schwartz

Impegno politico e rigore matematico

di **Angelo Guerraggio**

Matematica, politica e farfalle sono state le tre grandi passioni di Laurent Schwartz, "padre" delle *distribuzioni*, militante politico sempre impegnato contro tutte le oppressioni, straordinario "cacciatore" di farfalle (con una collezione di più di ventimila esemplari).

La matematica è passione e rigore, la politica è giustizia; un mondo senza farfalle sarebbe molto triste.

Da un punto di vista strettamente matematico, la fama di Laurent Schwartz rimane legata alla *teoria delle distribuzioni*. Il suo nome è, comunque, quello di un intellettuale che ha vissuto tutti i grandi avvenimenti della seconda metà del Novecento. Le stagioni hanno un inizio e una fine. Schwartz è uno dei simboli più luminosi della stagione – molto europea e molto francese – dell'intellettuale impegnato. Jean-Paul Sartre, Simone de Beauvoir, Luc Montagnier, Pierre Vidal-Naquet, François Mauriac, Yves Montand, Simone Signoret ecc. sono tutte personalità che trovano il senso del loro lavoro all'interno di cornici molto più ampie. È il primato della politica, dell'appartenenza (al fronte progressista) e dell'impegno "à lutter pour les opprimés, pour les droits de l'homme et les droits des peuples".

Non a caso l'autobiografia di Schwartz – da cui sono tratte tutte le citazioni di questo articolo – si intitola "Un mathématicien aux prises avec le siècle" (ed. Odile Jacob, 1997). Così comincia:

"Sono un matematico. La matematica ha riempito la mia vita [...].
Nello stesso tempo, ho anche riflettuto sul ruolo della matematica, della ricerca e dell'insegnamento – nella mia vita e in quella degli altri – e sui processi mentali attivi nella ricerca". Così continua: "negli ambienti giornalistici (che sono in ritardo di due buoni secoli) c'è ancora la consuetudine di chiamare intellettuali solo i letterati e gli artisti. Si pensa solo a loro quando ci si interroga sul «pensiero degli intellettuali». Se è vero che le lettere e le scienze

In montagna, nel 1951: (da sinistra) L. Schwartz, A. Weil,
P. Cartier, P. Samuel, J.P. Serre e la guida

umane sono essenziali per la nostra società, è ugualmente vero che anche l'intelligenza scientifica riveste una funzione fondamentale. Lungi dall'esaurirsi in una serie di operazioni automatiche, costituisce una cultura e una forma di pensiero che trasformano incessantemente la nostra conoscenza e la nostra società". E così conclude: "i matematici trasferiscono nella vita di ogni giorno il rigore del loro ragionamento scientifico. La scoperta matematica è sovversiva. È sempre pronta a rovesciare i tabù. I poteri stabiliti riescono a condizionarla molto poco".

Schwartz si forma all'*École Normale Supérieure* – dove hanno studiato tutte le *medaglie Fields* francesi, con l'eccezione di A. Grothendieck – e ha subito la possibilità di seguire le lezioni e i seminari di matematici del calibro di Fréchet, Montel, Borel, Denjoy, Julia, Élie Cartan, ecc. Gli anni tra le due guerre mondiali sono però un periodo particolare. I giovani sono consapevoli – dopo due o tre anni di *classes préparatoires* e un concorso d'ammissione estremamente selettivo – di entrare a far parte di una grande *école* (istituita dalla *Convenzione*, nel 1794) e di un'élite nazionale destinata all'alta ricerca e alla dirigenza. Sono però insoddisfatti dell'insegnamento. Questo vale in particolare per la matematica. Quella francese era uscita decimata dalla prima guerra mondiale. Adesso, negli anni Trenta, i vecchi Maestri sono ancora più vecchi. Mancano i "quadri" intermedi, più "aggressivi", aperti alle novità e capaci di parlare più direttamente ai giovani. Schwartz si lamenta ripetutamente di un insegnamento frammentario e senza grandi idee: "la matematica dava l'impressione di un edificio quasi terminato [...]. Non avevamo idee di che cosa rimanesse da fare [...]. Percepivo distintamente l'assenza, in tutto ciò che apprendevamo, di un filo conduttore". La critica si estende ai libri di testo e alle monografie con le quali i *normaliens* hanno a che fare. I *romans* – come la nuova generazione chiama i volumi della *Collection Borel* – da una parte dicono troppo e si dilungano in dettagli invece trascurabili, dall'altra mancano del rigore necessario e non mettono in luce le idee portanti.

Per Schwartz, determinante è l'incontro con Bourbaki: "avevo in realtà bisogno dello slancio bourbakisitco per diventare veramente un matematico". Acquisisce consapevolezza che tra astratto e concreto non ci sono grandi differenze di fondo: un oggetto concreto è solo un oggetto astratto, al quale ci si è finiti per abituare. Trova il giusto spazio per le sue esigenze di rigore, arrivando a individuare – sulla scia di André Weil – proprio nella scuola italiana di Geometria algebrica uno degli esempi più significativi della mancanza di rigore nella generazione precedente.

L'incontro con Bourbaki è del '40. Nel frattempo, Schwartz aveva concluso i suoi studi all'*École normale supérieure* (nel 1937), si era sposato con Marie-Hélène Lévy, figlia di Paul Lévy, uno dei padri fondatori del moderno Calcolo delle probabilità, e aveva cominciato un lungo servizio militare, prolungato dallo scoppio della seconda guerra mondiale. È una generazione – quella di Schwartz – che "sul più bello" deve direttamente fare i conti con tragici eventi, tutti concentrati in pochi mesi: l'annessione dell'Austria, il patto di Monaco, l'occupazione della Cecoslovacchia, l'accordo tra Hitler e i sovietici, la guerra civile spagnola con la vittoria di Franco, l'invasione nazista della Polonia, lo scoppio della seconda guerra mondiale, il governo di Vichy, ecc.

Di fatto, dopo gli anni di apprendistato all'*École normale supérieure*, Schwartz torna ad occuparsi di matematica solo dopo la liberazione della Francia, nell'ottobre del '44. Dieudonné e Delsarte lo chiamano a Nancy dove avrà, tra i suoi studenti, J.L. Lions, B. Malgrange e A. Grothendieck. Poi Choquet e Denjoy lo convincono a trasferirsi a Parigi, con l'opportunità di creare una "scuola" ancora più forte, e Schwartz insegnerà all'università e successivamente, dal 1969, a tempo pieno all'*École polytechnique*.

Le *distribuzioni* sono del '44, con un termine scelto per il loro significato fisico, in quanto possono essere interpretate come distribuzioni di cariche elettriche o magnetiche. Schwartz parla della notte della scoperta come della "ma nuit merveilleuse ou la plus belle nuit de ma vie": "da giovane passavo spesso delle ore senza dormire e senza, d'altra parte, prendere neanche dei sonniferi. Restavo nel letto con la luce spenta e spesso – evidentemente senza scrivere – facevo anche della matematica. La mia energia inventiva aumentava e avanzavo rapidamente, senza fatica – totalmente libero – e senza alcuno dei freni solitamente imposti dalla realtà del giorno e dalla necessità della scrittura. Dopo qualche ora, la stanchezza prendeva il sopravvento (soprattutto se incontravo ostinate difficoltà matematiche), mi arrendevo e dormivo fino al mattino. Rimanevo stanco tutto il giorno successivo – anche se felice – e mi occorrevano parecchi giorni per riprendermi completamente. Nel caso delle distribuzioni, la mattina dopo ero sicuro di me e pieno di eccitazione. Non ho perso tempo e ho raccontato subito tutti i dettagli a Cartan, che abitava a fianco. Anche lui era entusiasta: "bene, hai risolto tutte le difficoltà della derivazione! Da questo momento, mai più funzioni senza derivate!".

Le distribuzioni costituiscono sostanzialmente una generalizzazione del concetto di funzione, che risolve appunto il problema della derivazione (estendendone il calcolo e conservandone le principali regole). Una distribuzione è sempre derivabile, anche infinite volte, e le sue derivate rappresentano ancora delle distribuzioni. Proprio perché non ammettono eccezioni al processo di derivazione, la teoria delle distribuzioni rappresenta il quadro più naturale per collocare ogni problema differenziale; una volta trovata la soluzione, sarà poi altrettanto naturale chiedersi se la distribuzione trovata è, in particolare, una funzione.

Non è una procedura nuova in matematica. Per esempio, la ricerca delle soluzioni reali di un'equazione può essere ambientata nel campo complesso, verificando in seguito se le soluzioni trovate sono o meno reali ovvero se i numeri complessi sono serviti per esprimere le soluzioni reali.

La stessa teoria delle distribuzioni ha numerosi precursori, che Schwartz elenca puntigliosamente, ricordando l'esigenza di dare sempre significato all'operazione di derivazione, o precisi contributi in questa direzione – magari con un rigore ancora insufficiente – o ancora specifici apporti "tecnici": il calcolo simbolico di Heaviside, un articolo di Peano del 1912, la funzione di Dirac, le soluzioni generalizzate di Bochner e quelle deboli di Leray a proposito delle equazioni differenziali alle derivate parziali, i funzionali di Sobolev, le correnti di de Rham, ecc. Le distribuzioni di Schwartz ereditano tutti questi tentativi, che ora appaiono aspetti di una teoria organica e rigorosa che lo stesso Schwartz non ha esitazione a ritenere che "abbia cambiato profondamente l'analisi".

Per questo suo contributo, nel 1950 riceve la *medaglia Fields*. Ma c'è un problema non da poco. Il *Congresso Internazionale dei Matematici* – è al suo interno che si assegnano le medaglie Fields

– nel 1950 si svolge negli USA e l'attività politica di Schwartz è nota anche al di là dell'oceano e forse più di quella matematica, almeno per le sensibilità maccartiste prevalenti in quel periodo negli Stati Uniti. Schwartz rischia seriamente di non ricevere il visto di ingresso. I matematici francesi minacciano allora, per bocca di Henri Cartan (presidente della *Société mathématique de France*), il boicottaggio del *Congresso internazionale* seguiti in questa posizione intransigente da molti matematici statunitensi. Il braccio di ferro è duro, anche perché i francesi nominano a capo della loro delegazione l'anziano Jacques Hadamard, parente di Schwartz, matematico tra i più stimati ma anche simpatizzante comunista. Alla fine, non basta il *Dipartimento di Stato* e deve intervenire lo stesso Presidente Truman (si era nel pieno della guerra di Corea): Schwartz e Hadamard ottengono il loro visto, il Congresso è salvo e Schwartz può ricevere personalmente la medaglia Fields. (Nel 1972, verrà poi eletto all'*Académie des Sciences*).

Abbiamo toccato la dimensione pubblica e politica di Schwartz, che presto diventerà prevalente (con le inevitabili ripercussioni sulla ricerca). Schwartz rimarrà comunque sempre un matematico, con un grande amore per la sua disciplina: "la matematica non è la regina delle scienze – non ce ne sono – come troppo spesso si dice, ma una grandissima scienza, vera e magnifica". Manifesta gli stessi sentimenti nei confronti della ricerca e dell'insegnamento. Ecco cosa scrive a proposito della ricerca: "avverto ogni lettura e ogni seminario come un'aggressione. È il mio castello di conoscenze che cercano di demolire [...]. Si potrebbe dunque pensare che l'esistenza di questo castello sia un ostacolo allo sviluppo. Non lo credo [...]. Ho una sorta di desiderio imperialista di conoscenza totale. Non solamente in matematica, ma in tutte le scienze e anche in tutte le cose della vita e della società. Tutto deve essere, per me, di una logica perfetta. Ciò che rimane vago e impreciso non è tollerato. Se conosco male una teoria, ho la tendenza a credere di non conoscerla affatto. Accetto difficilmente le mezze misure. Dal momento che ogni nuovo risultato che viene dall'esterno è un'aggressione, cerco di resistere e ci metto del tempo ad assimilare la novità". E a proposito dell'insegnamento: "quando ho avuto la gioia di insegnare ai miei studenti un bel teorema, spesso prolungo questo piacere ripetendomi da solo la lezione, magari ad alta voce, tornando a casa. *Quelle sensualité!*" Schwartz non esiterà a introdurre i temi e lo stile più cari a Bourbaki anche nei corsi di ingegneria, accettando di trasferirsi all'*École polytechnique* solo dopo avere avuto ampie assicurazioni di poter intervenire radicalmente nel processo di riforma della formazione degli ingegneri. Si può pensare alla novità di un insegnamento "moderno" o al fascino esercitato da una logica rigorosa e stringente o, ancora, allo *charme* di un grande docente. Rimane il fatto che la "nuova" didattica, nell'insegnamento dell'Analisi, ottiene un grande successo presso gli studenti dell'*École polytechnique*.

L'apprezzamento giovanile è tanto più considerevole se si tiene conto che Schwartz si mantiene lontano anni luce da posizioni faciliste e demagogiche. Tuonerà sempre contro l'immiserimento dei contenuti dell'educazione matematica e le tendenze distruttive ad un egualitarismo solo fittizio: "malgrado l'incontestabile progresso costituito della scolarità obbligatoria fino a 16 anni, mi sembra che il rinnovamento delle *élites* proceda meno bene e meno speditamente di prima". Ritroviamo queste idee in molti suoi interventi, fino al volume L'*Enseignement et le développement scientifique* (scritto nel 1981, all'interno di una "fotografia" complessiva del sistema sociale francese, promossa dal Primo Ministro Pierre Mauroy) o al libro "Pour sauver l'Université" del 1984 o, ancora, alla costituzione di un'associazione – QSF, "Qualité de la science française" – per la difesa dei valori della cultura scientifica e della sua trasmissione. Ma adesso è il momento di parlare esplicitamente di Schwartz "politico".

La sua militanza comincia molto presto: "sono diventato trozkista nel 1936, rimanendo molto impegnato nell'attività politica fino al 1947". È una militanza presa molto sul serio, sia negli anni dell'occupazione tedesca – con tutti i rischi, anche di deportazione, che si possono immaginare – sia nell'immediato dopoguerra, con feroci polemiche con l'ortodossia staliniana del Partito comunista francese. Schwartz fa il "militante di base" e diffonde, casa per casa, *La Verité* (giornale del "Partito Operaio Internazionalista. Sezione francese della IV Internazionale"), contento di riuscire a venderne una cinquantina di copie ogni domenica mattina. Negli ultimi due anni, viene anche eletto nel Comitato Centrale del partito, con la prospettiva di diventare segretario nazionale (se naturalmente avesse lasciato la sua attività di matematico): "la prospettiva di diventare un uomo di apparato non era certamente esaltante ma – per quanto oggi possa apparire strano – la scartai solo dopo una o due settimane. La verità è che allora ero un convinto militante politico".

Schwartz lascia il partito trozkista perché ne avverte la sclerotizzazione. È un partito fuori dalla realtà, che non fa registrare alcun progresso nella divulgazione del suo "credo" politico, dilaniato da lotte intestine.

L'esperienza è stata, tutto sommato, breve ma lascia segni indelebili nella personalità e nelle future scelte politiche di Schwartz che, ripetutamente, si vedrà appioppare la qualifica di *ancien trotskiste*. Negli anni successivi, aderirà a vari raggruppamenti politico-culturali promossi da Sartre e infine al Partito socialista, rimanendo sempre un uomo di sinistra (magari anche della sinistra estrema e radicale), con una concezione fortemente etica della politica e non perdendo mai di vista due precisi punti di riferimento: "le mie idee trozkiste non sono affatto cambiate su due punti: l'internazionalismo e l'anticolonialismo".

Sono punti di riferimento che diventano subito sensibili in occasione della grave crisi algerina. Siamo nel 1954. L'Algeria, colonia francese, inizia la sua lotta, al pari di molti altri Paesi del terzo mondo – per l'indipendenza. Schwartz non ha dubbi – nella sinistra francese, la scelta non era del tutto scontata – e si schiera subito a favore dell'autodeterminazione del popolo algerino.

Il suo impegno diventa frenetico quando scoppia l'affaire Audin. Maurice Audin era un giovane francese, studente di matematica, comunista, che Schwartz aveva conosciuto – per via di una presentazione di René de Possel, uno dei "vecchi" fondatori di Bourbaki – nella preparazione della tesi. L'11 giugno '57 viene arrestato ad Algeri dai paracadutisti francesi, torturato e picchiato a morte. Le autorità francesi, per tutto il mese di giugno (anche se Maurice era già morto il 21), assicurano che si trova rinchiuso in un luogo sicuro; poi, di fronte all'insistenza della moglie e degli amici, inventano un tragico incidente per giustificarne la morte. Schwartz è uno dei destinatari dei telegrammi con cui la moglie di Maurice chiede di fare luce sulle sorti del marito. Nasce il *Comitato Audin*, presieduto dallo stesso Schwartz (e che diventerà

Schwartz (il primo a sinistra) durante un Congresso Bourbaki

un centro di lotta contro la tortura, in generale). Nasce un lungo e faticoso impegno per sensibilizzare l'opinione pubblica francese e fare pressione sul governo e sul generale de Gaulle. Con de Possel e l'appoggio delle autorità accademiche, Schwartz decide di fare sostenere a Audin la sua tesi – *in absentia* – presso la Facoltà di Scienze di Parigi, con una vera e propria discussione. L'impatto sull'opinione pubblica è notevole. Il settimanale L'*Express* dedica a Schwartz la copertina. La tensione e i contrasti con l'*establishement* raggiungono il loro massimo nel '60, in occasione del manifesto dei 121: Schwartz è uno dei firmatari di un appello ai giovani francesi per un atto di insubordinazione, perché disertino e si rifiutino di partecipare alla guerra di Algeria. Ancora una volta lo choc in Francia è notevole e le reazioni non mancano. Schwartz viene sospeso dall'*École polytechnique* e dall'onore di insegnarvi, considerata la tradizione militare di questa scuola. La sua risposta e la sua indignazione, a distanza di anni, emozionano ancora: "ho firmato la dichiarazione dei 121 perché, per troppi anni, ho visto la tortura impunita e i torturatori premiati. Il mio studente Maurice Audin è stato torturato e assassinato nel giugno 1957 e siete voi, signor Ministro, che avete firmato la promozione del capitano Charbonnier e del comandante

Faulques (responsabili dell'assassinio), rispettivamente, ai gradi di ufficiale e di comandante della Legione d'onore. Ho detto onore. Venendo da un ministro che si è assunto tali responsabilità, le considerazioni sull'onore non possono che lasciarmi assolutamente freddo".

L'impegno algerino avrà per Schwartz ben altre ripercussioni, sul piano personale, che non il "semplice" temporaneo allontanamento dall'*École polytechnique*. Nel febbraio '62, suo figlio Marc-André, neanche 20 anni, viene prelevato da un commando di uomini dell'"'Algeria francese"' e liberato solo dopo due giorni di prigionia. Per il ragazzo è uno choc terribile, anche perché subito dopo la sua liberazione cominceranno a girare insistenti voci su un "finto" rapimento, architettato e orchestrato dallo stesso ragazzo. Marc-André non si riprenderà più dall'avventura e nel 1971, dopo ripetuti tentativi falliti, riuscirà nei suoi intenti suicidi sparandosi alla tempia.

Per "disintossicarsi" dall'esperienza algerina, nel '62 Schwartz accetta l'invito di passare – con la famiglia – un anno negli USA. Ma l'impegno civile e politico lo insegue. A metà degli anni Sessanta, scoppia la guerra nel Vietnam e, ancora una volta, Schwartz non ha esitazioni a schierarsi ora contro l'imperialismo americano. Tutto ha inizio con l'organizzazione di una *sei ore* di solidarietà con il popolo vietnamita, che ottiene un consenso e una partecipazione che vanno ben al di là delle aspettative. Poi c'è il *Tribunale Russell* e l'invito, accettato, di Bertrand Russell a far parte dei venti saggi che compongono la giuria di questo tribunale contro i crimini di guerra. Schwartz si recherà più volte in Vietnam, dove interloquirà anche con Ho-Chi-Minh: "il Vietnam ha segnato la mia vita [...]. La mia battaglia per la libertà di questo Paese è la più lunga che abbia mai sostenuto. Ho amato e continuo ad amare il Vietnam, i suoi paesaggi, il suo popolo straordinario, le sue biciclette. Anch'io sono un po' vietnamita. Incontrare un vietnamita o una vietnamita, sentire in autobus parlare il vietnamita (che pure non conosco) mi rende incredibilmente contento. Le corde dei miei sentimenti vibrano per questo Paese [...]. D'altra parte, anche i vietnamiti non mi dimenticano e numerosi studenti mi scrivono da là e mi chiamano *le parrain de tous les Vietnamites!*"

È un impegno – quello in favore dei diritti dell'uomo e dei popoli – cui Schwartz dedica buona parte della propria vita. Eppure non gli manca una certa dose di autoironia quando racconta l'infinito elenco di comitati, associazioni, gruppi cui è stato invitato a presiedere. Algeria, Vietnam, Afghanistan… e poi il *Comité des mathématiciens* per la difesa dei diritti umani.

Qui la storia comincia con il caso Pljušč, dissidente sovietico, matematico, traduttore in russo del primo tomo della "Théorie des ensembles" di Bourbaki, arrestato dalla polizia sovietica nel settembre '72 e poi internato *sine die* in un ospedale psichiatrico. Schwartz partecipa alla sforzo di tutta la comunità matematica, aiutato fattivamente in Francia (tra gli altri) da Henri Cartan, Claude Chevalley e Jean-Pierre Serre. La mobilitazione è internazionale. Lucio Lombardo Radice – membro del Comitato Centrale del Partito comunista – e Ennio De Giorgi sono tra i matematici italiani più attivi. Alla fine, nel febbraio '76, Pljušč viene liberato.

E, dopo Pljušč, Massera – il matematico uruguaiano, comunista, imprigionato dai militari del suo Paese – per il cui caso si batte anche Jean Dieudonné, un uomo di destra, ferocemente anticomunista, ma che partecipa in prima persona alle trattative per la liberazione del collega sudamericano, scrivendo anche un articolo sull'opera matematica di Massera. E dopo, ancora, Sacharov – qui interviene anche René Thom – e tanti altri casi in cui il *Comité* interviene per difendere i matematici di tutto il mondo, accusati e arrestati per reati d'opinione.

Cosa aggiungere? Mancano solo le farfalle… Schwartz aveva imparato ad amarle e a collezionarle nel *jardin d'éden* della casa delle sue vacanze estive, quando era un bambino. "Oggi l'uso dei pesticidi le ha fatte sparire dalla campagna, senza che gli ecologisti si siano mai troppo interessati alla scomparsa di questi insetti. Ma un mondo senza farfalle sarà molto triste".

Il "chi è" di Laurent Schwartz

Laurent Schwartz (1915 – 2002) ha studiato all'École Normale Supérieure, dove ha terminato i suoi studi nel 1937. L'anno successivo ha sposato Marie-Hélène, figlia di Paul Lévy (uno dei fondatori del moderno Calcolo delle probabilità), da cui ha avuto due figli: Marc-André e Claudine. Il ragazzo si suiciderà nel '71, nel corso di una lunga crisi nervosa seguita al suo rapimento da parte di estremisti francesi nazionalistici che non potevano perdonare al padre il suo impegno anticolonialista, a favore dell'autodeterminazione dell'Algeria.

La carica accademica ha portato Schwartz a Grenoble, Nancy e Parigi. Nella capitale, nel 1969, ha lasciato l'università per insegnare a tempo pieno all' École Polytechnique, dove verrà coinvolto in prima persona nel processo di riforma della formazione degli ingegneri e dove rimarrà fino al pensionamento. Sarà l'Éco-

Laurent Schwartz

le Polytechnique *a ricordare ufficialmente la personalità e l'attività di Schwartz, con un importante Convegno svoltosi a Palaiseau nel luglio 2003.*

La sua ricerca matematica è stata fortemente orientata dall'incontro con Bourbaki, nel 1940. La teoria delle distribuzioni nasce a Parigi, all'inizio del novembre 1944. La medaglia Fields è del 1950.

Tra i tanti impegni civili e politici di Schwartz spicca anche quello in favore della formazione e della cultura scientifica. Nel 1981, viene incaricato dal Primo Ministro Pierre Mauroy di redigere – all'interno del progetto Bilan de la France *– il quarto volume su* L'"Enseignement et le développement scientifique". *Schwartz ha sempre lottato – nell'insegnamento – contro un egualitarismo e un lassismo, che non ha esitato a definire distruttivi. Ha sempre pensato che il riconoscimento dell'esistenza di vari livelli di merito è una locomotiva che spinge tutto l'insieme verso l'alto; l'egualitarismo livella verso il basso.*

René Thom
Il conflitto e la genesi delle forme

di **Renato Betti**

Nato nel 1923 a Montbéliard (Francia), René Thom, matematico interdisciplinare per propria vocazione, forse per la sua formazione avvenuta all'interno della grande scuola matematica francese, era al tempo stesso capace di sviluppare notevolmente gli aspetti tecnici che sono insiti nella grande specializzazione. Con i risultati giovanili ha vinto la *Medaglia Fields*, il massimo riconoscimento internazionale dei matematici. Con le concezioni generali ha aperto la strada ad un originale tentativo di applicare la matematica ai fenomeni naturali, oggi noto come "Teoria delle catastrofi".

Laureato in matematica alla *École Normale Supérieure* di Parigi nel 1946, diventa ricercatore a Strasburgo per proseguire gli studi con Henri Cartan, con il quale discute la tesi dottorato nel 1951. Questa tesi, intitolata "Fibre spaces in spheres and Steenrod squares" riguarda l'invarianza topologica di certe classi di varietà e getta le basi della "Teoria del cobordismo", cioè di una teoria generale delle forme e delle loro "singolarità" stabili: in essa compaiono già le prime nozioni che, ulteriormente sviluppate, lo porteranno alla *Medaglia Fields*, attribuitagli al *Congresso Internazionale di Edimburgo* nel 1958.

E con il premio prestigioso arriva nel 1963 il trasferimento all'*Institut des Hautes Études Scientifiques* di Bur-sur-Yvette e anche la possibilità di abbandonare il mondo matematico specializzato per affrontare nozioni più generali, come la "teoria della morfogenesi", un argomento che lo conduce verso una forma molto generale di biologia "filosofica" e verso la ricerca di "una grammatica comune ai fenomeni più disparati", secondo espressioni usate da lui stesso:

La "Teoria delle catastrofi" è il frutto di questa riflessione. Il superamento dell'assioma di permanenza degli effetti per continuità, e di conseguenza l'accettazione del fatto che variazioni marginali della causa possano condurre ad effetti sensibili, porta alla nozione di "catastrofe": un brusco cambiamento che avviene in un sistema – fisico, biologico, sociale o anche linguistico – che pure è sottoposto a condizioni che variano con regolarità. Da qui la ricerca di forme canoniche non equivalenti e da qui il teorema di classificazione che individua sette catastrofi elementari.

Due sono le opere principali in cui la teoria viene sviluppata insieme alle sue motivazioni, ai modelli ed alle concezioni generali: "Stabilità strutturale e morfogenesi. Saggio di una teoria generale dei modelli" (l'edizione italiana è del 1980) e "Modelli

René Thom

matematici della morfogenesi" (1985), che hanno dato luogo ad ulteriori studi ed applicazioni da parte di matematici e non.

Le polemiche non sono mancate, spesso alimentate dallo stesso Thom, il quale ha sì abbandonato il gruppo bourbakista da cui proveniva per studi e per cultura, rivendicando soprattutto a livello educativo il ruolo dell'intuizione e della matematica "che si vede e che si tocca", ma allo stesso tempo è altamente critico nei confronti dei gruppi che vogliono passare alle applicazioni immediate della sua teoria – alla previsione numerico-quantitativa da quella che considera una interpretazione ermeneutico-qualitativa. Per Thom, risultati promettenti della Teoria delle catastrofi provengono anche da considerazioni di tipo "metaforico", quando viene considerata come una teoria rigorosa dell'analogia, nella quale la ricchezza del linguaggio non è meno importante della classificazione delle forme.

La vicenda scientifica di Thom, che nella Teoria delle catastrofi lo porta ad approfondire i temi della stabilità dei sistemi organizzati e della loro classificazione, si intreccia strettamente con quella più filosofica, la quale tende ad approfondire la visione del mondo che è permessa dalla matematica – in questo caso ed in particolare dalla Topologia differenziale, che lo stesso Thom ha contribuito a fondare. La morfogenesi delle strutture riguarda la loro creazione, crescita e termine. È un argomento che ha precedenti famosi, a partire da Aristotele. Thom viene considerato come il continuatore dell'opera di D'Arcy Thompson che all'inizio del XX secolo ha iniziato ad applicare ai sistemi biologici i principi della matematica – in particolare della geometria – alla cui teoria offre ora un apparato matematico di grande solidità.

Nel mondo naturale degli esseri viventi, ma anche in quello artificiale dei sistemi creati dall'uomo, si presentano forme strutturali ricorrenti che non sono frutto del caso ma della necessità. In questa "metafisica a priori" di Thom c'è la convinzione che il mondo non sia un *caos* ma piuttosto un *cosmo* ordinato. Le sue forme sono distinte e separate le une dalle altre. E il tentativo è quello di trovare in modo rigoroso gli schemi generali che permettono di spiegarne la genesi, nella convinzione che il mondo sia intrinsecamente razionale e con una visione sostanzialmente determinista dei suoi avvenimenti.

Nel 1974 gli è stato conferito il *Grand Prix Scientifique de la Ville de Paris*. Dal '76 era membro della A*cadémie des Sciences* di Parigi e dal 1990 della *London Mathematical Society*. È scomparso nel 2002.

In conclusione una osservazione dello stesso Thom sulla sua teoria, tratta da una intervista che gli è stata fatta nel 1988, quando i giudizi avevano ormai passato il vaglio del tempo, i contrasti e le critiche si erano in qualche modo assopiti: "Se volete, la teoria delle catastrofi torna alla vecchia idea eraclitea che il conflitto è padre di tutte le cose. Qualsiasi forma deve la sua origine a un conflitto".

Il sogno
di Jorge Luis Borges

La notte impone a noi la sua fatica
magica. Disfare l'universo,
le ramificazioni senza fine
di effetti e di cause, che si perdono
in quell'abisso senza fondo, il tempo.
La notte vuole che stanotte oblii
il tuo nome, i tuoi avi ed il tuo sangue,
ogni parola umana ed ogni lacrima,
ciò che potè insegnarti la tua veglia,
l'illusorio punto dei geometri,
la linea, il piano, il cubo, la piramide,
il cilindro, la sfera, il mare, le onde,
la guancia sul cuscino, la freschezza
del lenzuolo nuovo…
Gli imperi, i Cesari e Shakespeare
e, ancora più difficile, ciò che ami.
Curiosamente, una pastiglia
può svanire il cosmo e costruire il caos.

Jorge Luis Borges

Alexander Grothendieck: entusiasmo e creatività

Un nuovo linguaggio al servizio dell'immaginazione

di **Luca Barbieri Viale**

C'est à celui en toi qui sait être seul, à l'enfant, que je voudrai parler et à personne d'autre[1].

Alexander Grothendieck nasce a Berlino il 28 Marzo 1928. Il padre, Sasha Shapiro, anarchico di origine russa, ebbe parte attiva nei movimenti rivoluzionari prima in Russia e poi in Germania, negli anni '20, dove incontrò Hanka Grothendieck, la madre di Alexander. Dopo l'avvento del nazismo la Germania era troppo pericolosa per un rivoluzionario ebreo e la coppia si trasferì in Francia, lasciando Alexander in affidamento ad una famiglia presso Amburgo. Nel 1936, durante la guerra civile spagnola, il padre di Alexander si associò agli anarchici nella resistenza contro Franco. Nel 1939, Alexander raggiunse i genitori in Francia ma il padre fu arrestato e – anche in seguito alle leggi razziali, promulgate dal governo di Vichy nel 1940 – mandato ad Auschwitz dove morì nel 1942. Hanka ed Alexander Grothendieck furono anch'essi deportati ma scamparono all'eccidio. Alexander riuscì a frequentare il liceo al Collège Cévenol in Chambon-sur-Lignon alloggiando nella casa *Secours Suisse* per bambini rifugiati, separatamente dalla madre, era però costretto a scappare nei boschi

---

[1] Récolte et Semailles, Promenade, à travers une oeuvre, p. 7.

Alexander Grothendieck

ad ogni rastrellamento della Gestapo. Fu poi studente all'Università di Montpellier e nell'autunno del 1948 arrivò a Parigi con una lettera di presentazione per Èlie Cartan. Fu quindi accettato all'*École Normale Supérieure* come *auditeur libre* per l'anno 1948-49 assistendo al debutto della topologia algebrica presso il seminario di Henri Cartan (figlio di Èlie). I primi interessi di Grothendieck furono però rivolti all'analisi funzionale e su consiglio di Cartan si trasferì a Nancy. Sotto la guida di J. Dieudonné e L. Schwartz nel 1953 conseguì il dottorato.

Grothendieck, negli anni del Liceo e all'Università, ebbe ben poca soddisfazione dai corsi e programmi d'insegnamento istituzionali e non si può dire che fu uno studente modello. La sua curiosità, unita all'insoddisfazione, lo spinse a sviluppare indipendentemente, non ancora ventenne, una teoria della misura e dell'integrazione che poi apprese, a Parigi, esser già stata scritta da Lebesgue. "Ho appreso allora nella solitudine quel che è essenziale nel mestiere di matematico – quello che nessun maestro può veramente insegnare" così Grothendieck[2]. Il periodo ufficialmente produttivo di Grothendieck, attestato da una mole impressionante di scritti, si colloca nell'arco degli anni 1950-70. Se gli argomenti di ricerca dei primi anni '50 furono di analisi funzionale, i grandi *temi* della geometria algebrica, i suoi fondamenti, come la ridefinizione stessa del concetto di spazio, sono alla base delle ricerche degli anni 1957-70.

Nel 1959, divenuto professore presso il nascente *Institut des Hautes Ètudes Scientifiques* (IHES) a Bures, vicino a Parigi, anima un seminario nel quale suggerisce e propone a studenti e colleghi – con una generosità esemplare – le sue idee di ricerca, condividendo senza riserve il suo entusiasmo e la sua creatività. In questi primi anni anche i contatti frequenti ed intensi con Jean-Pierre Serre, come testimonia la loro corrispondenza, sono una sorgente d'ispirazione e un mutuo scambio d'idee. Nel decennio 1959-69 i suoi risultati sono principalmente diffusi, da una parte, come *Éléments de Géométrie Algébrique* (EGA) – redatti in collaborazione con Dieudonné – e con l'aiuto dei partecipanti al *Séminaire de Géométrie Algébrique* (SGA) mediante le note al seminario, e dall'altra in *Exposés* al seminario Bourbaki. Nel progetto iniziale di Grothendieck il *Séminaire* era da considerarsi una forma preliminare degli *Éléments* destinata ad essere inglobata in questi ultimi, che vengono inizialmente pubblicati dall'IHES in svariati poderosi tomi. Nel 1966 riceve la *Fields Medal* (il massimo riconoscimento per un matematico).

Nel 1970 Grothendieck, all'età di 42 anni, abbandona la scena ufficiale. Le motivazioni che lo spingono a ritirarsi dal mondo accademico sono molteplici, ma certamente il suo radicale antimilitarismo è una ragione dichiarata. Infatti, si accorge che l'IHES riceve fondi dal ministero della difesa – da oltre tre anni a sua insaputa – e come tutta risposta abbandona l'*Institut* e lo diffida dalla pubblicazione di EGA e SGA, assegnando la riedizione di quest'ultimi alla Springer-Verlag. Avendo vissuto da rifugiato, con passaporto delle Nazioni Unite, senza cittadinanza – i suoi documenti ufficiali sparirono nell'apocalisse nazista – dà vita al movimento pacifista ed ambientalista *Survivre*. Negli anni della guerra in Vietnam e della proliferazione degli armamenti nucleari – come per altro anche nel nostro pano-

---

[2] op. cit., p. 5.

rama attuale di conflitti sempre vivi – il pacifismo di Grothendieck appare come un'assunzione di responsabilità significativa e non trascurabile dalle istituzioni coinvolte che, al contrario, anche oggi continuano a ricevere i suddetti finanziamenti. Successivamente a tale scelta Grothendieck trascorre un paio d'anni al *Collége de France*, poi a Orsay ed infine, nel 1973, ritorna all'Università di Montpellier, rifiutando il *Crafoord Prize* nel 1988, anno del suo pensionamento. In questi ultimi anni, ritiratosi a vita privata presso Mormoiron, in campagna, avendo rinunciato a viaggiare, si dedica alla corrispondenza e alla redazione di *Récoltes et Semailles*, una lunga riflessione e testimonianza sul suo passato di matematico, nelle parole di Grothendieck, una lunga meditazione sulla vita ovvero "dell'avventura interiore che è stata e che è questa mia vita"[3].

Ho ricevuto alcune parti di *Récoltes et Semailles* nel 1991, insieme ad una lettera di Grothendieck nella quale mi ha anche indicato Aldo Andreotti come "un buon amico e una persona veramente preziosa: son giunto ad apprezzare le sue qualità peculiari molto più adesso che è mancato che negli anni '50 e '60 quando era ancora in vita." Non sono a conoscenza di matematici italiani che abbiano collaborato con Grothendieck in quegli anni, la scuola italiana ha assimilato molto lentamente i suoi metodi algebrici in geometria, anche se in parte hanno radici italiane, in Severi e Barsotti, ad esempio.

La *Présentation des Thèmes* di *Récoltes et Semailles* è la preziosa fonte – unitamente alla suddetta lettera – per alcune considerazioni precedenti e il canovaccio per un affresco del suo pensiero matematico che ora mi accingo a delineare.

L'eccellenza di Grothendieck, il suo *genio* matematico, è ben riconoscibile nella sua propensione naturale a palesare dei *temi* visibilmente cruciali che nessuno aveva evidenziato o riconosciuto. La sua fecondità ha radici profonde e si esprime attraverso linguaggi sempre nuovi, emerge come un torrente di nuove *nozioni-astrazioni* ed *enunciati-formulazioni*. Ben spesso enunciati così perfettamente formulati da una immaginazione fervida e implacabile son risultati essere il fondamento di una intera teoria che Grothendieck stesso ha delineato, sviluppato e compiuto, ed in altri casi solo indicato.

---

[3] op. cit., p. 8.

Questa sua propensione alla *creazione* della matematica, prima ancora che alla *soluzione* dei problemi matematici, rende Grothendieck un matematico estremamente particolare e stravagante, se intendiamo la destrezza matematica come la capacità dell'uomo di risolvere problemi. Il profano che si accosta all'opera matematica di Grothendieck dovrà abbandonare il senso comune che guarda al matematico come un *problem solver* e provare veramente a guardar la matematica come un'arte e il matematico come un artista. Un'arte del tutto particolare, per la quale le *invenzioni* si mutuano con le *dimostrazioni* ovvero l'immaginazione si deve accordare con la ragione e le sue opere sono teorie in un intreccio, un disegno, che permette sempre di cogliere un'unità nella molteplicità. Come Grothendieck stesso scrive "è in questo atto di passare oltre, del non restare rinchiusi in un circolo imperativo che noi ci fissiamo, è innanzitutto in quest'atto solitario che si trova la creazione"[4].

Per Grothendieck, le teorie matematiche sono anche opportunità per la riflessione in senso lato e un esercizio meditativo, una forma di contemplazione che accompagna la nostra avventura interiore. La matematica è quindi uno *yoga* che si diversifica e prolifera teorie differenti ma che ha fondamenta ben solidamente unitarie. Il differenziarsi di questi temi vecchi e nuovi s'intreccia anche ad una storia delle idee alle quali questi sono ispirati. Nelle parole di Grothendieck stesso, vi sono tradizionalmente tre aspetti delle cose che sono oggetto della riflessione matematica: il numero o l'aspetto aritmetico, la misura o l'aspetto metrico (o analitico) e la forma o l'aspetto geometrico. "Nella maggior parte dei casi studiati in matematica, questi tre aspetti sono presenti simultaneamente e in stretta interazione"[5].

Nel seguito esamineremo alcuni di questi temi propri della geometria algebrica nella prospettiva che Grothendieck ha svelato. Un occhio che predilige la *forma* e la *struttura* e quindi l'aspetto geometrico e aritmetico, in una visione unificatrice che ha dato vita a una nuova geometria: *la geometria aritmetica*.

---

4 op. cit., p. 6.
5 op. cit., p. 26.

"Possiamo affermare che il numero è atto ad afferrare la struttura degli aggregati discontinui o discreti: i sistemi, sovente finiti, formati da elementi o oggetti per così dire isolati gli uni in rapporto agli altri, senza nessun principio di passaggio continuo da l'uno all'altro. La grandezza al contrario è la qualità per eccellenza, suscettibile di variazione continua; attraverso ciò, è atta ad afferrare le strutture e i fenomeni continui: i movimenti, gli spazi, le varietà di tutti i generi, i campi di forza etc. Così, l'aritmetica appare (grosso modo) come la scienza delle strutture discrete, e l'analisi, come la scienza delle strutture continue.

Quanto alla geometria, possiamo affermare che dopo più di duemila anni che esiste sotto forma di una scienza nel senso moderno del termine, è a cavallo di questi due tipi di strutture, quelle discrete e quelle continue. D'altronde, per lungo tempo, non vi è stato veramente un "divorzio" tra due geometrie che sarebbero state di natura differente, una discreta e l'altra continua. Piuttosto, ci sono stati due punti di vista diversi nell'investigazione delle stesse figure geometriche: una mettendo l'accento sulle proprietà discrete […] l'altra sulle proprietà continue […].

È alla fine dell'800 che apparve un divorzio, con l'avvento e lo sviluppo di ciò che talvolta si è indicato come la geometria (algebrica) astratta. Grosso modo, questa ebbe come scopo quello d'introdurre, per ogni numero primo p, una geometria (algebrica) di caratteristica p, ricalcata sul modello (continuo) della geometria (algebrica) ereditata dai secoli precedenti, ma in un contesto, tuttavia, che apparve come irriducibilmente discontinuo, discreto. Questi nuovi oggetti geometrici, sono diventati sempre più importanti all'inizio del '900, e questo, in modo particolare, in vista della loro stretta relazione con l'aritmetica […] sembrerebbe essere una delle idee direttrici nell'opera di André Weil […] È in questo spirito che egli ha formulato, nel 1949, le celebri congetture di Weil. Congetture assolutamente sbalorditive, in verità, che fanno intravedere, per queste nuove varietà (o spazi) di natura discreta, la possibiltà di certi tipi di costruzioni e di argomenti che fino a quel momento sembravano pensabili solamente nel quadro dei soli spazi considerati come degni di questo nome dagli analisti […].

Possiamo ritenere che la nuova geometria è innanzitutto, una sintesi tra questi due mondi […] il mondo aritmetico […] e il mondo della grandezza continua [...]. In questa nuova visione, i due mondi un tempo separati, ne formano solo uno"[6].

Questa visione unificatrice s'è incarnata nei concetti di *schema* e *topos* svelando strutture nascoste: la ricchezza geometrica del mondo discreto è venuta alla luce in tutta la sua bellezza e articolazione, permettendo così la dimostrazione delle suddette congetture di Weil da parte di Grothendieck stesso e di Pierre Deligne, un suo allievo.

Il concetto di schema costituisce un vasto ingrandimento o generalizzazione del concetto di varietà algebrica così come era stata studiata dalla scuola italiana e tedesca dei primi anni del novecento. L'idea di schema di Grothendieck e le linee fondamentali di una teoria degli schemi, mediante il concetto di morfismo tra essi ovvero di opportune trasformazioni di schemi, risalgono agli anni 1957-58 e vengono brevemente esemplificate al Congresso mondiale dei matematici ad Edimburgo nel 1958. Proprio il concetto di *fascio* – già introdotto e studiato da Leray e Serre – risulta qui essenziale in quanto permette di ricostruire un dato globale a partire da un ventaglio di dati locali e consente ragionamenti di tipo continuo in ambito discreto.

Se la geometria algebrica è lo studio delle equazioni polinomiali e dei luoghi geometrici definiti da queste, la teoria dei fasci e degli schemi è l'agile e naturale linguaggio nel quale esprimerla fedelmente, linguaggio atto ad esplicitare finemente la struttura intima di questi enti geometrici.

A ogni *varietà affine* corrisponde classicamente un anello delle coordinate che la descrive algebricamente appunto mediante equazioni polinomiali in uno spazio ambiente

$$\text{varietà affine} \Longleftrightarrow \text{anello delle coordinate}$$

L'idea fondamentale della teoria degli schemi è che questa corrispondenza si può estendere a una corrispondenza

---

[6] op. cit., p. 28-30.

schemi affini ⇔ anelli commutativi con 1

associando ad ogni anello A il suo *spettro* Spec(A). Infatti, osserviamo che la collezione di tutti i primi p di A dà anche origine ad un ventaglio di anelli (germi) locali A_p. Viceversa, desideriamo che A sia ricostruibile da questo ventaglio, preso nella sua totalità. Questo ventaglio è in realtà il riflesso locale di un ventaglio – un fascio – di natura anche topologica per il quale A incarna l'aspetto globale. Lo *schema affine* Spec(A) risulta appunto dalla sinergia tra la topologia (detta di Zariski) dell'insieme dei primi ed il ventaglio dei corrispondenti anelli locali.

Uno *schema* sarà dunque un incartamento di schemi affini ovvero uno spazio topologico X e un *fascio strutturale* $\mathcal{O}_X$ tale che per ogni punto di X esiste un intorno aperto del tipo Spec(A). Il ventaglio ora incarnato dal *fascio strutturale* segue e riflette fedelmente la forma dello spazio soggiacente allo schema.

Un vantaggio di questa definizione di *forma* consiste innanzitutto nel fatto che descrive intrinsecamente gli enti geometrici, schematicamente, come una rete di enti primi, omettendo il riferimento a uno spazio ambiente. Un ulteriore vantaggio del concetto di schema è la sua versatilità relativa che permette di concepire uno schema definito da un morfismo su una base anche come una *famiglia* di schemi.

Un *morfismo di schemi* X → S non è altro che un'applicazione continua degli spazi soggiacenti compatibile con i fasci strutturali. Se S = Spec(A) un tale schema su S equivale al fatto che il fascio strutturale $\mathcal{O}_X$ sia un fascio di A-algebre. Ad esempio ogni schema X si può considerare come uno schema su S = Spec($\mathbb{Z}$).

Inoltre, esiste un prodotto fibrato $X \times_S S' \to S'$ per schemi X → S e S' → S che realizza il cambio base da S ad S'. Questo prodotto corrisponde all'operazione di estensione o riduzione degli scalari dell'ipotetiche equazioni per X. Ad esempio, ogni schema si riduce modulo un numero primo $p \in \mathbb{Z}$ mediante il prodotto con S' = Spec($\mathbb{Z}/p$), producendo anche una famiglia di schemi corrispondente alla riduzione modulo p delle sue ipotetiche equazioni. Inoltre, il prodotto di X con S9 = Spec($\mathbb{C}$) produce uno schema in caratteristica zero (spazio analitico corrispondente al primo $p = \infty$).

Isolando buone proprietà delle famiglie mediante il concetto di morfismo piatto, e ritrovando il concetto di compattezza mediante quello di morfismo proprio, si possono inoltre sviluppare concetti di natura differenziale in ambito puramente algebrico mediante il concetto di morfismo liscio.

Queste considerazioni hanno portato Grothendieck a sviluppare sistematicamente una geometria algebrica *relativa* ad una base che permette di "collegare una con l'altra le diverse geometrie associate ai diversi numeri primi"[7].

In quest'ottica, un punto di uno schema su una base non sarà altro che un morfismo dalla base verso lo schema ed è ben probabile e naturale che uno schema sia senza punti ovvero che li abbia solamente cambiando base.

Un S-punto di uno schema X → S è un morfismo S → X che lascia fisso S. Se k è un campo S = Spec(k) si riduce topologicamente ad un vero punto e gli schemi di tipo finito su k, con i loro relativi punti, svolgono la parte delle nuove varietà algebriche, consentendo a concetti infinitesimali di esser visualizzati mediante elementi nilpotenti. Ad esempio, i morfismi da $Spec(k[\varepsilon]/\varepsilon^2)$ verso uno schema X corrispondono ad S-punti di X su S = Spec(k) unitamente ai loro vettori tangenti.

In questo senso lo schema X → S stesso può essere visto come una collezione di *fibre* $(X_s)_s \in S$ al variare dei punti della base ma anche come la collezione di tutti i suoi punti relativi alla base ovvero al variare di tutti gli schemi T → S e morfismi T → X che lasciano fisso S. Questa visione di uno schema conduce al concetto di rappresentabilità che permette di costruire degli schemi rappresentandoli mediante i loro ipotetici (relativi) punti.

Così come il concetto di *schema* costituisce un ingrandimento del concetto di varietà algebrica il concetto di *topos* costituisce una metamorfosi del concetto di spazio topologico[8]. Il topos *étale* e quello *cristallino* associati ad uno schema costituiscono il passo fondamentale per la visualizzazione della struttura ovvero per la

---

[7] op. cit., p. 33.
[8] op. cit., p. 40.

costruzione degli *invarianti coomologici* dello schema. Con il concetto di sito già nel 1958 – "il più fecondo di tutti gli anni della mia vita"[9] – Grothendieck sviluppa analogamente una topologia relativa dove alcuni morfismi svolgono il ruolo di aperti. Il topos corrispondente a tale sito rivela interamente la natura aritmetica degli schemi. Sinteticamente:

$$schema \Rightarrow topos \Rightarrow coomologia$$

"Consideriamo l'insieme formato da tutti i fasci su uno spazio (topologico) dato o, se si vuole, questo arsenale prodigioso formato da tutti questi «metri» che servono a misurarlo. Consideriamo questo insieme o arsenale come munito della sua struttura più evidente, che appare, se così si può dire, a lume di naso; in verità, una struttura detta di categoria [...] È questa sorta di superstruttura d'agrimensura denominata categoria dei fasci (sullo spazio in questione) che sarà d'ora in avanti considerata come «incarnante» ciò che è più essenziale allo spazio [...] possiamo ormai «dimenticarci» lo spazio iniziale, mantenere e servirci della categoria (o arsenale) associato, il quale sarà considerato come l'incarnazione più adeguata della struttura topologica (o spaziale) che s'intende esprimere.

Come così spesso accade in matematica, noi siamo riusciti qui (grazie all'idea cruciale di fascio o di metro coomologico) a esprimere una certa nozione (quella di spazio all'occorrenza) in termini di un'altra (quella di categoria). Come sempre, la scoperta di una tale traduzione d'una nozione (che esprime un certo tipo di situazione) nei termini di un'altra (corrispondente ad un altro tipo di situazione) arricchisce la nostra comprensione sia dell'una che dell'altra mediante la confluenza inattesa di intuizioni specifiche che si rapportano sia a l'una che all'altra. Così, una situazione di natura «topologica» (incarnata dallo spazio dato) si trova qui tradotta in una situazione di natura «algebrica» (incarnata da una categoria) o, se vogliamo, il «continuo» incarnato dallo spazio si trova tradotto o espresso dalla struttura di categoria, di natura «algebrica»"[10].

---

[9] op. cit., p. 24.
[10] op. cit., p. 38-39.

Una *teoria coomologica* secondo Grothendieck segue naturalmente da sei operazioni associate alla categoria derivata dal topos.

Le *sei operazioni* di Grothendieck sono funtori tra categorie derivate. Si tratta del prodotto tensoriale derivato $\overset{L}{\otimes}$, di $\mathcal{R}\mathcal{H}om$ (che produce gli ext^i) e per $f: X \to S$, un morfismo di schemi, di due funtori d'immagine diretta Rf_* e $Rf_!$ e due d'immagine inversa Lf_* e $Rf^!$. Una teoria della dualità relativa viene qui espressa dall'aggiunzione tra $Rf^!$ e $Rf_!$.

Ad ogni geometria di *caratteristica p* Grothendieck associa una *coomologia ℓ-adica* corrispondente ad ogni primo $\ell \neq p$ mediante il topos étale e una coomologia cristallina mediante il topos cristallino.

A sua volta, questo arsenale di strutture e operazioni dovrebbe pervenire allo stesso risultato."È per arrivare ad esprimere questa intuizione di parentela tra teorie coomologiche differenti che ho formulato la nozione di motivo associato ad una varietà algebrica"[11]. Questo tema intende suggerire un *motivo* comune soggiacente alla moltitudine delle teorie coomologiche possibili.

Grothendieck ha ulteriormente suggerito nuove congetture, a completamento di tale visione unificatrice della nuova geometria, le congetture standard che indicano, predicono, le leggi di un nuovo *yoga* intermedio tra *forma* e *struttura*. Se le congetture di Weil predicevano l'esistenza di una coomologia detta di Weil appunto, poi costruita da Grothendieck mediante il *topos étale*, ovvero di una struttura associata alla forma in grado di cogliere sia l'aspetto geometrico che quello aritmetico, nel quadro della nascente geometria (algebrica) astratta sopra descritta, le congetture standard di Grothendieck predicono l'esistenza di una coomologia motivica in grado di sintetizzare in un solo invariante della forma tutte le strutture che le si possono associare. La loro formulazione – ottenuta, indipendentemente, anche da Bombieri – appare in una breve nota dal titolo *Standard conjectures on algebraic cycles* contenuta negli atti del Colloquium di Geometria Algebrica del 1968 a Bombay (TIFR, Mumbai).

---

[11] op. cit., p. 46.

La costruzione geometrica dei motivi di Grothendieck si opera mediante i cicli algebrici già introdotti da Severi negli anni '30 e poi anche studiati da Chow negli anni '50; questi cicli sono combinazioni lineari formali di sottovarietà e le corrispondenze da X ad Y sono definite mediante i cicli sul prodotto X×Y.

Per una coomologia di Weil $X \mapsto H\ell(X)$ si ha una mappa ciclo $Z^J(X) \to H_\ell^{2J}(X)$ che ad ogni *ciclo algebrico* di codimensione j su X associa una classe di coomologia. La *parte algebrica* di $H_\ell^{2*}(X)$ è quella generata da classi di cicli algebrici. Mediante la formula di Künneth si possono inoltre considerare

$$H\ell^*(X \times Y) = H\ell^*(X) \otimes H\ell^*(Y) = \text{Hom}(H\ell^*(X), H\ell^*(Y))$$

in quanto $H\ell^*(-)$ sono spazi vettoriali di dimensione finita. Il principio che suggerisce tale identificazione è che gli operatori coomologici di natura algebrica debbano essere algebricamente definiti mediante una classe associata ad un ciclo sul prodotto e quindi da una corrispondenza.

Le due *congetture standard* si possono sintetizzare come segue. La prima, detta *standard Lefschetz* asserisce che un certo operatore $\Lambda : H\ell^*(X) \to H\ell^*(X)$ quasi-inverso dell'operatore di Lefschetz L sia indotto da un ciclo algebrico ovvero che l'operatore indotto – per iterazione – da quello di Lefschetz ristretto alla parte algebrica sia un isomorfismo. La seconda, detta *standard Hodge* afferma che una certa forma bilineare definita sulla parte algebrica primitiva della coomologia è definita positiva. In caratteristica zero, queste congetture seguono dalle congetture di Hodge.

Una semplice conseguenza delle congetture standard è l'ipotesi di Riemann geometrica come formulata nelle celebri congetture di Weil ma anche la coincidenza dell'equivalenza omologica e numerica per cicli algebrici: un problema aperto anche in caratteristica zero.

Questo *yoga* intermedio basato sul concetto di *motivo* e la corrispondente teoria dei motivi dovrebbe fornire le strutture più fini associate alle forme come invarianti:

$$forma \Rightarrow motivo \Rightarrow struttura$$

Proprio come un motivo musicale ha diverse incarnazioni tematiche così il motivo avrà diverse realizzazioni o *avatar* in modo che le strutture familiari degli invarianti (coomologici) della forma saranno "semplicemente il fedele riflesso di proprietà e strutture interne al motivo"[12].

Il primo congresso interamente dedicato ai motivi si è tenuto a Seattle nel 1991. Notevoli avanzamenti su questo tema son stati ottenuti da Vladimir Voevodsky – che ha ricevuto la *Fields Medal* nel 2002 – mediante la costruzione di una categoria triangolata dei motivi, con argomenti di omotopia algebrica anch'essi in parte presagiti da Grothendieck come "tipi d'omotopia motivica"[13]. La costruzione di Voevodsky permette di ottenere una "incarnazione" della coomologia motivica senza però rispondere alle congetture standard che restano tuttora – insieme alle congetture di Hodge – il fondamentale problema aperto della geometria algebrica moderna.

In conclusione, Grothendieck come Einstein, attraverso una "mutazione della concezione che noi abbiamo dello spazio, in senso matematico da una parte e fisico dall'altra"[14] e l'innovazione del nostro sguardo sul mondo mediante una visione unificatrice della matematica da una parte e della fisica dall'altra, s'impongono ai nostri occhi come il matematico e il fisico che hanno rivoluzionato il pensiero scientifico mediante il concetto di relatività.

---

[12] op. cit., p. 46.
[13] op. cit., p. 47.
[14] op. cit., p. 59.

Referenze bibliografiche

All'indirizzo *http://www.grothendieckcircle.org/* si possono trovare tutte le informazioni biografiche, bibliografiche e molto altro. Una bibliografia completa degli scritti di Grothendieck si trova anche nel primo volume del Grothendieck Festschrift pubblicato dalla Birkhäuser nel 1990. Segnalo dunque solamente alcune referenze essenziali che sono state anche fonti da cui ho attinto:

P. Cartier, *A mad day's work: from Grothendieck to Connes and Kontsevich, the evolution of the concepts of space and symmetry*, Bull. AMS, Vol. 38 N. 4, p. 389–408.

J. Dieudonné, *De l'analyse fonctionnelle aux fondements de la géométrie algébrique*, in Grothendieck Festschrift, Birkäuser, Boston, 1990.

J. Giraud, *Une entrevue avec Jean Giraud, à propos d'Alexander Grothendieck, Le journal de maths*, Vol. 1 (1994) N. 1, p. 63-65.

A. Grothendieck, *Récoltes et Semailles*, Montpellier, 1985-86.

A. Grothendieck, *The responsibility of the scientist today*, Queen's Papers in Pure & Appl. Math. Vol. 27, Kingston, 1971.

J.-P. Serre, *Grothendieck-Serre correspondence*, AMS-SMF, 2003.

Gian-Carlo Rota
Matematico e filosofo

di **Domenico Senato**

Il primo insegnamento che ho ricevuto da Gian-Carlo Rota è espresso con grande efficacia da tre versi di Antonio Machado riportati, nella prefazione dell'antologia "Pensieri Discreti", come sintesi di una mirabile lezione di Ortega y Gasset,

> *Se miente más de la cuenta*
> *por falta de fantasia:*
> *también la verdad se inventa.*

Si mente per mancanza di fantasia e non ci si rende conto che anche la verità s'inventa. Questo pensiero ha permeato il percorso intellettuale e scientifico di Gian-Carlo Rota che, insegnando ed esplorando da anticonformista la matematica e la filosofia, ha rimesso in discussione, con coraggio ed energia, le correnti di pensiero più in voga, svelando nuovi affascinanti scenari e toccando profondi livelli di conoscenza.

Rota nasce a Vigevano il 27 aprile del 1932 da una famiglia di grandi tradizioni culturali. Il padre, ingegnere ed architetto, dispone di una vastissima collezione di volumi che comprende, oltre ai testi di architettura ed ingegneria (attualmente depositati presso la Biblioteca Storica dell'Ufficio tecnico di Vigevano) anche volumi dedicati alla matematica, all'arte, alla letteratura e alla filosofia.

Nella fornita biblioteca paterna Gian-Carlo – ancora adolescente – appaga la sua vorace curiosità che lo porta prestissimo ad interessarsi di matematica e filosofia, ma anche ad attrezzarsi inconsapevolmente all'uso del computer, studiando dattilografia su di

Gian-Carlo Rota nel 1985

un manualetto rinvenuto tra gli altri libri. Ricordo ancora la forte impressione che ebbi la prima volta che lo vidi al lavoro nella sua casa di Boston: fissava con lo sguardo il monitor, mentre scriveva un documento in TEX digitando con tutte e dieci le dita, ad una velocità sorprendente.

Oltre alla figura paterna, sul giovane Gian-Carlo ebbero una notevole influenza anche la zia Rosetta Rota, matematica formatasi a Roma con Vito Volterra, in seguito collaboratrice del gruppo dei fisici di Via Panisperna e moglie di Ennio Flaiano. Il noto scrittore e sceneggiatore esercitò un grande fascino su Rota. Ricordo – durante un soggiorno romano nell'estate del 1990 – lunghe passeggiate serali che si concludevano a tarda ora, dopo aver attraversato le strade del centro e osservato un memorabile "catalogo flaianeo" di luoghi e personaggi.

Gian-Carlo era così partecipe dell'arguta essenza dei condensati narrativi di Flaiano, da essere indotto a tradurli in inglese, lingua nella quale si sentiva più a suo agio. Herbert S. Wilf, *Steele Prize of the American Mathematical Society* nel 1988, ha scritto: "Gian-Carlo era impareggiabile nell'uso della lingua inglese, che conosceva meglio dell'italiano, sua lingua madre. Ascoltando la sua pronuncia e la sua intonazione si avvertivano le origini italiane, ma il suo inglese era affilato come una spada e non era mai a corto delle espressioni più appropriate. Le sue frasi, nel linguaggio parlato o in quello scritto, preparate o improvvisate, erano sempre costruite perfettamente e cosparse di aggettivi rigorosamente adeguati". Purtroppo Flaiano, tradotto da Rota, non è mai stato pubblicato.

Rota inizia i suoi studi nella città natale dove, tra il 1939 e il 1945, frequenta irregolarmente la scuola media a causa della guerra e delle vicissitudini familiari, dalle quali la sorella Ester trarrà ispirazione per il racconto "Orange sur le lac", pubblicato in Francia nel 1995. Nel 1947, all'età di quindici anni, Gian-Carlo segue la famiglia in Ecuador dove il padre si trasferisce per proseguire la propria attività professionale. A Quito frequenta l'*American School*; a diciotto anni si sposta negli Stati Uniti e s'iscrive all'Università di Princeton che, in quegli anni, raccoglie alcune tra le menti matematiche più brillanti del mondo fra le quali, Hermann Weyl, Kurt

Gödel, Emil Artin, Solomon Lefschetz e Alonzo Church. Il *senior advisor* della sua tesi di *Master* è William Feller. Rota ne fa un vivace ritratto nel saggio "Fine Hall nell'età dell'oro", tradotto dall'inglese e pubblicato nel 1993 in Italia nell'antologia "Pensieri Discreti". Di Feller scrive tra l'altro: "nel corso delle sue lezioni si aveva l'impressione di essere resi partecipi di qualche straordinario segreto, che spesso, all'uscita dall'aula alla fine dell'ora, svaniva come per magia". È curioso registrare che una sensazione del tutto simile, spesso si percepiva anche al termine delle lezioni di Rota.

A Princeton, Gian-Carlo segue i corsi di Filosofia tenuti da Artur Szathmary e John Rawls che lo avvieranno allo studio della fenomenologia. L'attività di filosofo assorbirà buona parte delle sue energie e dal 1972 ricoprirà al *Massachusetts Institute of Technology* anche la cattedra di Filosofia. Per quest'aspetto della sua attività intellettuale, segnaliamo il documentatissimo volume *La stella e l'intero* di Fabrizio Palombi, allievo di Rota e suo collaboratore in numerosi scritti filosofici. Qui vorremmo limitarci ad accennare solo a due temi: la polemica con i filosofi analitici e la valorizzazione del concetto husserliano di *fundierung*, una delle pietre angolari del suo pensiero filosofico.

La prima critica che Rota muove ai filosofi analitici è la perdita d'autonomia speculativa. La ricerca di oggettività e rigore ha indotto molti filosofi ad usare, nelle loro indagini, metodi assiomatici analoghi a quello della matematica, dimenticando che i risultati della matematica, pur verificati ed esposti attraverso un metodo assiomatico, non possono essere conseguiti solo attraverso di esso. Confondere la matematica con l'assiomatica – sostiene Rota – è come confondere la musica di Vivaldi con le tecniche di contrappunto dell'età barocca. Il pensiero filosofico tradizionale è ben distinto dal pensiero matematico. L'unico campo in cui il programma di matematizzazione ha avuto successo è quello della logica e tuttavia, per questa ragione, la logica è oggi considerata un ramo della matematica al pari della probabilità o dell'algebra. Secondo Rota, molti filosofi del Novecento hanno subìto la dittatura dell'inoppugnabile, si sono rifugiati in una pedissequa imitazione della matematica, considerando un fallimento della filosofia del passato l'incapacità di dare risposte definitive. Alla base di un tale atteggiamento c'è l'ingannevole pregiudizio secondo cui i concetti – per aver senso – devono essere definiti con precisione. Perfino Wittgenstein ne rimase prigioniero, emendando in seguito le sue posizioni giovanili. Rota naturalmente non è contrario al rigore, ma si oppone all'idea che quello proposto dalla matematica sia l'unica forma di rigore e che la filosofia non possa far altro che imitarlo. In realtà anche gli affascinanti progressi della matematica celano quei procedimenti analogici che danno origine al pensiero e Rota immagina che concetti oggi considerati vaghi – quali motivazione e scopo – possano presto essere formalizzati e accettati come elementi costitutivi di una nuova logica, nella quale essi troveranno uno status, accanto alle nozioni di teorema o assioma, formalizzate da tempo.

Nel concetto di *fundierung*, Rota individua una delle idee in grado d'accrescere la logica formale con la stessa dignità dei connettivi classici e forse, in grado di alterare e arricchire la struttura della logica più di quanto lo stesso Husserl avesse mai sperato. Rota – coerentemente – non dà una definizione di *fundierung*, perché in filosofia non esistono canoni di definizione, ma ne chiarisce il significato procedendo per variazioni eidetiche. Si esamini, ad esempio, il processo di lettura di un testo. La lettura può ricondursi ad un procedimento fisico, se ci si limita ad osservazioni meramente fattuali. Tuttavia, ciò che importa nella lettura non è il testo in sé bensì il suo significato e allora occorre distinguere tra testo e significato del testo. Ciò è confermato dalla semplice osservazione che lo stesso significato può essere appreso dalla lettura di un testo differente; ebbene, la relazione che intercorre tra un testo ed il suo significato è detta *fundierung*. Essa – sostiene Rota – è una relazione costituita da due termini: *funzione e fatticità*. Il significato del testo è una funzione correlata al testo da una relazione di *fundierung*, mentre la fatticità è il testo in sé. Anche la relazione tra il vedere (riconoscere) e il guardare è una relazione di *fundierung* e, in quanto tale, non riconducibile a questioni di natura fisiologica. Secondo Rota, quelle scienze che, come l'Intelligenza artificiale, ignorano difficoltà del genere, sono destinate al fallimento. La distinzione tra funzione e fatticità – evidente negli esempi – diventa più difficile da delineare nello studio di fenomeni mentali e psicologici. Qui, suggerisce Rota, un'accurata catalogazione delle relazioni di *fundierung* potrebbe rivelarsi assai fruttuosa.

Nel 1954, Rota incontra Jacob T. Schwartz al seminario di Analisi funzionale, organizzato a Yale da Nelson Dunford, e diventa il suo primo studente di dottorato. Due anni dopo consegue il Ph.D. con la tesi "Extension theory of Differential Operator I" e, tra il 1958 ed il 1961, pubblica una serie d'articoli in cui sviluppa la *teoria degli operatori di Reynolds*. Questi operatori possono essere visti come generalizzazione degli operatori di media condizionata. Più precisamente essi risultano misture d'operatori di media condizionata e un formidabile strumento per la trattazione unificata di teoremi ergodici e teoremi di convergenza delle *martingale*. Gli interessi di Gian-Carlo si spostano sui temi della teoria ergodica, che allora era cosparsa di problemi combinatori difficili e di natura sporadica. Rota intuisce prontamente il potenziale che la Combinatoria ha di svilupparsi in una maturo ed importante campo della matematica. Qualche anno dopo, avrebbe riassunto le impressioni di quel periodo affermando che raramente una branca della matematica – ad eccezione forse della Teoria dei numeri – era così ricca di problemi rilevanti e così povera d'idee generali adeguate ad affrontarli. D'altra parte, ogni volta che in un soggetto matematico l'apparato di strumenti tecnici cominciava a gravare sulla qualità e la leggibilità dei risultati, Rota, spostando il punto di vista, finiva sempre con l'aprire un nuovo e più vasto fronte di ricerca.

Nel saggio, "Analisi combinatoria, teoria della rappresentazione, teoria degli invarianti: storia di un menage a trois", pubblicato nel 1999 nell'antologia *Lezioni Napoletane*, Rota distingue i matematici in due grandi categorie, i risolutori di problemi ed i teorici. Pur ammettendo che in genere i matematici possiedono un po' dell'una e un po' dell'altra qualità, afferma che non è inconsueto trovare i casi estremi in ciascuna delle due classi. Alfred Young, per esempio, era piuttosto un risolutore, mentre Hermann Grassmann era sicuramente un teorico. Il suo più importante contributo è stato la definizione d'algebra esterna che sviluppò e precisò per tutta la vita, anticipando il calcolo delle forme differenziali esterne che fu sviluppato da Élie Cartan nel secolo successivo. Per un risolutore, ciò che conta è venire a capo di un problema, meglio se considerato senza via d'uscita, non importa se la soluzione è complessa, macchinosa e di difficile lettura; l'importante è averla trovata ed essere sicuri della sua correttezza. Un risolutore è essenzialmente un conservatore per il quale il retroterra concettuale di riferimento deve mantenersi immutabile nel tempo; le nuove teorie o le generalizzazioni vanno considerate con sospetto. Per un teorico, invece, il più grande contributo in matematica non è la soluzione di un problema, bensì l'elaborazione di una nuova teoria in cui il problema trova una soluzione naturale. Il teorico è un rivoluzionario, convinto che le proprie teorie saranno ancora vitali quando i problemi alla moda dimostreranno tutto il peso delle loro tecniche oramai obsolete. Non c'è dubbio che Rota si sentisse più vicino ai teorici che non ai risolutori. Nella prefazione al volume "A source book in matroid theory" (Kung, 1986), propone un criterio per distinguere le tre età di un soggetto matematico. I soggetti antichi sono quelli carichi di riconoscimenti e onori, i cui più importanti problemi sono risolti da tempo e le cui applicazioni sono una messe copiosa per ingegneri e imprenditori: i loro ponderosi trattati sono ricoperti di polvere nei piani interrati delle biblioteche, nell'attesa del giorno in cui una generazione non ancora nata riscopra, con soggezione, quel paradiso perduto. Per farsi un'idea dei soggetti dell'età di mezzo basta vagare per i corridoi dell'*Ivy League Universities* o per quelli dell'*Institute for Advanced Study*, i loro sommi sacerdoti rifiutano con alterigia le favolose offerte d'ansiose Università di provincia mentre, in fondo, sanno che il carico di tecnicismo ha già raggiunto una massa critica prossima a sommergere i loro teoremi nella polvere dell'oblio. Infine i soggetti giovani. Essi nascono per merito d'individui un po' strampalati che picconano con energia una montagna di problemi intrattabili, balbettando ingenuamente le prime parole di ciò che presto diverrà un nuovo linguaggio. L'infanzia cessa con il primo *Seminaire Bourbaki*. Rota dimostrerà una straordinaria capacità nel trasformare la disarticolata congerie di problemi combinatori, presente nel panorama matematico degli anni Sessanta, in un giovane soggetto basato sulle solide fondamenta dell'Algebra: la Combinatoria Algebrica.

Negli anni che vanno dal 1959 al 1965, Rota sarà prima *assistent professor* e poi associate professor al M.I.T., al quale tornerà dopo una parentesi di due anni presso la *Rockefeller University*. Al M.I.T. incontra Norbert Wiener e John Nash. Rota non abbandonerà mai più il *Massachusetts Institute of Technology*, Cambridge e la città di Boston.

Il 1964 è l'anno della pubblicazione di "On the Foundation of Combinatorial Theory I. Theory of Möbius function", il primo di dieci articoli pubblicati tra il 1964 ed il 1992 che marcheranno profondamente le direttrici di ricerca delle teorie combinatorie contemporanee. Per questo primo articolo, che segna l'inizio della moderna Combinatoria algebrica, riceve nel 1988 il *premio Steel* dell'*American Mathematical Society* con la seguente motivazione: "Appena venticinque anni fa i matematici più influenti guardavano con sufficienza alla Combinatoria, considerandola poco più di una raccolta di espedienti ad hoc. Oggi invece la Combinatoria Algebrica è un nuovo soggetto universalmente riconosciuto e in forte espansione. I suoi aspetti tipici più rilevanti sono le tecniche unificanti, che hanno accostato soggetti disparati, e le profonde connessioni con l'algebra commutativa e la teoria della rappresentazione. Il merito d'aver avviato questa rivoluzione è dell'articolo di Rota appena citato. In esso si dimostra come la teoria della funzione di Möbius di un insieme parzialmente ordinato, precedentemente sviluppata da L. Weisne, P. Hall e altri, possa essere utilizzata per unificare e generalizzare una vasta classe di risultati combinatori. Sono, inoltre, suggerite relazioni con l'algebra, la topologia e la geometria, in seguito sviluppate in modo esauriente da Rota e dalla sua scuola. Oggi la teoria della funzione di Möbius occupa una posizione centrale in combinatoria algebrica trovando anche diverse applicazioni al di fuori della combinatoria e, forse di maggior rilievo, l'articolo di Rota ha stimolato molti matematici a sviluppare tecniche di risoluzione sistematica di problemi combinatori ed applicare queste anche in altri ambiti".

Questo primo articolo, "On the Foundation of Combinatorial Theory I. Theory of Möbius function", come altri della serie sui fondamenti della Combinatoria, ha prodotto un fruttuoso raccolto. Per esempio, l'intuizione di Rota che la funzione di Möbius di un reticolo possa essere interpretata in differenti modi come caratteristica d'Eulero ha aperto lo studio d'innumerevoli problematiche di natura topologica facendo nascere, di fatto, un nuovo soggetto: la Combinatoria topologica. Questa teoria ha oggi raggiunto gradi d'elevata raffinatezza concettuale. E ancora, i legami tra la funzione di Möbius e i reticoli geometrici hanno rivitalizzato la teoria dei matroidi – oggetti basati su una generalizzazione del concetto d'indipendenza lineare – e svelato le profonde relazioni di questi con la topologia e la geometria algebrica.

Il ritorno di Rota al M.I.T. nel 1967 segna l'inizio della *Cambridge School of Combinatorics*. Gian-Carlo raccoglie intorno a sé coloro che sarebbero presto diventati tra i maggiori protagonisti della crescita impetuosa della Combinatoria. I seminari, che si svolgono settimanalmente al M.I.T., ospitano personaggi di grande levatura (come Marcel-Paul Schützenberger) e sono frequentati da studiosi del calibro di Danny Klaitman, Henry Crapo, Jay Goldman e da *graduate students or junior faculty* i cui nomi sarebbero presto diventati famosi, come Richard Stanley, Peter Doubilet, Curtis Green. Negli stessi anni, Rota avvia una intensa attività editoriale fondando il *Journal of Combinatorial Theory* e *Advances in Mathematics*, due riviste che raggiungeranno rapidamente un grande prestigio internazionale. Edwin F. Beschler, all'epoca *acquisitions editor* per la Matematica della casa editrice Academic Press, ha scritto: "Gian-Carlo aveva un talento speciale nel trovare il bandolo della matassa. Grazie alla sua abilità nel riconoscere i lavori di qualità e alla sua propensione a pubblicarli rapidamente, anche «infrangendo le regole», è stato un formidabile promotore per la matematica e un grande comunicatore; credeva fermamente nella potenza della parola scritta e nella necessità di diffondere e pubblicare pensieri, idee e informazioni". Oltre alle due riviste citate, Rota è tra i promotori della nascita del *Journal of Functional Analysis* e fondatore nel 1979 di *Advances in Applied Mathematics* che, nel volgere di pochi anni, uguaglierà il prestigio delle sorelle maggiori. La sua attività di promozione editoriale non conoscerà soste. Tra le innumerevoli iniziative vanno anche menzionate le collane *Contemporary Matematicians*, edita da Birkhäuser, e *The Encyclopaedia of Mathematics* edita da *Cambridge University Press*, che consta di più di ottanta volumi.

Il 1964 è un anno cruciale per Gian-Carlo, non solo per la pubblicazione di *On the Foundations of Combinatorial Theory I*, ma anche per l'incontro con Stanislaw Ulam, uno dei maggiori esponenti della scuola matematica polacca e collaboratore di von Neumann. Tra Ulam e Rota nasce un intenso rapporto intellettuale e d'amicizia che induce lo scienziato polacco a suggerire Gian-Carlo come consulente alla direzione del celebre *Los Alamos*

Scientific Laboratory, collaborazione che Rota proseguirà stabilmente fino alla sua scomparsa. Ulam ha scritto: "Rota m'impressionò per la sua conoscenza d'alcuni argomenti matematici oramai quasi dimenticati, quali i lavori di Sylvester, Cayley e altri sulla teoria classica degli invarianti e per la maniera in cui riusciva a far connessioni tra i lavori dei geometri italiani e le geometrie grassmanniane e a modernizzare molte di queste ricerche che risalivano al secolo scorso". In realtà, molti dei contributi più eleganti e profondi di Rota sono nati dalla sua passione culturale per i lavori di combinatoria dei matematici del XIX secolo. Consapevole della natura anastorica della matematica ne concepiva lo sviluppo come un percorso complesso, con movimenti di ritorno i quali mostrano che un progresso è decisivo solo quando filtra il suo retaggio, reinterpreta le sue origini e approfondisce le sue fondazioni. È questo il caso della poderosa impresa, da lui avviata all'inizio degli anni Settanta, che ha portato alla rinascita della teoria classica degli invarianti. Non a caso i primi matematici che si occuparono di teorie combinatorie furono anche degli "invariantisti". I nomi di Hammond, MacMahon, Petersen sono oggi noti per il loro lavoro in combinatoria, ma la motivazione delle loro ricerche era la teoria degli invarianti. Analogamente, i nomi di Cayley, Clifford e Sylvester sono legati saldamente alla teoria degli invarianti, ma i loro contributi alla combinatoria furono assai rilevanti. In *Two turning points in invariant theory*, Rota ha scritto: "il programma della teoria degli invarianti, da Boole ai nostri giorni, è precisamente la traduzione di fatti geometrici in equazioni algebriche invarianti espresse in termini di tensori. Questo programma di traduzione della geometria nell'algebra è stato portato a termine in due passi; il primo è consistito nella decomposizione di un'algebra tensoriale in componenti irriducibili a meno di un cambio di coordinate, il secondo nell'escogitare una notazione efficiente per esprimere gli invarianti di ogni componente irriducibile". Proprio la ricerca di una notazione efficiente conduce Rota sulle orme di Gordan, Capelli e Young e sulle loro tecniche simboliche. Tuttavia per Gian-Carlo, il metodo simbolico non dava origine solo ad una notazione efficiente; nello stesso articolo prosegue, affermando: "Il disegno nascosto del metodo simbolico in teoria degli invarianti non era semplicemente quello di trovare espressioni semplici per gli invarianti, un sentimento più profondo guidava questo metodo: la speranza che l'espressione simbolica degli invarianti avrebbe potuto condurci a distinguere, tra un'infinita varietà, gli invarianti di maggior interesse".

Il metodo, elaborato da Rota, trae spunto da un'idea di Richard Feynmann. Il fisico rappresentava monomi d'algebre non commutative, sostituendo ad ogni variabile una coppia di variabili, la prima delle quali indicava la variabile originaria, mentre la seconda "segnava" il posto occupato dalla variabile nel monomio non commutativo. Con quest'espediente, una coppia di variabili può essere interpretata come una singola variabile che genera un anello commutativo e molti problemi di algebra non commutativa possono essere ricondotti a problemi di algebra commutativa. Rota comprese che la stessa idea era utile nella trattazione di problemi combinatori originati dalla teoria degli invarianti. All'algebra di coppie di variabili così costruita, assegnò il nome *Algebra letter-place*.

Gian-Carlo mi raccontò del suo ultimo incontro con Feynmann all'inaugurazione della prima *Connection machine* presso la società "Thinking machine". Disse a Feynmann che aveva usato l'idea della coppia di variabili, con successo, in parecchi articoli. Immediatamente il fisico lasciò il nugolo di giornalisti che gli stavano attorno, si appartò con Gian-Carlo confidandogli con soddisfazione che considerava l'ordinamento temporale – così egli chiamava l'*Algebra letter-place* – la migliore idea che avesse avuto. Migliore – sostenne convinto – perfino dell'integrale di Feynman. Poi continuò spiegando a Rota un'altra idea che non aveva mai pubblicato della quale fece uno schizzo su di un pezzetto di carta non più grande di un francobollo. Gian-Carlo mise in tasca il foglietto con l'intenzione di recuperarlo in un secondo momento. Fu tuttavia, con gran disappunto che dovette costatare in seguito, di averlo smarrito. Da allora, continuò a chiedersi quale fosse l'ultima idea di Feynmann.

L'*Algebra letter-place* ha reso possibile la costruzione dei fondamentali algoritmi di raddrizzamento (*straightening algorithms*) attraverso i quali Rota e i suoi collaboratori, non solo hanno riformulato in termini moderni i teoremi classici della Teoria degli invarianti di Hermann Weyl ed i risultati in caratteristica libera di J.I. Igusa, ma hanno fornito un approccio unificante per ambiti diversi quali la teoria ordinaria della rappresentazione del gruppo

simmetrico e la teoria della rappresentazione del gruppo generale lineare e del gruppo simmetrico sullo spazio dei tensori omogenei. Gian-Carlo sosteneva che per capire la differenza di stile,
ma anche di sostanza, tra la teoria della rappresentazione e quella degli invarianti, è utile ricorrere all'analoga differenza che intercorre tra la teoria della probabilità e la teoria della misura:"si possono fissare per tutta una vita le funzioni misurabili senza nemmeno scoprire la distribuzione normale. Analogamente si possono fissare per tutta una vita le rappresentazioni del gruppo generale lineare, senza nemmeno scoprire la soluzione, nel senso della
teoria degli invarianti, di un'equazione cubica".

Grazie anche al contributo di Rota, la teoria della rappresentazione è oggi un'area molto attiva nella combinatoria contemporanea. In essa è centrale la costruzione, più esplicita ed efficiente
possibile, delle rappresentazioni irriducibili sia dei gruppi classici
che di quelli di Coxeter e delle algebre ad essi associate. I principali strumenti combinatori sono le funzioni simmetriche e le loro
generalizzazioni, come i polinomi di Schubert e le varie versioni
dell'algoritmo classico di Schensted. I fondamentali algoritmi di
raddrizzamento di Rota possono considerarsi come analoghi, nel-
l'algebra multilineare, dell'algoritmo combinatorio di Schensted.
Con l'introduzione di variabili supersimmetriche, vale a dire sostituendo le algebre esterne con un opportuno prodotto tensoriale
d'algebre, si potenziano notevolmente gli algoritmi di raddrizzamento delle *algebre letter-place*. Il connubio tra variabili commutative e variabili anticommutative è stato usato a lungo dai fisici e
più tardi dai matematici. I contributi di Rota, Brini, Grosshans,
Stein ed altri, hanno arricchito il quadro d'ingredienti assai efficaci. In particolare il concetto di polarizzazione delle variabili e la
definizione dell'operatore umbrale hanno portato alla risoluzione
di numerosi problemi classici e ad una straordinaria semplificazione nella teoria della rappresentazione delle algebre di Lie.
L'aggettivo umbrale apre un altro importante capitolo della storia scientifica di Gian-Carlo Rota. Alain Lascoux, uno dei più noti
allievi di Marcel-Paul Schützenberger, ha scritto che Rota pensava
a se stesso come ad un epigrafista della ricchezza del passato e
come avvocato di quelle strutture algebriche che permettono
l'integrazione di quella ricchezza nelle ricerche contemporanee. Il

percorso e la diffusione del calcolo umbrale, le cui applicazioni sono oggi in potente sviluppo, confermano efficacemente questo giudizio. Il cosiddetto "calcolo umbrale" è stato usato in modo estensivo fin dal diciannovesimo secolo, pur essendo privo di una base fondazionale. Esso nasce dall'osservare alcune analogie tra diverse successioni p_n di polinomi e la successione delle potenze x^n. Ad esempio, come x^n fornisce il numero d'applicazioni tra un insieme di n elementi ed un insieme con x elementi, così la successione fattoriale decrescente, $(x)_n = x(x - 1)\ldots(x - n + 1)$ fornisce il numero d'applicazioni iniettive tra gli stessi insiemi. Quindi l'indice n, nella successione di polinomi, si può considerare come "ombra" dell'esponente di x. Nel diciannovesimo secolo, molte identità vennero stabilite usando il trucco della sostituzione degli esponenti con gli apici e verificate a posteriori. Questa tecnica è stata sviluppata dal reverendo John Blissard in una serie d'articoli a partire dal 1861. Il calcolo di Blissard trae origine da metodi simbolici di derivazione di prodotti con due o più fattori inventati da Leibniz e in seguito sviluppati da Laplace, Vandermonde, Herschel e arricchiti dai contributi di Cayley e Sylvester in teoria delle forme. Eric Temple Bell ha provato nel 1940 a dare fondamento teorico a queste tecniche, senza tuttavia fornire un quadro convincente. Nel 1958 Riordan (nel suo libro, "An introduction to Combinatorial Analysis" che può considerarsi il primo moderno testo di Combinatoria) fa largamente uso di tecniche umbrali, senza fornire alcuna dimostrazione della correttezza del metodo. Solo sei anni più tardi, Rota pubblica *The number of partitions of a set* nel quale svela la "magia umbrale", che permette di ottenere identità sostituendo indici ad esponenti, definendo il funzionale lineare che legittima il metodo.

Quest'articolo aprirà la strada ad un'elegante teoria, esposta negli articoli "Foundation III" e "Foundation VIII", che darà luogo ad un vastissimo numero d'applicazioni in differenti aree della matematica. Nel 1978 Rota e Roman danno un assetto formale definitivo all'intera materia nel linguaggio delle algebre di Hopf. Sedici anni dopo, Rota ritorna al calcolo umbrale realizzando il sogno di Bell di darne una solida base algebrica e allontanandosi il meno possibile dallo spirito dei fondatori Sylvester e Blissard. Il nuovo approccio dischiude prospettive assai innovative e ritrova la forza intuitiva e la semplicità di calcolo, che la traduzione nel linguaggio delle algebre di Hopf aveva in parte velato. I recentissimi sviluppi stanno confermando la potenza di calcolo e di semplificazione in diversi e importanti contesti come la *teoria delle wavelets* e la probabilità.

Gian-Carlo, sul finire della sua esistenza, è ritornato così a gettare nuovi semi nel campo che lo vide allievo di Feller a Princeton. Si è spento, ancora in pieno vigore mentale, nella sua casa di Cambridge nell'aprile del 1999. Il Massachusetts Institute of Technolgy ha dedicato una sala alla sua memoria: la *Gian-Carlo Rota reading room*, in cui è raccolta un'ampia collezione di volumi legati al suo percorso intellettuale, che testimonia la vastità e profondità del suo pensiero.

Steve Smale

Matematica e protesta civile

di **Angelo Guerraggio**

Mosca, agosto 1966: in occasione dell'appuntamento quadriennale dell'ICM (*International Congress of Mathematicians*) si assegnano le *medaglie Fields*. Che siano o no l'equivalente matematico del premio Nobel, costituiscono in ogni modo il riconoscimento internazionale più ambito. A Mosca, vengono proclamati vincitori della medaglia Fields del '66 Michael Atiyah (inglese), Paul Cohen (americano), Alexander Grothendieck (francese) e Steve Smale (americano).

È proprio Smale che riesce, con poche, ben assestate pennellate, a trasformare l'evento matematico-scientifico in un evento anche politico, di cui i giornali (a partire dal *New York Times*) sono costretti ad occuparsi.

Nel 1966, Smale aveva 36 anni ma – come vincitore di una medaglia Fields – non era naturalmente un matematico alle prime armi. Aveva studiato all'Università del Michigan. Qui aveva scelto, per la sua tesi di dottorato, un matematico – Raoul Bott – che teneva un corso di Topologia algebrica (sviluppando alcune idee di J.P. Serre). Bott non era particolarmente famoso ma lo aveva indirizzato su un "buon problema". La tesi studia le curve chiuse regolari su una varietà riemanniana, con l'obiettivo di classificarle a meno di un'omotopia regolare e riuscendo a generalizzare risultati ottenuti nel piano da H. Whitney nel '37.

1996: Smale riceve la National Medal of Science
dalle mani del presidente Clinton

Dopo la tesi, Smale viaggia anche perché le credenziali per entrare nel mondo accademico non sono ancora eccellenti. Saunders
MacLane, per esempio, ne ha una buona impressione, ma avanza
anche alcune riserve. Ad un Convegno a Città del Messico, Smale
ha la fortuna di incontrare John Milnor – segue i suoi seminari
sulla nuova Topologia differenziale – e soprattutto René Thom, da
cui viene "introdotto" alla trasversalità. Conoscerà personalmente
anche Marston Morse e la *teoria di Morse* sarà uno degli "ingredienti" principali della matematica di Smale, ma la conoscenza

personale non produrrà in questo caso grandi esiti. È comunque già di questa seconda metà degli anni '50 il noto (e contro-intuitivo) risultato sull'inversione della sfera, pubblicato poi nel '59 sulle *Transactions of the American Mathematical Society* ("A Classification of Immersions of the Two-Sphere").

Poi Smale va in Brasile e sulle spiagge di Rio affronta con successo la congettura di Poincaré – il più famoso dei problemi rimasti aperti in Topologia – ponendo qui le basi della *medaglia Fields*. Per un certo periodo, spera addirittura di vincerla nel '62, in occasione del Congesso di Stoccolma, ma poi si deve rassegnare alla vittoria di Milnor (e di Lars Hörmander). La congettura generalizzata di Poincaré afferma che una varietà n-dimensionale, chiusa e omotopicamente equivalente ad una sfera n-dimensionale, è ad essa omeomorfa. Smale la dimostra per $n \geq 5$, sfatando anche il tabu che l'aumento delle dimensioni porti a maggiori difficoltà; le dimensioni elevate possono invece essere più trattabili, perché c'è più "spazio" per muoversi attorno. La risposta positiva alla congettura di Poincaré, per $n = 4$, seguirà solo nel 1982, grazie a Steve Friedman. Quella relativa al caso $n = 3$ è stata data recentemente dal matematico russo Grigorij Perelman. La congettura generalizzata viene in realtà provata per $n \geq 5$, indipendentemente e con un ritardo di solo qualche mese, anche da John Stallings e da Christopher Zeeman, tanto che alcune *surveys* (e anche il manuale di storia di Morris Kline) mettono sullo stesso piano i contributi di Smale, Stallings e Zeeman. Smale non la prende molto bene e, scottato da qualche precedente esperienza (e dalla medaglia Fields, persa per un soffio nel '62), interverrà con una puntigliosa rivendicazione di priorità nell'89, in occasione del *meeting* annuale dell'*American Mathematical Society*. Il titolo del suo intervento – sufficientemente anomalo e provocatorio – è "The Story of the Higher Dimensional Poincaré Conjecture. (What Actually Happened on the Beaches of Rio)".

Nel 1966, a Mosca, Smale non è uno sconosciuto anche dal punto di vista politico. Era stato educato dal padre con una mentalità molto laica e su "posizioni di sinistra". All'Università del Michigan, sposa le idee marxiste e aderisce al *Communist Party* participando alle riunioni della sua organizzazione giovanile – il *Labor Youth* League – e rappresentandolo anche ad un Festival della Pace di

Berlino Est. È una vera e propria militanza politica – oltretutto segreta – che lo porta a trascurare in parte gli studi e di cui parlerà liberamente solo negli anni Ottanta: "perché ho accettato di aderire al *Communist Party*? In quei tempi, lo consideravo il mio punto di riferimento. Ero abbastanza scettico sulle istituzioni del mio Paese e non riuscivo ad accettare giudizi negativi sull'Unione Sovietica. Credevo nella società dell'utopia, a tal punto da giustificare anche l'uso di mezzi brutali per costruirla. Ero anche insicuro sul terreno sociale e l'appartenenza ad una rete di relazioni «di sinistra» mi dava sicurezza".

Dopo la militanza universitaria – come abbiamo visto – Smale torna "duramente" ad occuparsi di matematica. Le sue simpatie politiche rimangono comunque decisamente a sinistra. Così, non ha nessuna esitazione a schierarsi a favore della rivoluzione castrista (entrando anche in contatto con un'organizzazione – *Fair Play for Cuba* – a cui non sarà del tutto estraneo per un certo periodo anche Lee Harvey Oswald, l'assassino di Kennedy).

Il ritorno ad una politica più attiva si ha comunque a Berkeley, dove Smale arriva da Chicago e dall'*Institute for Advanced Study* di Princenton (nel 1960) con una posizione di ruolo da professore associato. Si trasferirà poi alla *Columbia University*, per tornare nel '64 a Berkeley come *full professor*. L'amministrazione dell'Università stava sperimentando un atteggiamento più rigido, nel campus, nei confronti della libertà degli studenti e delle loro attività politiche. Era nato così, come reazione all'irrigidimento del potere universitario, il *Free Speech Movement*. Il periodo d'oro di questo movimento studentesco dura solo tre mesi – dal settembre al dicembre '64 – ma sono tre mesi che, se non hanno cambiato il mondo, hanno sicuramente cambiato la vita di quella generazione e il costume e la cultura delle società occidentali. Lo scontro con il presidente dell'Università e l'amministrazione è duro. I *sit-in* si moltiplicano. Joan Baez canta *We shall overcome*. Ma c'è anche la polizia e il suo atteggiamento non è del tutto tranquillizzante. Smale si schiera decisamente dalla parte degli studenti, senza nessuna di quelle riserve che ancora mostrano molti suoi colleghi *liberal*. Li appoggia e li aiuta concretamente. E, alla fine, vincono. Un piccolo gruppo di studenti è riuscito a sconfiggere la potente amministrazione universitaria, modificando i tradizionali ruoli assegnati ad allievi, Facoltà, amministrazione. Tutto inizia a Berkeley... poi arriverà l'Europa e il '68...

Adesso siamo ancora nell'inverno del '64 e nel '64, nelle città americane, il movimento di opposizione alla guerra nel Vietnam è praticamente inesistente. Tutto, ancora una volta, parte dalle Università e qui Smale è in prima fila. Già nel '65 lo troviamo a fianco degli studenti nella protesta contro il militarismo del proprio Paese. È uno dei sei membri della facoltà che interviene ai loro *teach-in*. Come *chair* del *Political Affairs Committee* di Berkeley, fa approvare una mozione in cui si condannano gli attacchi aerei contro il Vietnam "che hanno notevolmente aumentato i rischi di una guerra mondiale". Fonda poi – con sua moglie Clara, un collega e uno studente – il *Vietnam Day Committee*, con lo scopo appunto di organizzare una giornata di protesta contro la guerra in Vietnam. L'iniziativa si rivela un grande successo. Le 24 ore del *sit-in* devono essere portate a 30, per permettere a tutti di intervenire. C'è anche Benjamin Spock. Alla manifestazione di Berkeley, i giornali dedicano ancora uno spazio secondario, ma il Segretario di Stato – Dean Rusk – comincia a preoccuparsi: "continuo a vedere e sentire cose senza senso, a proposito della guerra. Qualche volta mi meraviglio della dabbenaggine di uomini istruiti e dell'ostinato disprezzo nei confronti di prove chiare da parte di persone che dovrebbero aiutare la nostra gioventù a imparare, soprattutto a imparare a pensare." Cominciano le prime iniziative di disobbedienza civile e i primi inviti ai militari a disertare. Smale non esita a ricordare come i tedeschi abbiano a lungo voluto ignorare le atrocità commesse dai nazisti durante la seconda guerra mondiale. Poi c'è la marcia a Oakland. Siamo nell'ottobre del '65 e la consapevolezza dell'atrocità e dell'inutilità della guerra negli Stati Uniti, in pochi mesi, è cambiata. Nell'aprile '67 ci sarà la grande marcia di Washington. Robert Kennedy e Martin Luther King fanno sentire la loro voce. McNamara – al Pentagono – comincia a pensare che la guerra sia ormai senza speranza e il presidente Johnson... gli trova un nuovo lavoro, come presidente della Banca mondiale. Ma anche lui si deve arrendere e presto annuncerà alla nazione che non si presenterà come candidato per una nuova presidenza.

Possiamo adesso tornare a Mosca e all'estate del 1966. Smale è in Europa, diretto appunto alla capitale sovietica, e a Parigi partecipa all'iniziativa di una *sei ore* per il Vietnam, promossa da Laurent Schwartz. Il suo intervento – di un cittadino americano che protesta contro il militarismo del suo Paese – è particolarmente atteso e suscita in realtà un notevole coinvolgimento. Nella sua autobiografia, Schwartz ricorda che il momento più emozionante del *meeting* fu proprio la stretta di mano tra l'americano Steve Smale e il vietnamita Mai Van Bo. Poi, con René Thom, Smale si dirige verso Ginevra per una conferenza ed è durante il viaggio che Thom – che faceva parte del Comitato per l'assegnazione delle *medaglie Fields* nel '66 – gli anticipa la sua "vittoria". Da Ginevra, Smale passa in Grecia per una breve vacanza con la famiglia. Qui, all'aeroporto, il 15 agosto – il giorno di apertura dell'ICM – viene bloccato per un'irregolarità sul passaporto. Rischia di perdere tutto (Mosca, l'ICM e la consegna della medaglia, prevista durante la cerimonia di apertura). In realtà, riesce a partire in qualche modo e con qualche ora di ritardo ma, al Cremlino, senza *badge* di riconoscimento – non aveva più avuto il tempo per ritirarlo – gli fanno un sacco di problemi, facendogli perdere ulteriore tempo. Entra nella sala che le medaglie sono state già consegnate, appena in tempo per sentire René Thom leggere la motivazione ufficiale: "se i lavori di Smale non hanno ancora, forse, la perfezione formale di un lavoro definitivo, è anche vero che Smale è un pioniere che sa prendersi i suoi rischi con un coraggio tranquillo".

Smale vuole anche approfittare del Congresso di Mosca – d'accordo con Schwartz e qualche altro matematico – per lanciare e fare sottoscrivere un appello di condanna dell'aggressione americana e di appoggio alla causa vietnamita. Ma l'apparato burocratico sovietico è duro (siamo nel '66) anche se il contenuto dell'appello sarebbe stato in linea con la politica del blocco comunista! Viene considerato obiettivo prioritario quello di mostrare – attraverso l'ordinato svolgimento di un Congresso internazionale, quando ancora a Mosca non se ne tenevano tanti – che l'URSS è un Paese pacifico e affidabile. Nel frattempo, Smale viene avvicinato per un'intervista da un giornalista vietnamita. Decide allora di organizzare una conferenza stampa cui invita il giornalista vietnamita, la stampa sovietica e quella americana presente a Mosca e dove legge la sua dichiarazione: "credo che l'intervento americano in Vietnam sia orribile e diventi sempre più orribile, ogni giorno che passa. Provo una grande simpatia per il popolo vietnamita, vittima di questo intervento. Comunque, oggi a Mosca, non si può dimenticare che solo dieci anni fa le truppe sovietiche intervennero brutalmente in Ungheria e che molti coraggiosi ungheresi morirono combattendo per l'indipendenza del proprio Paese. Non si può giustificare nessun intervento militare, né quello in Ungheria, dieci anni fa, né quello americano – più pericoloso e brutale – oggi in Vietnam [...]. Devo aggiungere che quello che ho visto qui – il sostegno degli intellettuali a proposito del caso Sinjavskij-Daniel e la loro impossibilità ad esprimere questo malessere – indica una triste situazione. Mancano anche le più elementari possibilità di protestare. È importante, in ogni Paese, difendere e sviluppare la libertà di parola e di stampa".

L'organizzazione di una conferenza stampa, da parte di un cittadino americano, nella Mosca del '66, è considerata un atto sovversivo. Ma i sovietici non possono procedere drasticamente, perché perderebbero la faccia di fronte all'opinione pubblica internazionale: Smale sta dicendo che il Vietnam (e gli alleati comunisti) hanno ragione! Così, decidono di limitare i danni. Sequestrano Smale per impedirgli altri contatti – trattandolo con mille riguardi, come un diplomatico, e riempiendolo di cortesie – ma allontanandolo da Mosca con il pretesto di un lungo giro turistico, che termina solo quando Smale non ne può più e pretende di essere liberato da simili "cortesie". Il giro è stato lungo: riesce a tornare in albergo solo a tarda notte. La mattina dopo, alle 7.00, un aereo lo aspetta per riportarlo ad Atene.

I guai non sono però finiti. Adesso tocca agli americani. Il New York Times esce in prima pagina con un resoconto da Mosca della conferenza stampa di Smale. Il giorno dopo, inizia un procedimento d'inchiesta contro Smale da parte della *National Science Foundation* (NSF). Cautelativamente, gli vengono sospesi tutti i fondi. I capi d'accusa sono: aver attaccato il governo degli Stati Uniti all'estero, essersi recato in Europa con fondi governativi dedicati alla ricerca – e chiedendogli di dimostrare di essersi effettivamente occupato di matematica durante l'estate – e avere utilizzato per il ritorno una nave non americana (ma francese). A Smale tocca il compito di giustificarsi, garantendo per iscritto di avere fatto ricerca anche in campeggio, in albergo e sulla nave! Qui "per esempio, ho discusso di alcuni problemi con alcuni matematici di primo livello e fatto ricerca nella sala bar (d'altra parte, il mio lavoro più noto è stato realizzato proprio sulla spiaggia di Rio)". Tornano così a galla Rio e le sue spiagge. In realtà, il confronto dura pochi giorni ma è aspro. Smale riceve l'appoggio di colleghi e anche di alcuni esponenti del Congresso. Si crea una posizione di compromesso, che Smale però rifiuta dichiarando che la "NSF ha disonorato se stessa". Un compromesso avrebbe rappresentato una capitolazione, che avrebbe reso più difficile – per altri ricercatori – la scelta di dissociarsi pubblicamente dalla "brutale politica di Johnson nel Vietnam". Bisogna aspettare la fine di settembre, ma alla fine la linea intransigente di Smale viene premiata.

Dopo Mosca, naturalmente la vita e la matematica per Smale continuano. Alla Geometria algebrica, alla Topologia differenziale e alla Teoria del *h-cobordismo* affianca lo studio dei sistemi dinamici, già a partire dal primo soggiorno brasiliano (ancora sulle spiagge di Rio?). Poi – siamo ormai negli anni '70 – si sviluppa in lui l'interesse per l'economia matematica. È il premio Nobel Gerard Debreu che, a Berkeley, lo coinvolge nelle problematiche dell'equilibrio economico generale. La via seguita da Smale sarà poi del tutto originale, nel tentativo di dinamizzare il sistema – la "Matematica del tempo" con la reintroduzione delle classiche ipotesi di *differenziabilità*, in luogo di quelle di convessità (affermatesi a partire dagli anni '30). Si occuperà anche di ottimizzazione vettoriale e di punti critici. Poi, di programmazione lineare e di analisi degli algoritmi. Il loro studio, la calcolabilità, alcuni problemi di informatica teorica sono gli ultimi interessi di Smale, che nel '98 ha pubblicato il volume "Complexity and Real Computation".

La conferenza stampa di Mosca lo ha privato, in USA, dei festeggiamenti per la medaglia Fields, ma la rivincita si è presentata nel '96 (trenta anni dopo!) quando ha ricevuto dalle mani del presidente Clinton la *National Medal of Science*.

Oggi, Smale è un matematico ancora attivo. Studia, scrive, partecipa a Congressi internazionali intervenendo soprattutto sui temi dell'intelligenza umana e di quella artificiale. Continua la sua raccolta di minerali, che è stata giudicata come una delle prime cinque al mondo, nel suo settore. La brillante mente matematica e l'appassionato difensore dei diritti civili hanno saputo trovare il tempo per apprezzare la bellezza della natura.

Smale non vive però più a Berkeley. Andato in pensione, ha deciso di accettare una delle tante proposte che ha ricevuto ed è diventato professore emerito in un'università di Hong-Kong. Un ultimo gesto (per adesso) provocatorio, da vecchio "radicale sessantottino". Il matematico che era riuscito a condannare a Mosca, in un colpo solo, le due superpotenze e i due sistemi economico-politici, vive adesso nell'ibrido postmoderno del capitalismo comunista!

Michael F. Atiyah
Le ragioni profonde della matematica

di **Claudio Bartocci**

Un'era di unificazione

Come apparirà la matematica degli ultimi cinquant'anni agli occhi degli storici futuri? Per quanto sia difficile fare previsioni che dipendono in buona parte da quelli che saranno gli sviluppi avvenire (Lakatos docet), possiamo azzardare che la seconda metà del XX secolo sarà probabilmente considerata un periodo di straordinaria proliferazione di nuove idee e, al contempo, di riscoperta della fondamentale unità della matematica. Nella prima metà del secolo, segnata dal trionfo del programma di Hilbert culminato nella grande impresa bourbakista, la tendenza diffusa – possiamo dire – era stata verso la specializzazione e dunque verso la parcellizzazione del sapere matematico: fu questa tendenza, senza dubbio, a permettere il rapido sviluppo di discipline quali la topologia generale, la teoria dei gruppi, la logica matematica, la geometria differenziale, l'analisi funzionale, la topologia algebrica e differenziale, l'algebra commutativa, la geometria algebrica (anche se quest'ultima sarebbe stata destinata a mutare volto negli anni successivi). Al contrario, l'ultimo cinquantennio si caratterizza soprattutto come "un'era di unificazione, durante la quale si infrangono le frontiere (tra discipline diverse), le tecniche di un settore specifico sono applicate ad altri settori", l'ibridazione diventa il paradigma

Michael F. Atiyah

Atiyah e Singer

dominante[1]. Molti esempi si potrebbero addurre a sostegno di questa tesi: il mirabile edificio teorico eretto da Grothendieck, lo sviluppo di settori di ricerca come l'analisi globale, l'onnipresenza del linguaggio categoriale, la geometria aritmetica o la geometria non commutativa di Alain Connes, i formidabili risultati ottenuti da matematici quali Vladimir Arnol'd, Yuri I. Manin, Shing Tung Yau, Simon K. Donaldson, Vaughan Jones, Edward Witten, Richard Borcherds, Robert Langlands, Andrew Wiles. Ma chi forse più di ogni altro ha dimostrato quanto possa essere proficuo contaminare ambiti disciplinari differenti per giungere a scoperte fondamentali, scavare alla radice di problemi in apparenza distinti per individuare la ragione profonda che li accomuna, è stato Michael Francis Atiyah, senza dubbio uno dei matematici più prolifici e più influenti dell'ultimo secolo.

Dalla geometria algebrica alla K-teoria

Nato a Londra il 22 aprile del 1929 da padre libanese e madre scozzese, Atiyah trascorre gli anni della fanciullezza a Khartum, in Sudan, e al Cairo.[2] Nel 1945, al termine del conflitto mondiale, si trasferisce con la famiglia a Manchester, dove frequenta la *Grammar School*. Alla fine del biennio, dopo aver svolto il servizio militare, si iscrive al *Trinity College* di Cambdridge: il suo primo articolo, scritto nel 1952 sotto la direzione di J.A. Todd, riguarda una questione di geometria proiettiva. Iniziato, sempre a Cambridge, il dottorato, Atiyah sceglie come *supervisor* uno dei maggiori matematici inglesi, William V.D. Hodge, che nel 1941 aveva pubblicato il suo celebre trattato sugli integrali armonici. Hodge lo indirizza verso le nuove idee – sviluppate soprattutto dalla scuola francese (André Weil, Jean-Pierre Serre) – che in quegli anni stanno emergendo in geometria algebrica. Il giovane Michael studia così i

---

[1] M. F. Atiyah, *Mathematics in the XXth century*, Bull. London Math. Soc. 34 (2002), pp. 1-15.
[2] Atiyah stesso fornisce dettagliate notizie sulla propria vita e sulla propria attività di ricerca in una serie di colloqui, registrati nel marzo del 1997, disponibili (insieme con le relative trascrizioni) sul sito www.peoplesarchive.com. Vedi anche M. F. Atiyah, *Siamo tutti matematici*, Di Renzo, Roma (2007).

fibrati vettoriali, la coomologia dei fasci, le classi caratteristiche, e diventa un "vorace lettore" dei *"Comptes rendus".* Nel 1955-1956 Atiyah trascorre un lungo periodo all'*Institute of Advanced Study* di Princeton, dove ha modo di conoscere R. Bott, F. Hirzebruch e I. M.Singer, Serre and Armand Borel e di allargare i propri orizzonti immerso in un'atmosfera intellettualmente molto stimolante.

Fino al 1959 la maggior parte dei lavori di Atiyah appartiene all'ambito della geometria algebrica: di particolare rilievo è, per esempio, l'articolo del 1957 sulla classificazione dei fibrati vettoriali su una curva ellittica. Negli anni successivi – rientrato in Europa – i suoi interessi si spostano soprattutto verso la topologia. Questo riorientamento è dovuto principalmente all'influenza del matematico tedesco Friedrich Hirzebruch, organizzatore a Bonn dei famosi *Arbeitstagung*, dei quali Atiyah è assiduo frequentatore. Hirzebruch aveva esteso (e reinterpreato in chiave topologica) il classico teorema di Riemann-Roch (dimostrato per superficie di Riemann) a varietà algebriche di dimensione superiore e, facendo uso della teoria del cobordismo di Thom, aveva definito particolari combinazioni di "numeri caratteristici" che assumono valori interi anche per generiche varietà differenziabili e non solo per varietà algebriche. I risultati di Hirzebruch, unitamente alla profonda generalizzazione di Grothendieck del teorema di Hirzebruch-Riemann-Roch e al teorema di periodicità di Bott[3], sono gli ingredienti all'origine della K-teoria topologica, che Atiyah (in collaborazione con Hirzebruch) elabora tra il 1959 e il 1962[4]. Lo stesso Atiyah ricorda:"Mi rendevo conto che mescolando tutti queste cose insieme si arrivava ad alcune interessanti conseguenze topologiche, e per questo motivo pensai che sarebbe stato utile introdurre i gruppi di K-teoria topologici come apparato formale per derivare tutto questo"[5].

---

[3] Il teorema di periodicità di Bott riguarda i gruppi di omotopia dei gruppi U(n) per $n \to \infty$.

[4] Vedi, anche per i dettagli matematici qui omessi, M. F. Atiyah, *K-theory past and present*, in *Sitzungsberichte der Berliner Mathematischen Gesellschaft*, Berliner Math. Gesellschaft, Berlin 2001, pp. 411-417 e M. F. Atiyah, *Papers on K-theory*, in *Collected Works*, vol. 2, Oxford Univ. Press, New York, 1988, pp. 1-3.

[5] M. F. Atiyah, www.peoplesarchive.com, cit.

La K-teoria – che si può pensare come una specie di teoria coomologica generalizzata costruita a partire dalle classi di isomorfismo di fibrati vettoriali – si rivela subito uno strumento utile e versatile per affrontare problemi di varia natura: il caso forse più eclatante è la risoluzione da parte di Frank Adams, nel 1962, del problema del massimo numero di campi vettoriali ovunque non nulli e linearmente indipendenti su una sfera di dimensione dispari (quelle di dimensione pari, si sa, non sono "pettinabili").

Al *Congresso Internazionale dei Matematici* di Stoccolma, nel 1962, Atiyah, espone le numerose, e in buona parte inaspettate, applicazioni della K-teoria e, in conclusione, menziona la nuova interpretazione che in questa teoria ammette la nozione di *simbolo di un operatore ellittico*. Nel quadro unificante della K-teoria confluiscono metodi e idee provenienti dalla geometria algebrica, dalla topologia e dall'analisi funzionale: il *teorema dell'indice* – già chiaramente formulato nell'estate del '62, ma ancora in attesa di dimostrazione – rappresenta il punto di arrivo di un lungo cammino di ricerca.

Il teorema dell'indice

Atiyah trascorre gli anni 1957-1961 a Cambridge, come *lecturer* e tutorial fellow al *Pembroke College*, oberato da molte ore settimanali di didattica. Nel 1960 il topologo Henry Whitehead muore a 55 anni di età e la sua cattedra a Oxford rimane vacante: Atiyah si candida senza successo (il prescelto è uno studente di Whitehead, Graham Higman) e, come soluzione di ripiego che tuttavia lo libera dagli eccessivi obblighi di insegnamento, accetta un posto di *reader*. Meno di due anni più tardi, con la morte di Titchmarsh, si libera la prestigiosa cattedra di *Savilian Professor* e Atiyah è chiamato a occuparla.[6]

---

[6] Vedi N. Hitchin, *Geometria a Oxford: 1960-1990*, in *La matematica. Tempi e luoghi*, vol. I, a cura di C. Bartocci e P. Odifreddi, Einaudi, Torino, di prossima pubblicazione; abbiamo tratto da questo saggio molte informazioni sulla genesi del teorema dell'indice.

Nel tentativo di estendere alle varietà differenziali risultati validi nel caso delle varietà algebriche, Hirzebruch aveva dimostrato che una certa combinazione di classi caratteristiche – il cosiddetto Â-genere – , che in generale è un numero razionale, risulta essere un intero nel caso di varietà di *spin* (cioè, varietà la cui seconda classe di Stiefel-Whitney si annulla). Questo risultato si inquadra in maniera naturale nel contesto della K-teoria ma la sua spiegazione appare, all'epoca, un vero mistero.

Nel gennaio del 1962 Isadore Singer decide di passare (a proprie spese) un periodo a Oxford. Due giorni dopo il suo arrivo, Atiyah dà avvio al seguente scambio di battute:

> "Perché l'Â-genere è un intero per le varietà di *spin*?
> – Che ti succede, Michael? Conosci la risposta molto meglio di me.
> – Esiste una ragione più profonda".

Questa "ragione più profonda" è il teorema dell'indice, la cui sola formulazione – per non parlare della dimostrazione – sarà l'esito di uno straordinario processo creativo:

> "Conoscevo – racconta Atiyah – la formula di Hirzebruch. Avevo la risposta; quel che dovevamo scoprire era il problema. Dalla geometria algebrica sapevo come andassero le cose nel caso algebrico. Sapevamo che [la soluzione] aveva necessariamente a che fare con gli spinori a causa della formula di Hirzebruch. La questione, dunque, stava nel fatto che doveva esserci qualche equazione differenziale che svolgeva nel caso di varietà di *spin* lo stesso ruolo dell'equazione di Cauchy-Riemann [nel caso di varietà complesse]"[7].

Singer conosce a fondo la geometria differenziale e l'analisi, discipline sulle quale Atiyah è invece meno ferrato. Il bandolo della matassa viene trovato in pochi mesi: la risposta sta nell'operatore di Dirac. A dire il vero, l'operatore differenziale "riscoperto" da

---

[7] M. F. Atiyah, www.peoplesarchive.com, op. cit.

Atiyah e Singer, la cui costruzione si basa su uno studio approfondito delle proprietà geometriche delle varietà di *spin*, ha poco o nulla a che fare con l'operatore, ben noto ai fisici da circa trent'anni, che compare nell'equazione di Dirac. Scrive Atiyah:

> "Le mie conoscenze di fisica erano molto scarse, nonostante che avessi seguito un corso di meccanica quantistica tenuto dallo stesso Dirac. [...] In ogni caso, avevamo a che fare con varietà riemanniane e non con lo spazio di Minkowski, sicché la fisica sembrava davvero lontanissima. In un certo senso la storia si ripeteva: Hodge, per sviluppare la sua teoria delle forme armoniche, aveva trovato una forte motivazione nelle equazioni di Maxwell. Singer e io ci stavamo spingendo un passo in avanti cercando la versione riemanniana dell'equazione di Dirac. Inoltre, proprio come nel caso di Hodge, il nostro punto di partenza era la geometria algebrica"[8].

Il risultato cui pervengono Atiyah e Singer appare mirabilmente semplice: su una varietà di *spin* compatta, l'Â-genere è uguale all'indice dell'operatore di Dirac. Ciò non soltanto risolve un problema particolare, ma delinea un quadro unitario nel quale interpretare teorema già noti. Per chiarire questo punto importante, è necessaria una breve digressione.

Un operatore lineare tra spazi di Hilbert, $L: H_1 \rightarrow H_2$, si dice di Fredholm se il suo nucleo e il suo conucleo (che coincide, ricordiamo, con il nucleo dell'operatore aggiunto) hanno entrambi dimensione finita. L'indice dell'operatore è per definizione la differenza di queste dimensioni: $\text{ind}(L) = \ker(L) - \text{coker}(L)$. Se si considera una famiglia continua di operatori di Fredholm, sebbene le dimensioni dei nuclei e dei conuclei possano variare, la loro differenza rimane costante: l'indice è dunque un invariante topologico. L'operatore di Dirac D costruito da Atiyah e Singer per una varietà di *spin* M è un operatore differenziale ellittico tra spazi di campi spinoriali, $D: \Gamma(S^+) \rightarrow \Gamma(S^-)$. Se la varietà è compat-

---

[8] M. F. Atiyah, *Papers on index theorem 56-93a (1963-84)*, in *Collected Works*, vol. 4, Oxford Univ. Press, New York, 1988, p. 1.

ta, D si estende a un operatore di Fredholm tra spazi di Hilbert, $D: L_2(S^+) \to L_2(S^-)$; allora,

$$\text{ind}(D) = \hat{A}(M).$$

Questa formula è il prototipo di molte altre formule analoghe: se P è un'operatore ellittico su una varietà differenziale M, compatta e orientata, allora $\text{ind}(P)$ = indice topologico(P), dove l'indice topologico è calcolato in termini di opportune classi caratteristiche di M (cioè, dati topologici) e del simbolo di P (che è un elemento della K-teoria di M). L'esempio più semplice di questa formula si ha nel caso di una varietà riemanniana compatta M e dell'operatore d+d*, essendo d l'usuale differenziale esterno di Cartan e d* il suo aggiunto (formale). L'operatore ellittico autoaggiunto d+d* applica lo spazio delle forme differenziali di grado pari nello spazio delle forme differenziali di grado dispari: il suo nucleo è lo spazio delle forme differenziali armoniche pari e il suo conucleo lo spazio delle forme differenziali armoniche dispari. Applicando il teorema di Hodge, si trova dunque che l'indice $\text{ind}(d+d^*)$ è la caratteristica di Eulero della varietà M; poiché l'indice topologico di d+d* è dato dall'integrale della classe di Eulero del fibrato tangente di M, la quale si esprime in termini della curvatura di M, la formula $\text{ind}(d+d^*)$=indice topologico(d+d*) non è altro che una riformulazione del classico *teorema di Gauss-Bonnet*. Sulle varietà di dimensione 4m, lo stesso operatore d+d*, considerato come appplicazione dallo spazio delle forme di grado da 0 a 2m allo spazio delle forme di grado da 2m+1 a 4m, fornisce il *teorema della segnatura di Hirzebruch*. Nel caso di una varietà complessa M provvista di una metrica hermitiana, si studia l'operatore $\bar{\partial} + \bar{\partial}^*$, essendo $\bar{\partial}$ l'operatore di Cauchy-Riemann (il nucleo di $\bar{\partial}$ come operatore sullo spazio delle funzioni differenziali è costituito dalle funzioni olomorfe). L'operatore $\bar{\partial} + \bar{\partial}^*$ è ellittico: il suo indice è la caratteristica di Eulero-Poincaré olomorfa di M, e la formula $\text{ind}\,(\bar{\partial} + \bar{\partial}^*)$ = indice topologico $(\bar{\partial} + \bar{\partial}^*)$ riproduce esattamente la formula di Hirzebruch-Riemann-Roch.

Nella primavera del 1962 Atiyah e Singer sono dunque riusciti a formulare il teorema dell'indice per le varietà di *spin*. Il compito di dimostrarlo si presenta, tuttavia, assai arduo. Proprio in quel periodo Stephen Smale, di ritorno da un soggiorno a Mosca, si trova a passare per Oxford, e reca informazioni preziose: I. M. Gel'fand ha scritto nel 1959 un fondamentale articolo sull'indice degli operatori ellittici[9] e vari matematici russi – per esempio, M. S. Agranovič e A. S. Dynin – stanno lavorando sul problema da un punto di vista assai generale. Come osserva Hitchin:

"Il vantaggio [di Atiyah e Singer] sui Russi stava nel fatto che la loro attenzione era concentrata su un particolare operatore, l'operatore di Dirac, e che sapevano già quale avrebbe dovuto essere la risposta. Conoscevano anche la risposta per altri operatori di tipo analogo, quali l'operatore di segnatura [su una varietà differenziabile] e l'operatore di Dolbeault su una varietà complessa. Il teorema dell'indice in ciascuno di questi casi avrebbe fornito una nuova dimostrazione, rispettivamente, del teorema della segnatura di Hirzebruch e del teorema di Riemann-Roch. Cosa forse ancor più importante, Atiyah e Singer consideravano il problema nel contesto della K-teoria, ed è qui che stava il punto essenziale – l'indice di un operatore ellittico dipende solo dal suo termine di ordine più alto, il simbolo principale, che definisce in maniera diretta una classe di K-teoria"[10].

Atiyah approfondisce le proprie conoscenze di analisi, immergendosi nello studio del trattato di Dunford e Schwartz (*Linear operators*) e di altri testi:

"erano i primi libri – avrà modo di osservare molti anni più tardi – che cercavo di leggere dai tempi degli studi universitari. Quando non sei più studente, di solito smetti di leggere manuali: quel che ti serve, lo impari lì per lì"[11].

Avvalendosi dell'aiuto di amici, nonché analisti insigni, quali L. Hormänder e L. Nirenberg, Atiyah e Singer – dopo che il teorema è stato annunciato nell'estate all'*Arbeitstagung* di Bonn e al

---

[9] I.M. Gel'fand, *On elliptic equations*, Russian Math. Surveys 15 (1960), no. 3, pp. 113-123.
[10] N. Hitchin, *Geometria a Oxford: 1960-1990*, cit.
[11] M. F. Atiyah, www.peoplesarchive.com, op. cit.

Congresso di Stoccolma – ottengono la prima dimostrazione nel-l'autunno del 1962, mentre trascorrono un periodo a Harvard. La dimostrazione segue quella elaborata nel 1953 da Hirzebruch per il teorema della segnatura, e si basa dunque sulla teoria del cobordismo e su tecniche (opportunamente estese) di problemi ellittici con dati al contorno[12]. Nonostante l'importanza del risultato, Atiyah non è pienamente soddisfatto:

> "La prima dimostrazione non andava bene, perché, oltre a essere concettualmente poco elegante [...], non comprendeva alcune generalizzazioni che avevamo in mente"[13].

Negli anni successivi Atiyah e Singer mettono a punto una dimostrazione differente, basata sulla dimostrazione di Grothendieck del teorema di Hirzebruch-Riemann-Roch generalizzato. Nella monumentale serie di cinque articoli pubblicati tra 1968 e il 1971 sugli *Annals of Mathematics* – quattro dei quali in collaborazione con Singer, uno con G. B. Segal[14] – Atiyah passa quindi a elaborare varie generalizzazioni del teorema dell'indice. Tra queste citiamo la versione equivariante del teorema dell'indice (nel caso di un gruppo compatto che agisce preservando l'operatore ellittico) e la versione per famiglie di operatori ellittici. Insieme con R. Bott, Atiyah dimostra inoltre il teorema dell'indice per varietà con bordo e ottiene una formula di punto fisso, che da un certo punto di vista generalizza quella di Lefschetz e dalla quale si ottiene come caso particolare la famosa formula dei caratteri di Weyl per le rappresentazioni di un gruppo di Lie compatto.

---

[12] M. F. Atiyah e I. M. Singer, *The index of elliptic operators on compact manifolds*, Bull. American Mathematical Society, 69 (1963), pp. 422-433. I dettagli di questa prima dimostrazione sono presentati nel volume R. S. Palais, *Seminar on the Atiyah-Singer index theorem*, Ann. of Math. Studies 57, Princeton University Press, Princeton 1965.

[13] M. F. Atiyah, www.peoplesarchive.com, cit.

[14] M. F. Atiyah e I. M. Singer, *The index of elliptic operators I, III, IV, V*, Ann. of Math. 87 (1968), pp. 484-530, 87 (1968), pp. 546-604, 93 (1971), pp. 119-138, 93 (1971), pp. 139-149; M. F. Atiyah e G. B. Segal, *The index of elliptic operators II*, Ann. of Math. 87 (1968), pp. 531-545.

Questa impressionante messe di risultati vale ad Atiyah la *meda-glia Fields* nel 1966 (condivisa con P. Cohen, A. Grothendieck e S. Smale[15]). Il teorema dell'indice è una delle vette della matematica del Novecento, fondamentale non solo in se stesso ma anche per la molteplicità delle sue implicazioni e applicazioni, come ben illustra la motivazione del premio Abel attribuito nel 2004 congiuntamente ad Atiyah e Singer:

> Essi ricevono il premio per aver scoperto e dimostrato il teorema dell'indice, che unisce insieme topologia, geometria e analisi, e per aver svolto un ruolo di primo piano nel realizzare nuovi collegamenti tra la matematica e la fisica teorica. [...] Il teorema dell'indice, dimostrato nei primi anni '60, è stato uno dei più importanti risultati matematici del XX secolo. Ha avuto un enorme impatto sui successivi sviluppi della topologia, della geometria differenziale e della fisica teorica. Questo teorema ci permette inoltre di intravedere l'intrinseca bellezza della matematica in quanto stabilisce un nesso profondo tra discipline che appaiono fra loro completamente separate.

Ogni nuova dimostrazione del teorema dell'indice apre inaspettate prospettive di ricerca. I lavori di V. K. Patodi, P. B. Gilkey e Atiyah-Patodi-Singer, risalenti alla prima metà degli anni '70, mostrano che, per un operatore ellittico classico (per esempio l'operatore di Dirac), la formula dell'indice si può derivare dallo studio del comportamento asintotico del cosiddetto "nucleo del calore" associato all'operatore. Nel 1982 E. Witten, sulla base di motivazioni fisiche, scopre un nuovo approccio al problema, fondato su considerazioni di geometria simplettica e di supersimmetria, che si rivela molto fecondo[16]. La pluralità dei punti di vista

---

[15] Ricordiamo che la medaglia Fields può essere assegnata a matematici che non abbiano superato i 40 anni di età: Singer, essendo nato nel 1924, risultò dunque escluso.

[16] Le idee di Witten saranno sviluppate, tra gli altri, da L. Alvarez-Gaumé, E. Getzler, N. Berline, M. Vergne, J.P. Bismut. Il lettore esperto può consultare N. Berline, E. Getzler, M. Vergne, *Heat kernels and Dirac operators*, Springer-Verlag, Berlin (1992).

dai quali è possibile considerare il teorema dell'indice è un'ulteriore prova della profondità concettuale di questo risultato. Infatti, come osserva Atiyah,

> "Ogni buon teorema dovrebbe avere più di una dimostrazione; più sono, meglio è. Ciò per due ragioni: di solito, date due diverse dimostrazioni, ciascuna ha i suoi punti di forza e i suoi punti di debolezza e ciascuna si lascia generalizzare in direzioni diverse – non sono affatto la ripetizione l'una dell'altra. Questo è certamente vero per le dimostrazioni che [Singer e io] abbiamo ottenuto: hanno motivazioni differenti, storia e retroscena differenti. Alcune vanno bene per una applicazione, alcune per un'altra applicazione. Tutte fanno luce sulla questione. Se non è possibile considerare un problema da diverse prospettive, probabilmente questo non è molto interessante; più numerose sono le prospettive, meglio è"[17].

Geometria e fisica

Nel 1969 Atiyah abbandona la Gran Bretagna accettando un posto di professore all'*Institute for Advanced Study* di Princeton, dove rimane tre anni. Ritorna a Oxford nel 1973, come *Royal Society Research Professor* e *Fellow* del *St. Catherine's College*. Nel 1990 Atiyah – che dal 1983 si fregia del titolo di *Sir* – si trasferisce a Cambridge diventando *Master of Trinity College* e direttore dell'appena fondato *Isaac Newton Institute for Mathematical Sciences*. Dal 1990 al 1995 è presidente della *Royal Society*.

Dal 1977 gli interessi di ricerca di Atiyah si spostano gradualmente verso le *teorie di gauge* e, più in generale, verso le interazioni tra geometria e fisica. La prima sollecitazione a considerare problemi di fisica matematica gli proviene da Roger Penrose, che era stato suo compagno di dottorato a Cambridge (in quegli anni facevano entrambi ricerca in geometria algebrica e per un certo periodo ebbero Hodge come *supervisor*) e nel 1973 è diventato *Rouse*

---

[17] M. Raussen e C. Skau, *Interview with Michael Atiyah and Isadore Singer*, Notices of the American Mathematical Society, 52 (2005), pp. 223-231.

Ball Professor of Mathematics a Oxford. I due hanno lunghe discussioni sulla teoria dei *twistors* – un potente strumento per studiare alcune equazioni della fisica matematica inventato da Penrose e, all'epoca, da molti giudicato incomprensibile (Freeman Dyson, per esempio, aveva detto *Twistors are a mystery*). Atiyah non ha difficoltà a capire la geometria dei twistors, perché questa si basa sulla classica corrispondenza di Klein per le rette dello spazio proiettivo complesso $\mathbb{P}^3$, e spiega a Penrose come usare tecniche di coomologia dei fasci per alcuni calcoli di residui e integrali multipli complessi[18]. Insieme con Richard Ward, studente di dottorato di Penrose, ricerca l'interpretazione delle equazioni di Yang-Mills autoduali[19] in termini di *twistors*: in un articolo in collaborazione del 1977 viene definita una corrispondenza – oggi chiamata di Atiyah-Ward – tra istantoni sulla sfera quadrimensionale e certi fibrati olomorfi su $\mathbb{P}^3$.

In quello stesso anno anche Singer, che trascorre un periodo di congedo sabbatico a Oxford, contribuisce a orientare l'interesse di Atiyah in direzione delle equazioni di Yang-Mills. Il fondamentale articolo *Self-duality in four-dimensional Riemannian geometry*[20] di Atiyah, Nigel Hitchin e Singer, oltre a sviluppare in dettaglio la teoria dei *twistors* nell'ambito della geometria riemanniana, introduce gli strumenti essenziali per studiare lo spazio dei moduli degli istantoni di Yang-Mills (la dimensione di questo spazio viene calcolata applicando un'opportuna versione del teorema dell'indice). Atiyah e Hitchin affrontano, sempre nel 1977, il

---

[18] Vedi M. F. Atiyah, *Papers on gauge theories*, in *Collected Works*, vol. 5, Oxford Univ. Press, New York, 1988, p. 1.

[19] La teoria di Yang-Mills è una teoria di gauge, la cui lagrangiana si scrive in termini della curvatura di un fibrato principale di gruppo strutturale G; le equazioni di Eulero-Lagrange del corrispondente funzionale d'azione. Se la varietà di base è lo spazio di Minkowski e G=U(1), le equazioni di Yang-Mills non sono altro che le equazioni di Maxwell. Nel caso in cui G=Su(2)xU(1), le equazioni di Yang-Mills sono le equazioni di campo classiche (cioè, non quantistiche) della teoria elettrodebole di Glashow-Weinberg-Salam. In fisica matematica, la teoria di Yang-Mills si studia su una generica varietà riemanniana di dimensone 4 (quindi, non in segnatura lorentziana). Le equazioni di Yang-Mills sono non lineari; le equazioni di Yang-Mills autoduali (o anti-autoduali) sono una loro linearizzazione, le cui soluzioni si chiamano istantoni (questi corrispondono ai minimi assoluti del funzionale d'azione).

[20] Proc. Roy Soc. London, Ser. A, 362 (1978), pp. 425-461.

problema della descrizione di tutti gli istantoni sulla sfera S^4 in termini di dati lineari, usando strumenti sviluppati in geometria algebrica da Barth e Horrocks per studiare i fibrati olomorfi sugli spazi proiettivi complessi. Come ricorda Hitchin,

> "i pezzi del puzzle furono tutti sistemati [...] il 22 novembre 1977, subito prima di recarci al St. Catherine's College per il pranzo. Rientrati al *Mathematical Institute* trovammo una lettera di Y. Manin, il quale scriveva di avere ottenuto, con V. G. Drinfeld, sostanzialmente la nostra stessa costruzione. Pubblicammo un articolo a quattro nomi, e il metodo è da allora noto come costruzione ADHM"[21].

La prima metà degli anni Ottanta rappresenta un periodo di straordinaria fioritura per la geometria a Oxford. Atiyah è alla testa di un gruppo che annovera numerosi docenti – tra gli altri, Segal, Hitchin, George Wilson e, in seguito, Simon Salamon e Dan Quillen – e una folta compagine di studenti di dottorato, molti dei quali destinati a divenire matematici di grande levatura, primo tra tutti Simon Donaldson (studente prima di Hitchin e successivamente di Atiyah). Il gruppo si riunisce ogni lunedì pomeriggio alle 3 per il seminario di "geometria e analisi" organizzato da Atiyah: alle conferenze di matematici famosi provenienti da ogni parte del mondo si alternano quelle di Atiyah stesso, che rimangono impresse nella memoria come *performances* virtuosistiche[22]. I temi di ricerca – soprattutto quelli sviluppati dagli studenti di dottorato – sono in misura predominante determinati dai risultati ottenuti da Atiyah nel campo della geometria delle teorie di *gauge*: oltre agli articoli che abbiamo già menzionato, almeno altri due hanno un'importanza fondamentale. Nel poderoso lavoro di Atiyah con Bott sulle

---

[21] N. Hitchin, *Geometria a Oxford: 1960-1990*, cit. Sulla costruzione ADHM vedi M F. Atiyah, *Geometry of Yang-Mills fields*, Lezioni Fermiane, Scuola Normale Superiore, Pisa (1979).

[22] S. K. Donaldson, *Geometry in Oxford c. 1980-1985*, Asian J. Math., 3 (1999), pp. xliii-xlviii. Da questo articolo abbiamo tratto anche le informazioni sulle principali linee di ricerca in geometria a Oxford in quegli anni.

equazioni di Yang-Mills su una superficie di Riemann[23] – "extraordinarily wide-ranging and multi-faceted"[24] – sono introdotte un gran numero di idee innovative (per esempio, l'interpretazione dello spazio dei moduli come quoziente simplettico mediante la costruzione di un'«applicazione momento» in un *setting* infinito-dimensionale). Nell'articolo di Atiyah in collaborazione con John D. Jones, che studia la topologia degli spazi di moduli di istantoni, viene invece enunciata la famosa congettura che porta il nome dei due autori.[25] In questo ambiente estremamente stimolante – nel quale "la specializzazione [...] in geometria algebrica, geometria differenziale, o topologia non [è] particolarmente incoraggiata"[26], ma quel che conta è soprattutto "esplorare le relazioni tra queste differenti aree di ricerca" – Simon Donaldson ottiene, usando le idee e gli strumenti della teoria di Yang-Mills gli spettacolari risultati sulla geometria delle varietà differenziabili di dimensione 4 che nel 1986 gli varranno la *Medaglia Fields*.

A poco a poco si delinea, almeno nelle sue caratteristiche di fondo, uno schema che rivela profondi e inattesi legami tra geometria e fisica. L'interazione tra le due discipline fa entrare in gioco, da una parte, gli aspetti quantistici delle teorie di campo e, dall'altra, le proprietà topologiche globali degli oggetti geometrici. Un esempio dell'efficacia di questa prospettiva è fornita dalla dimostrazione delle disuguaglianze di Morse ottenuta da Witten, nel 1982, facendo uso di idee tratte dalle teorie di campo supersimmetriche.

---

[23] M. F. Atiyah e R. Bott, *The Yang-Mills equations over Riemann surfaces*, Phil. Trans. Roy. Soc. London, Ser. A, 308 (1982), pp. 523-615.
[24] S. K. Donaldson, *Geometry in Oxford c. 1980-1985*, op. cit., p. xliv.
[25] M. F. Atiyah e J. D. S. Jones, *Topological aspects of Yang-Mills theory*, Commun. Math. Phys., 61 (1978), pp. 97-118. La congettura di Atiyah-Jones asserisce che i gruppi di omotopia dello spazio dei moduli degli istantoni «si stabilizzano al crescere della carica topologica», arrivando a coincidere con quelli dello spazio di tutte le connessioni modulo equivalenza di gauge. La congettura è stata dimostrata per S^4 e per varie altre classi di varietà di dimensioni, ma non nella sua generalità.
[26] S. K. Donaldson, *Geometry in Oxford c. 1980-1985*, op. cit., p. xliv.

In effetti, la teoria quantistica dei campi fornisce strumenti nuovi e potenti per indagare la geometria delle varietà in dimensione 2, 3 e 4. Gli invarianti differenziabili delle varietà di dimensione 4 definiti da Donaldson nel 1988 e la teoria di Andreas Floer per le varietà di dimensione 3 sono interpretati da Witten in un quadro unitario: la teoria di Donaldson-Floer può essere descritta come una teoria quantistica di campo topologica (TQFT) in 3+1 dimensioni. Un caso altrettanto significativo è fornito dagli invarianti di nodi scoperti da Vaughan Jones nel 1987[27]. "Questi sono legati alla fisica in vari modi, ma il più fondamentale è messo in luce da Witten, il quale [mostra] come gli invarianti di Jones abbiano un'interpretazione naturale in termini di una TQFT in 2+1 dimensioni"[28]. Atiyah ha un ruolo di primo piano in questi sviluppi: non soltanto ottiene importanti risultati (per esempio, definisce un'assiomatica per le TQFT, che riprende ed elabora il lavoro di Segal), ma si adopera instancabilmente a diffondere le nuove ideee – in specie quelle di Witten – contribuendo a farle accettare alla comunità dei matematici, inizialmente inclini a considerarle ostiche ed eterodosse.

Conclusione

L'interazione tra matematica e fisica è stata una delle principali forze trainanti della matematica degli ultimi trent'anni: dalle teorie di *gauge* alle teorie delle stringhe, dalla supersimmetria alla teoria dei sistemi integrabili. Nel promuovere questa interazione Atiyah ha profuso la sua autorevolezza scientifica, la sua inesauribile energia, il suo contagioso entusiasmo. L'enorme influenza di Atiyah sulla comunità matematica internazionale va oltre la sua opera scientifica: ha creato intorno a sé – discutendo instancabil-

---

[27] Jones e Witten furono insigniti della medaglia Fields nel 1990. Andreas Floer, cui si devono importanti risultati in topologia e in geometria simplettica (tra cui, la definizione della cosiddetta omologia di Floer e la dimostrazione, in un caso particolare della congettura di Arnol'd sui punti fissi di un simplettomorfismo), pose tragicamente fine alla propria vita nel 1991, a 45 anni di età.

[28] M. F. Atiyah, *The geometry and physics of knots*, Lezioni Lincee, Cambridge University Press, Cambridge 1990, p. 2.

mente con matematici e fisici, ostinandosi a ricercare «le ragioni più profonde» che stanno dietro ai teoremi – un movimento di idee che ha fortemente orientato la ricerca degli ultimi trent'anni; ha avuto decine di studenti di dottorato, alcuni dei quali sono diventati matematici di prima grandezza; ha valorizzato, sapendo coglierne al volo l'originalità e l'importanza, i risultati, tra gli altri, di Andreas Floer, Vaughan Jones ed Edward Witten; ha diffuso la propria concezione della matematica in centinaia di conferenze.

Nel discorso per il conferimento del *premio Feltrinelli* dell'*Accademia del Lincei*, nel 1981, Atiyah così sintetizza il proprio percorso di ricerca e la sua personale visione della matematica come "attività sociale":

"[...] i miei interessi matematici si sono spostati da un settore all'altro, partendo dalla geometria algebrica e arrivando alla fisica teorica. D'altra parte questi cambiamenti non sono mai stati discontinui o frutto di una scelta deliberata. Semplicemente, i problemi che via via studiavo mi portavano in nuove direzioni, non di rado in territori stranieri. I diversi settori, inoltre, sono sempre stati legati l'uno all'altro in maniera organica, cosicché non sono stato mai costretto a scartare le vecchie idee e le vecchie tecniche passando a una nuova area di ricerca – le potevo portare con me. [...] Ho svolto la maggior parte del mio lavoro in stretta e protratta collaborazione con altri matematici. Trovo questo il modo più congeniale e stimolante di fare ricerca. La dura astrusità della matematica è ravvivata e addolcita dal contatto umano. Oltre a ciò, la varietà stessa dei campi nei quali ho impegnato le mie forze ha reso essenziale lavorare con altri. Sono stato molto fortunato ad avere tanti eccellenti matematici come amici e collaboratori"[29].

---

[29] M. F. Atiyah, *Speech on conferiment of Feltrinelli prize*, in *Collected Works*, vol. 1, Oxford Univ. Press, New York, 1988, pp. 315-316.

Vladimir Igorevič Arnol'd
Matematico universale

di **Marco Pedroni**

L'elenco dei campi della matematica nei quali Vladimir Igorevič Arnol'd (nato nel 1937 a Odessa) ha dato contributi fondamentali è lunghissimo. Se ci limitiamo – senza pretese esaustive – alla geometria e alla fisica matematica, abbiamo da una parte la geometria algebrica (reale e complessa), la topologia simplettica e la geometria delle varietà di contatto, mentre dall'altra l'idrodinamica, la meccanica classica, la meccanica celeste, i sistemi integrabili e la teoria dei sistemi dinamici. Il suo nome è legato a molti concetti chiave della matematica e della meccanica del '900, quali la teoria di Kolmogorov-Arnol'd-Moser (KAM), la diffusione di Arnol'd, la A-stabilità (in idrodinamica) e le classi caratteristiche di Arnol'd-Maslov, per citarne solo alcuni. Ciò smentisce quella che egli stesso chiama "la legge di Arnol'd", secondo la quale in matematica pochissime scoperte vengono attribuite alla persona giusta.

Il contributo che a soli vent'anni lo ha reso famoso in tutto il mondo è stata la soluzione del tredicesimo problema di Hilbert, riguardante l'impossibilità di risolvere le equazioni algebriche di settimo grado usando funzioni di due variabili. Più precisamente, la domanda era la seguente: la funzione reale $z(a,b,c)$ definita dall'equazione $z^7+az^3+bz^2+cz+1=0$ è rappresentabile come composizione di funzioni continue di due variabili? Nella sua tesi di dottorato, scritta sotto la guida di Kolmogorov, Arnol'd rispose affer-

Vladimir Igorevič Arnol'd

mativamente a questa domanda, dimostrando che ogni funzione continua di tre variabili può essere costruita a partire da funzioni di due sole variabili.

Successivamente si dedicò ai sistemi dinamici, contribuendo in modo determinante alla creazione di quella che in seguito sarebbe diventata famosa come la teoria KAM. In questo caso il punto di partenza è lo studio dei sistemi integrabili, che sono sistemi hamiltoniani con un comportamento molto regolare: sotto ipotesi opportune, il moto di tali sistemi è quasi periodico, ossia è la composizione di rotazioni uniformi. Da un punto di vista geometrico, lo spazio delle fasi del sistema (2n-dimensionale, se n è il numero dei gradi di libertà) risulta essere l'unione di tori n-dimensionali – detti tori invarianti – e il moto del sistema si svolge in modo uniforme su questi tori. Molti sistemi di interesse pratico, primo fra tutti il sistema solare, si possono vedere solo come perturbazioni di un sistema integrabile. Per questo motivo Poincaré indicò come il problema fondamentale della dinamica lo studio del comportamento di un sistema integrabile perturbato. Nel 1954 Kolmogorov annunciò un risultato sorprendente: se la perturbazione è piccola e il sistema integrabile di partenza è non degenere, allora la maggior parte dei tori invarianti rimangono tali e il moto su di essi è ancora quasi periodico. Arnol'd non si limitò a fornire un'esposizione completa di dimostrazioni del teorema di Kolmogorov, ma lo generalizzò ad una vasta classe di sistemi degeneri e presentò un gran numero di applicazioni a problemi classici della dinamica.

Un altro campo nel quale il genio di Arnol'd si è manifestato è stata l'idrodinamica. Sfruttando l'analogia con i moti per inerzia di un corpo rigido con un punto fisso, egli ha infatti mostrato che le equazioni di Eulero (che descrivono il moto di un fluido ideale) si possono interpretare come le equazioni delle geodetiche - rispetto ad una metrica definita dall'energia cinetica - del gruppo dei diffeomorfismi che conservano i volumi. Ciò fornisce una spiegazione dell'instabilità dei moti delle masse atmosferiche e quindi la difficoltà di ottenere delle previsioni del tempo attendibili per lunghi periodi: le curvature di tale gruppo sono negative e pertanto due geodetiche inizialmente vicine si allontanano rapidamente. Utilizzando metodi topologici, Arnol'd ha poi classificato i moti stazionari di un fluido (nel piano e nello spazio) ed ha trovato delle condizioni sufficienti per la loro stabilità.

Arnol'd ha inoltre messo in luce la natura simplettica di un teorema congetturato da Poincaré e dimostrato da Birkhoff. Esso afferma che un diffeomorfismo di un corona circolare, avente le proprietà di conservare le aree e di ruotare in senso opposto i due bordi, ha almeno due punti fissi. Arnol'd ha intuito che questo è un caso particolare del fatto che un simplettomorfismo omologo all'identità ha un numero di punti fissi maggiore o uguale alla somma dei numeri di Betti, un invariante topologico della varietà su cui agisce il simplettomorfismo. Questo risultato è stato poi dimostrato ed ha segnato la nascita della topologia simplettica, nonché il punto di partenza per la scoperta dell'omologia di Floer e delle coomologie quantistiche. Concludiamo questa brevissima rassegna dei suoi risultati accennando al fatto che Arnol'd, motivato da problemi di ottica quantistica, ha classificato le singolarità (semplici) delle funzioni di n variabili reali, mostrando che esse sono legate ai diagrammi di Dynkin che compaiono anche nella classificazione delle algebre di Lie semplici.

In tutto il mondo, molti studenti universitari di matematica e di fisica hanno avuto la fortuna di studiare sui suoi libri, in particolare "Geometrical methods in the theory of ordinary differential equations" e "Mathematical methods of classical mechanics" (entrambi tradotti in italiano). Arnol'd, infatti, predilige una presentazione nella quale le idee, gli esempi, le motivazioni (spesso tratte dalla fisica) e l'intuizione geometrica abbiano un ruolo di primo piano, più che una trattazione rigorosa ma fredda e arida. Il suo articolo "On teaching mathematics" esordisce con le parole: "Mathematics is a part of physics. Physics is an experimental science, a part of natural science. Mathematics is the part of physics where experiments are cheap". Per questo egli è perennemente in lotta contro la concezione bourbakista dell'insegnamento della matematica e difende strenuamente il punto di vista dei matematici ottocenteschi (sembra che abbia salvato le opere di Goursat e di Hermite, che dovevano essere eliminate dalla biblioteca di un'università francese).

Arnol'd è stato insignito di molti premi internazionali per le sue ricerche (tra i quali il *Premio Lenin* nel 1965, con Andrej Kolmogorov, il *Crafoord Prize* nel 1982, con Louis Nirenberg, e il *Wolf Prize in Mathematics* nel 2001), è membro di numerose accademie (tra queste l'*Accademia dei Lincei*, dal 1988), è stato vicepresidente dell'*International Mathematical Union* dal 1995 al 1998 e ha ricevuto il dottorato *honoris causa* dall'Università di Bologna (nel 1991) e da altre università in tutto il mondo. Ha avuto un enorme numero di allievi, molti dei quali sono diventati matematici di prima grandezza e hanno contribuito a diffondere le sue idee ed il suo approccio unitario alla matematica (e alla fisica), ai suoi problemi e al suo insegnamento.

Il "chi è" di Arnol'd

Vladimir Igorevič Arnol'd è attualmente dirigente di ricerca scientifica all'Istituto Steklov dell'Accademia Russa delle Scienze di Mosca. Durante il semestre primaverile la sua attività scientifica e didattica si sposta all'Università di Parigi 9 ed in autunno tiene corsi anche alla Università Indipendente di Mosca, una università libera, fondata nel 1991 da un gruppo di matematici che in seguito ne ha costituito il Consiglio scientifico (di cui Arnol'd è presidente).

Nato a Odessa nel 1937, ha cominciato gli studi di matematica nel 1954 presso la facoltà di Meccanica e Matematica dell'Università Statale di Mosca, ottenendo il Ph.D. nel 1961 e il Dottorato nel 1963, entrambe sotto la direzione di Andrej Nikolaevič Kolmogorov. Dal 1961 al 1986 ha lavorato presso la facoltà stessa, come professore a partire dal 1965.

Già gli inizi della sua carriera sono d'eccellenza: la sua tesi completa la soluzione (a cui aveva dato avvio Kolmogorov) del 13° problema di Hilbert. In seguito la sua attività si rivolge a numerosi settori della matematica e della meccanica, permettendo di stabilire, in molti di questi, lo stato delle conoscenze. Membro di numerose accademie internazionali, fra cui l'Accademia delle Scienze Russa (dal 1986) e l'Accademia dei Lincei (dal 1988), laureato "honoris causa" da numerose università – nel 1991 da Bologna, ha vinto numerosi premi:

- Premio della Società Matematica di Mosca per i giovani (1958),
- Premio Lenin (insieme a Kolmogorov, 1965), uno dei massimi riconoscimenti dell'Unione Sovietica,
- Premio Crafoord (insieme a L. Nirenberg, 1982), assegnato dall'Accademia delle Scienze Svedese in riconoscimento della ricerca in quelle discipline scientifiche che non fanno parte del premio Nobel (matematica, scienze della terra, ecologia ed evoluzione, astronomia),
- Premio Lobačevskij (1992) dell'Accademia delle Scienze Russa,
- Premio Harvey (1994), dell'Accademia delle Scienze e dell'Istituto di Tecnologia di Israele,

- *Premio Wolf (insieme a Shelah, 2001), assegnato dalla fondazione Wolf di Israele con la seguente motivazione: "per il suo profondo ed influente lavoro in una moltitudine di aree matematiche, fra cui sistemi dinamici, equazioni differenziali e teoria delle singolarità".*

Autore di oltre 300 pubblicazioni in vari settori della matematica e di più di 20 libri scritti in uno stile essenziale ma ricco, Arnol'd è apprezzato anche come docente dai propri allievi, secondo i quali possiede il raro dono di trovare, anche negli argomenti più semplici, nuovi ed eleganti problemi, suscettibili di ulteriori sviluppi e in grado di catturare gli interessi dei giovani.

Enrico Bombieri
Il talento per la matematica

di **Alberto Perelli**

Enrico Bombieri nasce a Milano nel 1940. Il suo precoce talento matematico viene assecondato dalla famiglia, e ancora ragazzo entra in contatto con alcuni eminenti studiosi; tra questi vi è Giovanni Ricci, cultore di analisi e di teoria dei numeri, che avrà un'influenza determinante sulla sua formazione. In questi anni Bombieri getta le basi di quella vasta e profonda conoscenza della matematica classica che sarà una delle sue caratteristiche salienti. Pubblica il suo primo lavoro, sulle soluzioni di un'equazione diofantea, nel 1957, ancora studente liceale; quando si iscrive a Matematica presso l'Università di Milano possiede già la maturità di un matematico professionista. Durante gli anni dell'università il suo nome inizia a circolare negli ambienti matematici internazionali; prima di laurearsi sotto la guida di Ricci produce infatti numerosi risultati in vari campi della teoria dei numeri e in analisi complessa, alcuni dei quali di notevole importanza e impatto, come ad esempio la maggiorazione del resto nel teorema dei numeri primi con metodi elementari. In questo periodo Bombieri visita il Trinity College di Cambridge per studiare con Harold Davenport, insigne matematico ed eccellente *supervisor*, altra figura di primo piano nella sua formazione scientifica.

Nel 1965 Bombieri pubblica un risultato fondamentale sulla distribuzione dei numeri primi nelle progressioni aritmetiche, che nelle applicazioni può essere utilizzato come sostituto dell'Ipotesi

Enrico Bombieri

di Riemann; il lavoro si basa su un nuovo sviluppo del crivello largo, introdotto da Yu. V. Linnik nel 1941, e segna una svolta nella teoria analitica dei numeri. Nello stesso anno vince la cattedra di Analisi Matematica e, dopo una parentesi cagliaritana, nel 1966 viene chiamato presso l'Università di Pisa. Questo è un periodo estremamente fecondo della sua produzione scientifica: ai profondi contributi in teoria dei numeri si affiancano quelli sulle funzioni univalenti e sulla congettura di Bieberbach, sulle equazioni alle derivate parziali e sulle superfici minime (in particolare, la soluzione del problema di Bernstein in dimensione alta), sui valori algebrici delle funzioni meromorfe in più variabili e sulla classificazione delle superfici algebriche. Molteplici sono anche le collaborazioni con matematici di primo piano quali Harold Davenport, Peter Swinnerton-Dyer, Ennio De Giorgi, Aldo Andreotti e David Mumford. Nel 1973 viene chiamato presso la *Scuola Normale* e nel 1974 viene insignito della prestigiosa *Medaglia Fields*. Nel 1980 si trasferisce negli Stati Uniti e diviene membro permanente dell'*Institute for Advanced Study* di Princeton, dove lavora tuttora; nello stesso anno vince il Premio Balzan.

L'attività di ricerca di Bombieri prosegue incessante; da una parte amplia ulteriormente lo spettro includendo importanti contributi all'approssimazione diofantea, alla teoria dei gruppi finiti e alla geometria diofantea, dall'altra ritorna, spesso in collaborazione con Henryk Iwaniec, su temi classici della teoria analitica dei numeri quali la distribuzione dei numeri primi, la *funzione zeta* di Riemann e la teoria delle funzioni L. Nel 1996 viene eletto membro della *National Academy of Sciences*. Nel 2000, centenario dei famosi 23 problemi proposti da David Hilbert al Congresso Internazionale dei Matematici di Parigi del 1900, il *Clay Mathematics Institute* bandisce un premio di un milione di dollari ciascuno per la risoluzione dei "7 problemi del millennio". Bombieri è chiamato a presentare la descrizione ufficiale dell'Ipotesi di Riemann, probabilmente il più famoso e importante problema aperto della matematica pura contemporanea[1]. Nel

---

[1] Si veda *The Millennium Prize Problems*, curato da J. Carlson, A. Jaffe, A. Wiles e pubblicato nel 2006 dal Clay Mathemathics Institute e dall'American Mathematical Society.

2006 vince il Premio Pitagora per la ricerca matematica, istituito dal Comune di Crotone soltanto nel 2004 ma con un pedigree di assoluto rispetto (Andrew Wiles nel 2004 ed Edward Witten nel 2005).

Il talento matematico di Enrico Bombieri è ben descritto nelle presentazioni ufficiali in occasione di alcuni riconoscimenti. In occasione della Medaglia Fields, Kamaravolu Chandrasekharan scrive: "[...] spero che le mie parole abbiano chiarito a sufficienza come, grazie alla propria versatilità e abilità, Bombieri sia riuscito a creare numerose combinazioni di idee, tanto originali quanto ricche di sviluppi. [...] La matematica è il suo giardino privato; vi possano germogliare molti altri nuovi fiori"[2]. Il testo ufficiale della nomina a membro della National Academy of Sciences recita: "Bombieri è uno dei più eclettici e famosi matematici del mondo. I suoi contributi hanno influenzato profondamente la teoria dei numeri, la geometria algebrica, le equazioni alle derivate parziali, la teoria delle funzioni di più variabili complesse e la teoria dei gruppi finiti. La sua notevole abilità tecnica è di supporto a un istinto infallibile per i problemi fondamentali nelle aree cruciali della matematica"[3]. A questo si deve aggiungere che Bombieri ha un considerevole talento espositivo; le sue conferenze e i suoi scritti sono sempre affascinanti e offrono una sapiente miscela di chiarezza e sintesi. Infine, Bombieri ha molti interessi anche al di fuori della matematica, dalla poesia alla cucina, ma soprattutto la pittura che considera come una seconda attività.

"La matematica - ha avuto occasione di scrivere Enrico Bombieri nella sua introduzione al volume *Teoria dei numeri* di André Weil (Einaudi, Torino 1993) - è arte che trova in se stessa giustificazione e fondamento, così come la scultura di Michelangelo che vive dentro la pietra fino a che non viene liberata dallo scalpello". Questo senso della bellezza, che non è disgiunto da uno straordinario virtuosismo, ha guidato Bombieri nella soluzione di numerosi problemi chiave della matematica della nostra epoca.

---

[2] Si veda *"Proceedings of the International Congress of Mathematicians"*, Vancouver 1974, volume I, pag. 9-10.
[3] Si veda http://www.nasonline.org/site/PageServer.

Martin Gardner
Il giocoliere della matematica

di **Ennio Peres**

Martin Gardner, il più autorevole e prolifico scrittore di matematica ricreativa di ogni epoca e paese, è nato il 21 ottobre 1914 a Tulsa in Oklahoma. Dal 1956 al 1981 ha curato, per il mensile *Scientific American*, una rubrica di enigmi e giochi matematici, divenuta popolare in tutto il mondo (in Italia, è stata riproposta da *Le Scienze*). Ha pubblicato, inoltre, centinaia di articoli su varie riviste e ha scritto più di settanta libri, su argomenti che spaziano dalla scienza alla filosofia, dalla matematica alla letteratura.

Una delle sue principali caratteristiche consiste nel riuscire a visitare, con la leggiadria di un giocoliere, anche le più complesse branche della matematica, trovando sempre degli spunti curiosi e coinvolgenti. Contrariamente a quanto si potrebbe credere, però, Martin Gardner non ha compiuto studi scientifici. L'unico titolo scolastico che possiede è un diploma di filosofia, conseguito presso l'Università di Chicago nel 1936. La sua cultura matematica è completamente autodidatta e trae origine dalla passione per i giochi di prestigio, che coltiva fin da bambino, e da un'innata curiosità nei confronti delle tematiche trascendenti. Il suo primo libro, "Fads and Fallacies in the Name of Science", pubblicato nel 1952 (tradotto in italiano nel 1998, con il titolo di "Nel nome della scienza: uno studio sulla credulità umana", dalle edizioni Transeuropa di Ancona), analizza e smantella più di cin-

Martin Gardner, in una foto degli anni Ottanta

quanta generi di credenze pseudoscientifiche nel campo del paranormale.

Sempre nel 1952, Martin Gardner inizia a collaborare con l'*Humpty Dumpty's Magazines*, un giornale per bambini, per il quale – oltre a scrivere racconti fantasiosi – disegna degli originali giochi di carta, come quello riportato qui di seguito.

Nella *figura 1* sono raffigurati 11 coniglietti. Se, però, si ritagliano i due rettangoli contrassegnati con le lettere A e B e si scambiano di posto, misteriosamente un coniglio scompare e si trasforma in un ovetto, come indicato in *figura 2*.

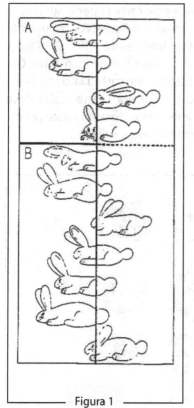 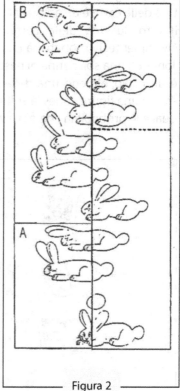

Figura 1   Figura 2

Questa particolare esperienza (durata otto anni) contribuisce ad affinare le sue doti di narratore fantasioso, ma soprattutto lo abitua a scrivere in modo chiaro, semplice e diretto.

Qualche anno dopo, nel 1956, prima di iniziare la sua collaborazione con *Scientific American*, Gardner pubblica "Mathematics, Magic and Mistery" (tradotto in italiano con il titolo di "I misteri della magia matematica", nel 1985, dalla Sansoni di Firenze), un'originale opera che raccoglie e classifica i più interessanti giochi di prestigio, basati su un ragionamento matematico, e che costituisce una sorta di manifesto della *Matemagica* (termine coniato, nel 1951, dal mago Royal V. Heat).

Uno dei più affascinanti problemi divulgati da Martin Gardner, nel corso della sua lunga carriera, può considerarsi il seguente (nella versione tratta da un suo articolo rievocativo, pubblicato in italiano, nel numero 362, ottobre 1998, di *Le Scienze*).

Jones, un giocatore d'azzardo, mette tre carte coperte sul tavolo. Una delle carte è un asso; le altre sono due figure. Voi appoggiate il dito su una delle carte, scommettendo che sia l'asso. Ovviamente, la probabilità che lo sia realmente è pari a 1/3. Ora Jones dà una sbirciatina di nascosto alle tre carte. Dato che l'asso è uno solo, almeno una delle carte che non avete scelto deve essere una figura. Jones la volta e ve la fa vedere. A questo punto, qual è la probabilità che ora il vostro dito sia sull'asso?

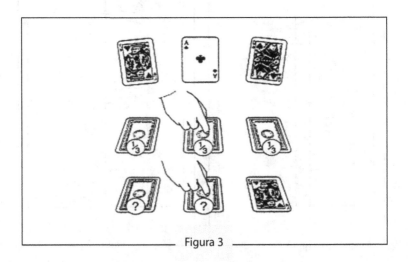

Figura 3

Soluzione
Molti pensano che la probabilità sia salita da 1/3 a 1/2. Dopo tutto, ci sono solo due carte coperte e una deve essere l'asso. In realtà, la probabilità rimane 1/3. La probabilità che non abbiate scelto l'asso rimane 2/3, anche se Jones sembra aver eliminato parzialmente l'incertezza mostrando che una delle due carte non prescelte non è l'asso. La probabilità che l'altra delle due carte non prescelte sia l'asso, tuttavia, resta uguale a 2/3, perché la scelta era avvenuta prima. Se Jones vi desse l'opportunità di spostare la vostra scommessa su quella carta, dovreste accettare (sempre che non abbia qualche carta nella manica, naturalmente).

Martin Gardner presentò per la prima volta questo problema, nell'ottobre 1959, in una formulazione diversa (al posto delle tre carte c'erano tre prigionieri, uno dei quali era stato graziato dal governatore locale). Nel 1990 Marilyn vos Savant, autrice di una popolare rubrica sulla rivista *Parade*, ne propose un'ulteriore versione (che contemplava tre porte, dietro le quali si celavano un'automobile e due capre). Marilyn vos Savant fornì la risposta corretta, ma ricevette migliaia di lettere infuriate (molte delle quali, inviate da docenti di matematica…) che l'accusavano di ignorare la teoria delle probabilità. Il caso finì in prima pagina sul *New York Times* e il problema acquistò in breve tempo una popolarità planetaria, arrivando a essere valutato come il più bel paradosso probabilistico del secondo millennio.

La porta dei miracoli di Le Corbusier

La matematica è l'edificio magistrale immaginato dagli uomini per comprendere l'universo. Vi si incontrano l'assoluto e l'infinito, l'afferrabile e l'inafferrabile. Davanti a loro si innalzano alte mura davanti alle quali si può passare e ripassare senza alcun risultato; ogni tanto si incontra una porta; la si apre, si entra, ci si trova in altri luoghi, là dove si trovano gli dei, là dove sono le chiavi dei grandi sistemi. Queste porte sono quelle dei miracoli. Attraversate una di queste porte, non è più l'uomo che opera: è l'universo che lo stesso uomo tocca in un punto qualsiasi. Davanti a lui si srotolano e si illuminano i prodigiosi tappeti delle combinazioni senza limiti. Egli entra nel paese dei numeri. Può essere un uomo molto modesto ed essere entrato ugualmente. Lasciatelo sostare rapito davanti a tanta luce così intensamente estesa.

Lo choc di questa luce è difficile da sopportare. I giovani che ci arricchiscono con il loro entusiasmo e l'inconsapevolezza delle responsabilità, che è al tempo stesso la forza e la debolezza della loro età, ci avvolgono – se non ci difendiamo – con le nebbie delle loro incertezze. In questa impresa che ci coinvolge, occorre essere decisi e sapere ciò che si sta cercando: si cerca uno strumento di precisione che serve a scegliere le misure. Una volta preso in mano il compasso e inoltratisi nella scia dei numeri, le strade e le piste abbondano, si ramificano, si proiettano in tutte le direzioni, fioriscono, si rischiarano… e ci portano lontano, allontanandoci dal fine perseguito: *i numeri giocano tra essi!* […] L'architettura non è un fenomeno sincronico, ma successivo, fatto di rappresentazioni che si aggiungono le une alle altre e si susseguono nel tempo e nello spazio, come d'altronde fa la musica. […]

La musica è un esercizio fatto di Aritmetica nascosta e colui che vi si addentra ignora che sta usando numeri. […] la musica domina, regna.

A dire il vero è l'armonia. L'armonia regnando su tutte le cose, regolando le cose intorno alle nostre vite, è l'aspirazione spontanea, assidua e infaticabile dell'uomo animato da una forza: realizzare sulla terra il paradiso. Paradiso significa *giardino* nelle civiltà orientali; il giardino sotto i raggi del sole, o con la sua ombra, era risplendente dei fiori più belli e di prati diversi. L'uomo non può che pensare e agire da uomo e integrarsi nell'universo.

Tratto da *Le Modulor*,
di Le Corbusier, Parigi 1950

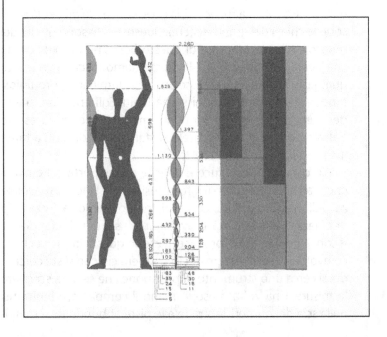

F. William Lawvere
L'unità della matematica

di **Renato Betti**

Il primo insegnamento che si ricava accostandosi al lavoro di Bill Lawvere ed alla sua intensa attività, è che in matematica non esistono fatti specifici, unici e significativi solo per qualche caso particolare. La stessa suddivisione tradizionale in geometria, analisi, meccanica ecc. è spesso artificiale ed ha confini di comodo che sono (per lui) facili da valicare, ma delle cui interconnessioni è importante tener conto.

La ricerca dell'unità, di un quadro concettuale che renda chiare ed esplicite le nozioni fondamentali – non solo della matematica ma anche della fisica ed in particolare della meccanica dei continui – ha segnato fortemente il suo lavoro scientifico, fin dagli inizi, e continua tuttora a rappresentarne una forte componente.

Questa disposizione proviene da una osservazione attenta dei fatti – non solo di quelli della matematica – e dalla loro organizzazione secondo una precisa "guida" per "capire, imparare e sviluppare la matematica", secondo le sue stesse parole. Una guida concettuale la cui presenza si intuisce facilmente e le cui linee sono spesso chiaramente esplicitate da Lawvere nei suoi lavori e nelle conversazioni.

Che cosa sono i fondamenti della matematica? Il pensiero di Lawvere prende subito un indirizzo originale rispetto alla tradizionale concezione logica che, secondo lui, tende piuttosto a

Fatima e Bill Lawvere

nascondere l'aspirazione alla ricerca di una guida concettuale per la nostra azione: "i fondamenti sono lo studio di ciò che è universale in matematica. In questo senso, i fondamenti non possono essere identificati con nessun «punto di partenza» o «giustificazione» per la matematica, sebbene alcuni risultati parziali in questa direzione possano essere fra i loro frutti. Fra gli altri frutti dei fondamenti così definiti si troverebbero presumibilmente delle linee guida per passare da un ramo della matematica ad un altro, e per valutare in qualche misura quali direzioni di ricerca è verosimile che siano più rilevanti"[1].

La guida concettuale di Lawvere è il rifiuto della prospettiva ideologica per cui la teoria è più fondamentale della pratica. Dichiarando i propri debiti nei confronti della filosofia di Hegel e della riflessione di Engels, questa guida viene definita da Lawvere *Logica della matematica*, come distinta e comprendente la *Logica matematica*: si tratta dello sviluppo del nostro pensiero, come scienza delle forme dello spazio e dei rapporti quantitativi, nella sua necessità. Il lavoro matematico entra in tal modo in connessione con l'indagine delle leggi generali del pensiero, applicate allo studio delle materie particolari.

In questo vasto programma, il momento unificatore della matematica e della sua logica viene riconosciuto nella Teoria delle categorie, una materia nuova, nata nel 1945 dal lavoro di S. Eilenberg e S. MacLane per risolvere problemi concreti di analisi e di topologia algebrica – per unificare e semplificare molti fenomeni che avevano avuto origine negli anni '30 – e successivamente sviluppata soprattutto da A. Grothendieck e dalla sua scuola negli anni '50 e '60, allo scopo di fornire i fondamenti della geometria algebrica contemporanea.

F. William Lawvere è nato nello stato dell'Indiana (Usa) nel 1937. La sua formazione ha subìto degli sviluppi in qualche modo "esemplari". Ha cominciato ad occuparsi di fisica sperimentale, ma da qui è presto passato alla fisica teorica per la necessità di fornire una guida alla sua pratica. La scelta di occuparsi attivamente di matematica era il passo successivo: ancora una Matematica collegata con la fisica – la meccanica razionale – che a quel tempo all'Università dell'Indiana veniva insegnata dal famoso Clifford Truesdell. Fino alla scoperta della Teoria delle categorie, una teoria non ancora "sperimentata" ma che prometteva di spiegare la meccanica, l'analisi, la geometria e perfino le loro relazioni. Una materia che rende esplicito l'approccio filosofico che, come tutte

---

[1] *"Adjointness in Foundations"*, Dialectica, n. 23 (1969) pp. 281-296.

le materie, contiene in sé: al centro dell'indagine, si trovano i rapporti fra gli oggetti.

Lawvere ha completato la propria formazione matematica nel 1963 alla *Columbia University* di New York City sotto la guida di un matematico prestigioso come Samuel Eilenberg. La sua tesi di dottorato sulle "Teorie algebriche"[2] è diventata presto un punto di riferimento ed è ormai un lavoro "classico", di cui si è festeggiato recentemente il quarantesimo anniversario con un convegno al quale hanno partecipato i migliori specialisti di Teoria delle categorie, di Logica, Fondamenti della matematica, esperti di Filosofia della scienza, ecc.[3]

Nella tesi di Lawvere, l'algebra universale viene liberata dalla sua artificiale dipendenza dalle presentazioni rispetto a particolari operazioni, come era fino ad allora consueto nella materia. Una teoria è qualcosa di più oggettivo che una delle sue possibili presentazioni.

L'idea centrale è che una teoria algebrica (o equazionale) sia una categoria con particolari proprietà (prodotti finiti) e che i modelli si possano utilmente descrivere per mezzo di quei funtori nella categoria degli insiemi che conservano queste proprietà. In tal modo le classiche costruzioni algebriche si esprimono in termini universali attraverso le proprietà dei funtori aggiunti.

Ma non si tratta solo di una descrizione *ad hoc* in un settore specifico. Il particolarismo non fa parte della prospettiva di Lawvere. Come avviene solitamente nei suoi lavori, si apre la strada per una comprensione unificante di altri settori, di punti di vista apparentemente diversi, di percorsi assolutamente nuovi ed originali. La ricerca di ciò che è fondamentale in matematica produce – come Lawvere ha ben detto – anche questi frutti.

Così, negli anni '60, sulla scia della sua "Semantica funtoriale", si scopre che altre categorie sono teorie di tipo opportuno, che si possono utilmente studiare in questi termini universali: ad esempio, le teorie del primo ordine (o elementari), basate sull'osserva-

---

[2] Gli aspetti essenziali della tesi sono pubblicati sui *Proceedings of the National Academy of Sciences* (n. 50, 1963, 869-872) con il titolo "Functorial Semantics of Algebraic Theories".
[3] *Ramifications in Categories*, Firenze, (18-22 novembre 2003).

zione di Lawvere che la quantificazione esistenziale e quella universale si possono descrivere come funtori aggiunti, rispettivamente a sinistra ed a destra, all'operatore di sostituzione. Inoltre, che ha senso considerare i modelli anche al di fuori della categoria degli insiemi e che questa vasta unificazione produce una comprensione sempre maggiore: nasce la *Logica categoriale*, nella quale le principali teorie logiche sono portate – o riportate – nell'ambito della matematica e diventano suscettibili di essere manipolate e trasformate secondo le regole algebriche[4]. L'intero apparato della logica – della sintassi ma anche della semantica – viene capito e riformulato in termini categoriali.

Si presenta anche la possibilità di interpretare le teorie in altri universi che quello degli insiemi, sviluppati in parallelo per l'esigenza di capire e formalizzare la nozione intuitiva di "insieme variabile con continuità", secondo una brillante metafora coniata dallo stesso Lawvere. Nasce la teoria dei *topos elementari* alla fine degli anni '60, dalla collaborazione di Lawvere con il topologo algebrico Myles Tierney: "l'esperienza con i fasci, le rappresentazioni, gli spazi algebrici etc. mostra che una «teoria degli insiemi» per la geometria non dovrebbe applicarsi agli insiemi «astratti» separati da tempo, spazio, anello di definizione etc. ma anche ad insiemi più generali che di fatto si sviluppano insieme a questi parametri"[5].

L'ispirazione è presa dalle nozioni e dai lavori che Grothendieck e la sua scuola stavano svolgendo in quegli stessi anni nell'ambito della geometria algebrica, con importanti risultati relativi alla geometria complessa ed alla teoria dei fasci: la nozione di *topos di Grothendieck*, una categoria di fasci per una topologia di Grothendieck, costituisce oggigiorno un ambiente nuovo nel quale molte situazioni ricorrenti in geometria algebrica trovano una sistemazione unificante.

Ma presto il lavoro di Lawvere si muta nella ricerca di ciò che si può definire in termini elementari, indipendenti da ogni teoria

---

[4] Si veda ad esempio: "Some Algebraic Problems in the Context of Functorial Semantics of Algebraic Theories", Lecture Notes n. 61, Springer (1968), 41-61.
[5] "Quantifiers and Sheaves", Actes, Congrès intern. math. Nice 1970, Gauthier-Villars (1971), vol. I, 329-334.

degli insiemi, ottenendo una inattesa unificazione fra alcuni aspetti della geometria algebrica e corrispondenti aspetti della logica geometrica[6]: la nozione di *topos elementare*, come più generale di quella di *topos di Grothendieck*, riflette per l'appunto la possibilità di liberarsi dalla dipendenza degli insiemi costanti e si rintraccia già in lavori precedenti di Lawvere, ad esempio in una caratterizzazione "elementare" della categoria degli insiemi del 1964 ed in un'analoga descrizione della categoria delle categorie[7].

Con questa nozione formale di "insieme variabile", oltre ad ottenere una assiomatica elementare della categoria degli insiemi, si raggiunge una interazione concettuale, e spesso una vera e propria unificazione, di importanti teorie sviluppate in quegli anni in maniera indipendente l'una dall'altra: i topos di Grothendieck, l'Analisi non-standard di Robinson, la sematica di Kripke, che in seguito prenderà il nome di semantica di Kripke-Joyal o semantica dei topos. Si ridimostrano i teoremi di indipendenza di Cohen nella teoria degli insiemi, si unifica la teoria degli spazi metrici alla logica dei predicati di ordine superiore,... si affronta il progetto di ritrovare e riscrivere una grande parte della matematica nel contesto degli insiemi variabili.

Altri notevoli settori della matematica sono stati toccati e rifondati (o fondati *ex novo*) da Lawvere. Solo alcuni esempi: nel 1967 mostra che alcune categorie che hanno un particolare oggetto "infinitesimale" sono degli ambienti in cui è possibile studiare in maniera flessibile i modelli della Geometria differenziale e della Meccanica dei continui. Sembra un'osservazione ininfluente e tale rimane per numerosi anni, fin quando ne viene compresa l'importanza (negli anni '80) e l'idea viene sviluppata fino a dare origine all'importante settore di ricerca che oggi si chiama "Geometria differenziale sintetica", che ha applicazioni al calcolo delle variazioni, alle equazioni differenziali ed al calcolo delle sin-

---

[6] "Continuously Variable Sets: Algebraic Geometry=Geometric Logic", Proceedings of the Logic Colloquium (Bristol 1973), North Holland (1975), pp. 135-157.
[7] "The Category of Categories as a Foundation for Mathematics", La Jolla Conference on Categorical Algebra, Springer (1966) pp. 1-20.

golarità delle applicazioni fra varietà. Ancora: vengono definiti in termini formali alcuni concetti che sono fondamentali in matematica, come quello di *categorie di quantità* e *categorie di spazi*, studiate per mezzo di *quantità intensive* e di *quantità estensive*. La visione di numerose costruzioni nei termini di "unità e identità degli opposti", una nozione espressa per mezzo dei funtori aggiunti, permette di riconoscere che lo sviluppo della matematica non solo non deve, ma di fatto non può, prescindere da una maniera generale di pensare e di agire. Il riconoscimento del ruolo particolare che viene incorporato in oggetti speciali di speciali categorie: l'*oggetto dei valori di verità* nei topos elementari, che permette di definire le relazioni e le operazioni parzialmente definite, l'*oggetto dei numeri naturali* per studiare le operazioni di ricursione ed induzione, la cui caratterizzazione categoriale diventerà in seguito nota come l'*assiomatica di Peano-Lawvere*, l'*oggetto differenziale* nella categoria degli spazi lisci, ecc.

La ricerca dell'unità è una importante strategia complessiva, da perseguire anche nello studio, non solamente nello sviluppo e nelle applicazioni della matematica.

Così, lo studio dei fondamenti della matematica, in questo senso, è per Lawvere strettamente collegato ai problemi dell'educazione matematica e della formazione. L'unificazione della matematica procede largamente dal lavoro collettivo e dalla successiva aggiunta di risultati qualitativi personali. Ed i concetti che rimangono in forma implicita nel pensiero collettivo possono essere rivelati e resi espliciti nel corso dell'insegnamento, accelerando a loro volta non solo il processo educativo ma anche quello della ricerca.

Su questi presupposti, si basa l'attenzione che Lawvere dedica agli studenti che affrontano lo studio di argomenti matematici avanzati come l'algebra, l'analisi e la geometria. Ancora il tema centrale dell'*unità della matematica*: uno strumento utile, per la comprensione, sarà quello di rendere chiaro ciò che queste materie hanno in comune, di capire come estrarre le proprietà universali e far evolvere da queste uno studio formale rigoroso.

Il gusto per l'esempio semplice ma non banale, nel quale le idee fondamentali vengono messe in atto al riparo del rumore che proviene da ciò che non è essenziale, è un tratto caratteristico della spiegazione di Lawvere e caratterizza il rifiuto netto della cultura che sfrutta la tacita assunzione secondo la quale certi argomenti sono "troppo avanzati" o "troppo complicati" da insegnare.

Due libri riassumono con sufficiente completezza questa attitudine di Lawvere verso la libertà e la fiducia in ulteriori successi che si acquisisce quando vengono resi espliciti i concetti fondamentali, per quanto complicati od avanzati possano sembrare.

"Conceptual Mathematics. A first introduction to categories"[8], scritto con l'amico e collega Steve Schanuel, è il risultato di una serie di corsi tenuti a studenti del primo anno all'Università di Buffalo. Il libro assume come preliminare solo la conoscenza dell'algebra delle scuole superiori e sviluppa numerosi esempi di base – ad esempio, quello di *grafo orientato* o di *sistema dinamico* – su cui si sviluppano allo stesso tempo considerazioni generali e strumenti adatti alle applicazioni.

Lo scopo è duplice: da una parte introdurre le nozioni fondamentali ai non matematici o agli studenti che affrontano per la prima volta lo studio di argomenti avanzati, dall'altra fornire gli elementi di base della Teoria delle categorie a quei ricercatori che lavorano in campi diversi – Informatica teorica, Linguistica, Logica, Fisica, ecc.

Nel 2003 è comparso "Sets for Mathematics", scritto in collaborazione con Bob Rosebrugh[9]. L'idea è che la teoria degli insiemi, vista come algebra delle funzioni, vada introdotta ed applicata presto come base unitaria nello studio degli argomenti avanzati: partendo dalla descrizione intuitiva di fenomeni consueti in fisica ed in matematica, si giunge ad una precisa specificazione della natura delle categorie di insiemi che sono rilevanti. Lo studio formale procede da assiomi generali relativi alle proprietà universali, senza tuttavia dimenticare gli aspetti peculiari degli insiemi classici – quelli "costanti", introdotti da Cantor – secondo un per-

---

[8] Cambridge University Press 1997. La traduzione italiana su una versione preliminare compare come: "Teoria delle categorie. Una introduzione alla matematica concettuale", Muzzio, 1994.
[9] Cambridge University Press.

corso di metodo che spesso illumina l'esposizione di Lawvere. Gli insiemi variabili usati in geometria ed in analisi ricevono quindi i loro opportuni modelli categoriali.

Forse la capacità a creare teorie, aprire nuove strade ed unificare – una attitudine rara e preziosa nei matematici di ogni epoca – congiunta alla disponibilità a valorizzare e presentare gli esempi più semplici – e spesso per questo più fondamentali – ed a prendere sul serio anche i fatti apparentemente più semplici, fanno di Lawvere un pensatore di grande rilievo nell'ambito della matematica di oggi. Forse la sua disponibilità al colloquio ed alla spiegazione, la circolazione delle sue idee che spesso avviene per via diretta e personale, l'amicizia e la simpatia che diffonde insieme alla matematica costituiscono tanta parte del suo fascino.

E bisogna prendere sul serio anche le sue profezie: "Credo che nel prossimo decennio e nel prossimo secolo i progressi tecnici forgiati dai categoristi saranno di valore per la filosofia dialettica, fornendo la forma precisa di modelli di discussione per le antiche distinzioni filosofiche, quali generale/particolare, oggettivo/soggettivo, essere/divenire, spazio/quantità, uguaglianza/differenza, quantitativo/qualitativo etc. A sua volta, l'attenzione esplicita dei matematici verso questi problemi filosofici è necessaria per raggiungere lo scopo di rendere la matematica (e quindi le altre scienze) più estesamente accessibili ed utilizzabili"[10].

---

[10] "Categories of Space and Quantity", Int. Symposium on Structures in Mathematical Theories (San Sebastian, 1990). In "The Space of Mathematics. Philosophical, Epistemological and Historical Explorations", De Gruyter (1992) pp. 14-30.

La teoria delle categorie

Le nozioni di categoria, funtori e trasformazioni naturali appaiono per la prima volta nel 1945 in un articolo di Samuel Eilenberg (1913-1998) e Saunders Mac Lane (1909-2005) intitolato "General Theory of Natural Equivalences". Come indica il titolo di questo lavoro, l'attenzione maggiore degli autori era concentrata sulla formalizzazione della nozione di "trasformazione naturale", mentre la nozione di "funtore", il cui termine è ripreso dalla logica di Carnap, serviva ad esplicare i processi generali fra cui hanno luogo le trasformazioni. A sua volta, la nozione di "categoria", che ridefinisce in termini matematici le categorie della filosofia di Aristotele, Kant e Charles S. Peirce, serviva da supporto ai funtori. Dunque una descrizione di fenomeni matematici esistenti, espressi al necessario livello di generalità.

Così, per un paio di decenni successivi al 1945, la nozione di categoria appare come un linguaggio particolarmente utile per descrivere con diagrammi di frecce molti risultati della matematica, in particolare della Topologia algebrica (sulla scorta di un famoso libro del 1952 di Eilenberg ed Henri Cartan, relativo ai fondamenti di questa materia) e dell'Algebra omologica (ancora a seguito di un fondamentale libro, di Eilenberg e Norman Steenrod, del 1956). Inoltre, come conseguenza del fatto che molti matematici cominciano ad usare sistematicamente il linguaggio categoriale, si fà progressivamente strada la convinzione che la teoria delle categorie si debba riguardare come un "terzo livello di astrazione", successivo a quello delle quantità ed a quello delle strutture, e che pertanto incorpori una speciale forma di strutturalismo degli oggetti matematici.

Ma la teoria non è soltanto un linguaggio utile per descrivere fenomeni diversi o una speciale struttura matematica. Il progresso cruciale avviene nel 1957, quando in un articolo dal titolo "Sur quelques points d'algèbre homologique" Alexander Grothendieck incorpora gli aspetti fondamentali e formali dell'algebra omologica in uno speciale tipo di categorie – le categorie abeliane – mostrando come si possano realizzare le principali costruzioni e dimostrare i corrispondenti risultati in questo assetto generale. E, di conseguenza, particolari categorie di strut-

ture, le categoria dei fasci sopra uno spazio topologico generalizzato, possono prendere il posto delle categorie abeliane, per mostrare che, ad esempio, i metodi dell'algebra omologica si possono applicare direttamente in geometria algebrica.

Altri sviluppi portano a considerare che la presenza sistematica delle categorie nella "pratica matematica" (secondo la terminologia usata nel 1971 in un testo fondamentale di Mac Lane) sia dovuta alla nozione di "funtori aggiunti", originariamente data in termini categoriali da Daniel Kan nel 1956 (e pubblicata nel 1958). Così, la materia diventa sempre più un campo di ricerca autonomo e cresce rapidamente, anche nelle applicazioni. Oltre ai contesti originali, relativi alla topologia algebrica ed all'algebra omologica, si applica anche alla geometria algebrica, all'algebra universale (dopo la tesi di Lawvere del 1964) ed alla logica (ancora grazie ai contributi di Lawvere ed all'uso da parte di Joachim Lambek dei metodi categoriali in teoria della dimostrazione).

Questa fase culmina, alla fine degli anni '60, nella nozione di "topos", da parte di Grothendieck e la sua scuola. Un topos è una categoria di fasci di insiemi su uno spazio topologico generalizzato: la successiva caratterizzazione elementare da parte di Lawvere e Myles Tierney (1972) conduce ai "topos elementari" e mette in luce che la struttura logica di queste categorie è talmente ricca che in esse è possibile sviluppare molta parte della matematica, vale a dire definire internamente numerose strutture, eseguire le costruzioni necessarie e dimostrare la maggior parte delle loro proprietà utilizzando la logica interna. Un "topos elementare" può essere considerato come una "teoria categoriale degli insiemi", acquistando in tal modo immediato valore fondazionale.

Dopo gli anni '80, la teoria ha visto altri sviluppi ed applicazioni, ad esempio relativi alla nascita di nuovi sistemi logici ed alla semantica della programmazione in informatica teorica, oppure all'uso di categorie di "dimensione" superiore (bi-categorie, tri-categorie…) nello studio dei cosiddetti "quantum groups" in fisica teorica, a riprova del fatto che la teoria delle categorie non solo permette di concettualizzare in modo nuovo i tradizionali settori della matematica e spesso a superare i loro confini stabiliti da tempo ma, con la costante attenzione al metodo assiomatico ed alle strutture di tipo algebrico, contribuisce anche alla coerenza, al rafforzamento ed alla stabilità delle particolari discipline, rivelandone gli aspetti universali e il generale quadro concettuale nel quale si inseriscono.

Un'intervista a Andrew Wiles

di **Claudio Bartocci**

Andrew Wiles, nato a Cambridge nel 1953, manifestò fin da bambino un forte interesse per la teoria dei numeri e, in particolare, per l'ultimo teorema di Fermat.

Ricordiamo che Pierre de Fermat – tolosano, di professione magistrato, stimato uomo politico, grande «matematico dilettante» – nelle sue *Osservazioni su Diofanto*[1], semplici appunti presi durante la lettura dell'*Arithmetica* del grande matematico di Alessandria, affermò (intorno al 1630) che non è possibile «scomporre un cubo in due cubi, o un biquadrato in due biquadrati, né in genere dividere alcuna potenza di grado superiore al secondo in due altri potenze dello stesso grado»; ciò significa, in formule, che l'equazione

$$x^n + y^n = z^n$$

non ammette soluzioni intere (diverse da quella banale x=y=z=0) se l'esponente n è maggiore di due. Fermat scrisse di avere anche «scoperto una mirabile dimostrazione» di questo fatto, che non poteva però essere contenuta nella ristrettezza del margine.

---

[1] Pierre de Fermat, *Osservazioni su Diofanto*, a cura di G. Colli, Bollati Boringhieri, Torino 2006. Per una biografia di Fermat vedi G. Giorello e C. Sinigaglia, *Fermat. I sogni di un magistrato all'origine della matematica moderna*, Le Scienze, Milano 2001.

Andrew Wiles

Probabilmente, Fermat – che lasciò una dimostrazione per il caso n=4 – incappò in un errore derivante da un'ingannevole applicazione del metodo della discesa infinita. Il caso n=3 fu risolto da Eulero nel 1753; il caso n=5 da Dirichlet e Legendre nel 1825; il caso n=7 da Lamé nel 1837. Kummer dimostrò il teorema di Fermat per tutti i numeri primi cosiddetti regolari[2].

Wiles, dopo aver studiato a Oxford, iniziò il dottorato a Cambridge, studiando la teoria di Iwasawa delle curve ellittiche sotto la direzione di John Coates. Ottenuto il titolo di Ph.D., Wiles trascorse un periodo presso il *Sonderforschungsbereich Theoretische Mathematik* di Bonn, per poi passare all'*Institute for Advanced Study* di Princeton, dove venne nominato professore nel 1982.

Verso la metà degli anni '80 Frey e Ribet mostrarono che l'ultimo teorema di Fermat è conseguenza di un certo enunciato, noto come congettura di Shimura-Taniyama-Weil. Nel 1993, dopo circa sette anni di lavoro ininterrotto, Wiles riuscì a dimostrare questa congettura in una vasta classe di esempi, compresi quelli necessari a provare l'ultimo teorema di Fermat: annunciò il proprio risultato in un affollatissimo seminario a Cambridge, che concluse con le semplici parole «I will stop here», tipiche del suo stile sempre misurato e antiretorico. Il ragionamento di Wiles, tuttavia, conteneva un piccolo «baco»: nel 1995, insieme con Richard Taylor, ottenne finalmente una dimostrazione corretta e completa del problema posto da Fermat[3].

Wiles è stato insignito di numerosi premi internazionali ed onorificenze prestigiose, tra cui il *Wolf Prize* nel 1996. Attualmente è *Eugene Higgins Professor of Mathematics* alla *Princeton University*.

---

[2] Vedi A. Weil, *Teoria dei numeri*, a cura di C. Bartocci, Einaudi, Torino 1993 e M. Bertolini, *Ultimo teorema di Fermat*, Enciclopedia del Novecento, vol. XII (Terzo supplemento), Istituto dell'Enciclopedia Italiana, Roma 2004, pp. 487-493.

[3] A. Wiles, *Modular Elliptic Curves and Fermat's Last Theorem*, Annals of Mathematics, 141 (1995), pp. 443-551 e A. Wiles e R. Taylor, *Ring-theoretic properties of Hecke Algebras*, Annals of Mathematics, 141 (1995), pp. 553-572.

Claudio Bartocci. Secondo una tradizione riportata da Proclo, Euclide rispose a Tolomeo I Soter che «non c'è nessuna via regia alla geometria». In altre parole, la matematica è intrinsecamente difficile, non esiste nessuna scorciatoia per apprenderla o per praticarla. È d'accordo?

Andrew Wiles. Sì. Aggiungerei che ciascuno di questi due aspetti – apprendere la matematica e crearla – richiede un suo addestramento specifico. Alcune persone sono più dotate di talento di altre, ma nessuno riesce senza fatica.

C.B. Quando ha deciso di diventare un matematico è stato attratto da questa disciplina per il fatto che essa rappresenta una sfida proprio per la sua difficoltà oppure per altri motivi?

A.W. Sono stato affascinato dalla matematica fin da quando ero molto giovane. Non credo di aver subito realizzato quanto fosse difficile! Per un bambino, un problema che per essere risolto richiede mezz'ora è già difficilissimo e uno che non si riesce a fare prima che l'insegnante lo spieghi è pressoché impossibile. Soltanto più avanti si arriva a capire che vi sono problemi che nessuno sa risolvere. Sapevo fin da bambino dell'esistenza dell'ultimo teorema di Fermat ma non avevo idea di quanti problemi non risolti vi fossero nel mondo della matematica.

C.B. Oggi è impossibile anche per il matematico più dotato abbracciare la totalità del sapere matematico. Le aree di ricerca sono così numerose, le specializzazioni così ristrette, che la matematica sembra spezzettata in tanti frammenti. Ritiene che abbia ancora senso considerare la matematica come un tutto unico?

A.W. Vi sono matematici che padroneggiano molta matematica. Ma è difficile lavorare intensamente su un problema arduo in una certa area della matematica e nel contempo tenere dietro a ciò che accade nelle altre aree di ricerca. Ritengo che abbia ancora un senso considerare la matematica come una disciplina unica fintanto che l'insieme comune di conoscenze di base di cui siamo in possesso ci permette, in un periodo di tempo ragionevole, di approfondire qualsiasi specifica teoria matematica, quando se ne presenta l'occasione o la necessità. Il modo di pensare di un matematico è ancora lo stesso in tutti i settori della nostra disciplina.

C.B. Quali sono le sfide più importanti per la matematica di oggi?

A.W. Come teorico dei numeri, credo che ciò che fa progredire il mio campo di ricerca sia soprattutto il desiderio di risolvere problemi specifici. Nel 2000 il *Clay Mathematics Institute* ha proposto un elenco di sette problemi matematici che rappresentano alcune delle sfide più rilevanti che la scienza del XX secolo ci ha lasciato in eredità. Per me i vecchi problemi rimangono quelli più stimolanti. I tre che mi sembrano più importanti sono l'ipotesi di Riemann, la congettura di Poincaré e il problema P-NP. Altri matematici possono preferire le sfide rappresentate dall'unificare campi di ricerca diversi e dal crearne altri del tutto nuovi.

C.B. Secondo il suo modo di vedere, il maggiore impulso al progresso della matematica è dato dalla soluzione di problemi classici o dalla costruzione di teorie nuove?

A.W. È come per l'uovo e la gallina. Le nuove teorie si usano per risolvere problemi specifici e la soluzione di vecchi problemi genera nuove teorie. In genere, la convalida di una nuova teoria deriva proprio dalla soluzione di un problema classico, che fino a quel momento aveva eluso le altre teorie. In conclusione, per me il banco di prova definitivo consiste nel risolvere i problemi classici, e da ciò proviene anche il piacere più grande.

C.B. Le ci sono voluti sette anni, in completo isolamento, per dimostrare l'ultimo teorema di Fermat. Tuttavia, l'imperativo "publish or perish" (pubblica o muori) pare essere la regola della matematica di oggi, e i ricercatori sembrano spesso avere troppa fretta di inviare i loro articoli agli archivi *Web*.

A.W. Credo la velocità con cui si pubblica in matematica sia ancora inferiore a quella tipica delle altre discipline scientifiche. C'è ancora chi si concede il tempo di lavorare per anni e anni ai problemi più difficili. Tuttavia, il prezzo psicologico da pagare può essere elevato: non si può dare prova di quanto duro sia il proprio impegno e talvolta, alla fine del lavoro, resta ben poco da mostrare. D'altra parte affrontare sempre i problemi più ragionevoli conduce in genere al risultato ovvio – si risolvono soltanto i problemi ragionevoli. Ciascun matematico dovrebbe scegliere il modo di lavorare che gli è più congeniale.

C.B. In una lettera a Robert Hooke, Isaac Newton ebbe occasione di scrivere: «Se ho visto più lontano, è stando sulle spalle di giganti». Qual è la sua esperienza personale?

A.W. Sono ben consapevole che per i primi trecento anni dopo la formulazione del problema nessuno avrebbe potuto dimostrare l'ultimo teorema di Fermat con il metodo che ho usato io. Si tratta di un metodo basato su una matematica troppo moderna. Anche soltanto vent'anni prima della mia dimostrazione sarebbe stato molto, molto più difficile. È una bella fortuna vivere al momento giusto! Ma il problema è che nessuno sa se sta vivendo o no al momento giusto. È possibile oggi che qualcuno riesca a dimostrare l'ipotesi di Riemann? Personalmente credo di sì, ma non ne sono certo. Così, la mia risposta è che, certamente, la soluzione del problema di Fermat si è basata sul lavoro di molti altri ricercatori, alcuni dei quali forse non erano nemmeno dei giganti.

C.B. André Weil nel breve saggio *Dalla metafisica alla matematica* fece la seguente osservazione: «Niente è più fecondo, tutti i matematici lo sanno, di quelle vaghe analogie, quegli oscuri riflessi che rimandano da una teoria all'altra, quelle furtive carezze, quegli screzi inesplicabili: niente dà un piacere più grande al ricercatore». È d'accordo che l'analogia abbia un ruolo cruciale nella scoperta matematica?

A.W. Sì, sono d'accordo, e specialmente per quel che riguarda la teoria dei numeri. L'intuizione geometrica cui si può ricorrere è così debole, il mondo reale così lontano, che non resta che fare appello alle analogie più impalpabili. Talvolta, quando si cerca di spiegarle a un altro matematico, quasi evaporano tanto sono tenui.

C.B. Nella maggior parte delle università europee e americane il numero degli studenti in matematica (e, più in generale, nelle discipline scientifiche) è in costante diminuzione. Che cosa direbbe a un giovane per convincerlo a studiare matematica?

A.W. Credo che per avere un'esistenza ricca di soddisfazioni si debba fare qualcosa che ci appassiona veramente. Essere bravi in matematica certo aiuta, ma non basta. Vi deve piacere fare matematica. Dovete provare la voglia irresistibile, mentre – poniamo – state aspettando il treno, di prendere un pezzo di carta e di iniziare a lavorare al vostro ultimo problema. Soltanto se animati da una passione così forte potrete superare l'inevitabile frustrazione di rimanere bloccati in una qualche parte difficile del problema. Come matematici farete parte di una comunità che esiste da migliaia di anni e potrete contribuire a un'impresa creativa che ha attraversato i secoli e accomunato civiltà diverse. Ma la vita è troppo breve per sprecarla in qualcosa di cui ci importa poco o nulla. Fate matematica solo se sentite di amarla.

Premi per i matematici: la medaglia Fields e il premio Abel

Alcuni premi incoronano periodicamente i migliori matematici, sia premiando i più promettenti che riconoscendo una carriera di grande valore. Sottolineiamo qui i due premi principali.

Medaglia Fields

La Medaglia Fields è un premio che la *International Mathematical Union* conferisce ogni quattro anni, in occasione del proprio Congresso, a partire dal 1936 e, regolarmanente, dal 1950. Il premio prende il nome del professore canadese John Charles Fields, segretario del Congresso Internazionale dei Matematici di Toronto del 1924, che mise a disposizione i fondi necessari alla coniazione di apposite medaglie d'oro. Lo scopo è quello di riconoscere il valore di giovani matematici che abbiano già ottenuto risultati significativi ed allo stesso tempo sostenere la loro futura ricerca. Per questo, il premio è conferito a matematici che, alla data del Congresso, non abbiano ancora compiuto i quarant'anni d'età. In considerazione della rapida espansione delle ricerche matematiche, nel 1966 è stato deciso che possano essere conferiti fino a quattro premi. Ecco l'elenco dei premiati:

1936 (Oslo): Lars Alhfors, Jesse Douglas
1950 (Cambridge, Massachussets): Laurent Schwartz, Atle Selberg
1954 (Amsterdam): Kunihiko Kodaira, Jen-Pierre Serre
1958 (Edinburgo): Klaus Roth, René Thom

1962 (Stoccolma): Lars Hörmander, John Milnor

1966 (Mosca): Micheal Atiyah, Paul Cohen, Alexander Grothendieck, Stephen Smale

1970 (Nizza): Alan Baker, Heisuke Hironaka, Sergej Novikov, John Thompson

1974 (Helsinki): Enrico Bombieri, David Mumford

1978 (Vancouver): Pierre Deligne, Charles Fefferman, Grigory Margulis, Daniel Quillen

1982 (Varsavia) : Alain Connes, William Thurston, Shing-Tung Yau

1986 (Berkeley): Simon Donaldson, Gerd Faltings, Michael Friedman

1990 (Kyoto): Vladimir Drin'field, Vaughan Jones, Shigefumi Mori, Edward Witten

1994 (Zurigo): Efim Zel'manov, Jacques-Louis Lyons, Jean Bourgain, Jean-Cristophe Yoccoz

1998 (Berlino) : Richard Borcherds, William Gowers, Maxim Kontsevich, Curtis MacMullen

2002 (Pechino): Laurent Lafforgue, Vladimir Voevodskij

2006 (Madrid): Andrej Okunkov, Grigorij Perelman, Terence Tao, Wendelin Werner

(Nel 1998, a Andrew Wiles è stato offerto un piatto d'argento come tributo speciale; nel 2006, Grigorij Perelman ha rifiutato il premio).

Premio Abel

Il premio Abel è un premio internazionale conferito ogni anno, a partire dal 2003, dall'*Accademia delle Scienze* norvegese per lavori scientifici d'eccellenza nel campo della matematica. Ammonta alla somma di 6 milioni di corone norvegesi (circa 750.000 euro), elargita dal "Niels Henrik Abel Memorial Fund", una dotazione appositamente costituita dal governo norvegese allo scopo di rafforzare l'insegnamento e la ricerca scientifica. Per statuto, oltre a finanziare il premio, il fondo viene utilizzato per attività scientifiche rivolte ai giovani.

I primi vincitori del premio Abel, con le relative motivazioni, sono i seguenti:

2003 - Jean-Pierre Serre :"per avere svolto un ruolo fondamentale nel dare una forma moderna a numerose branche della matematica, fra cui la topologia, la geometria algebrica e la teoria dei numeri".

2004 - Michael Atiyah e Isadore Singer:"per aver scoperto e dimostrato il teorema dell'indice coniugando topologia, geometria e analisi, e per il ruolo straordinario che hanno avuto nel creare nuovi ponti tra matematica e fisica teorica".

2005 - Peter Lax: "per i suoi straordinari contributi alla teoria e all'applicazione delle equazioni differenziali parziali e al calcolo delle loro soluzioni".

2006 - Lennart Carleson:"per il suo vasto e innovativo contributo all'analisi armonica e ai sistemi dinamici lisci".

i blu

Passione per Trilli
Alcune idee dalla matematica
R. Lucchetti
2007, XIV, pp. 154
ISBN: 978-88-470-0628-7

Tigri e Teoremi
Scrivere teatro e scienza
M.R. Menzio
2007, XII, pp. 256
ISBN 978-88-470-0641-6

Vite matematiche
Protagonisti del '900 da Hilbert a Wiles
C. Bartocci, R. Betti, A. Guerraggio, R. Lucchetti (a cura di)
2007, XII pp. 352
ISBN 978-88-470-0639-3

Di prossima pubblicazione

Buchi neri nel mio bagno di schiuma
ovvero l'enigma di Einstein
C.V. Vishveshwara

Il cielo sopra Roma
I luoghi dell'astronomia
R. Buonanno

Il mondo bizzarro dei quanti
S. Arroyo

Finito di stampare nel mese di maggio 2007

Finito di stampare nel mese di maggio 2007